广东省教育科学"十一五"规划科研项目
鞋类设计专业应用型本科教材

鞋帮设计 II
——时装鞋

高士刚 董炜　编著

U0219874

中国轻工业出版社

图书在版编目（CIP）数据

鞋帮设计Ⅱ—时装鞋／高士刚，董炜编著. —北京：中国
轻工业出版社，2023.7
广东省教育科学"十一五"规划科研项目　鞋类设计专业
应用型本科教材
ISBN 978-7-5184-0856-6

Ⅰ. ①鞋… Ⅱ. ①高… ②董… Ⅲ. ①鞋帮—设计—高等
学校—教材　Ⅳ. ①TS943.3

中国版本图书馆CIP数据核字（2016）第052830号

责任编辑：李建华　　杜宇芳
策划编辑：李建华　　　责任终审：孟寿萱　　封面设计：锋尚设计
版式设计：锋尚设计　　责任校对：吴大鹏　　责任监印：张京华

出版发行：中国轻工业出版社（北京东长安街6号，邮编：100740）
印　　刷：三河市万龙印装有限公司
经　　销：各地新华书店
版　　次：2023年7月第1版第3次印刷
开　　本：889×1194　1/16　印张：20.25
字　　数：565千字
书　　号：ISBN 978-7-5184-0856-6　　定价：68.00元
邮购电话：010-65241695
发行电话：010-85119835　传真：85113293
网　　址：http://www.chlip.com.cn
Email：club@chlip.com.cn
如发现图书残缺请与我社邮购联系调换
231052J1C103ZBW

序言
PREFACE

　　鞋类生产是我国轻工业中的重要产业，是服装行业的组成部分。鞋的历史发展悠久，产品可分为皮鞋类、布鞋类、胶鞋类、塑料鞋等，生产规模大，技术与艺术的水平要求高。鞋又是人类最基本的必不可少的生活资料，所以说制鞋业是永恒的朝阳产业。特别是改革开放以来，四类鞋在技术上互相借鉴，使得鞋产业得到长足的发展，产品规模和出口量均居世界第一位。

　　但是要实现中国成为世界制鞋工业强国，创造实现"中国品牌"，具有独创与独有的技术目标，还需要加速提升产品的设计水平，提高自主创新的能力。这就必须通过院校及企业培养一批各类专业设计人才，才能使鞋类设计实现技术与艺术、技术与功能、产品与市场、技术与创品牌有机的结合，走出一条中国式的鞋类产业集群的生产模式，向制鞋现代化、工程化道路发展。

　　鞋类设计是创造鞋穿着舒适的技术与艺术过程。设计流程比较长，一般包括楦型设计、帮样设计、鞋底设计。其中帮样设计是鞋类整体造型设计最主要的组成部分，是决定鞋类产品款式及花色变化的核心活力与内容。自古以来，鞋类的设计就是指鞋帮设计。而现代鞋类设计发展提升很快，分工更加科学、细化，技术与艺术有机结合更加突出。设计程序包括：鞋类造型设计、鞋楦造型设计、帮样结构设计、鞋底造型设计及鞋类工艺设计等。设计过程中还必须严格以脚型特征部位的数据为依据，设计者在鞋楦上进行立体设计或取楦体的复样进行平面设计，实现各种鞋类和不同品种的帮样结构设计。

　　本书是高士刚（高级讲师）经过30多年教学实践、不断总结提升并吸纳了国内外鞋类设计经验编写的。该书对帮样设计原理、设计方法、设计结构及数据、设计技巧及取跷等方面都做了详尽论述和总结。以期达到提高帮样设计的科学性、实用性、审美性、时代性的发展目标。

　　《鞋帮设计》一书是高士刚编写的《鞋楦设计》《鞋底设计》后的第三本。这三本书是鞋类设计的基础知识、实用教材。此书是对制鞋行业的产品设计的一大贡献，对院校培养专业鞋类设计人才、企业鞋类设计师实际应用有较高的实用价值，为加快中国早日实现世界制鞋强国有一定的推动作用。

2014年6月

序言手迹

序言

鞋类是我国轻工业中的重要产业，是服装行业组成部分。鞋的历史发展悠久，产品种类可分为：皮鞋类、布鞋类、胶鞋类、塑料鞋等，生产规模之大，技术与艺术的水平要求之高，又是人类最基本的必不可少的生活必需资料，所以说鞋产业是永恒的朝阳产业。特别是中国改革开放以来，鞋产业在技术上突飞猛进，使制鞋业得到长足发展，产品种类繁多和出口量均居世界前位。

但是要实现中国成为世界制鞋工业强国，创造实现中国品牌，具有较强的创新技术能力，还需要加速提升产品的设计水平，提高自主创新的能力，这就必须通过院校及企业培养一批高素质的设计人才，才能使产品设计实现技术与艺术、技术与功能、美与科技、技术与创新得有机的结合，走出一条中国式的鞋类产业集群化生产模式，向制鞋现代化、产业化道路发展。

鞋类设计包括鞋靴制造的技术与艺术过程，设计流程比较长，较复杂：楦型设计、帮样设计、鞋底设计，其中帮样设计是鞋类整体造型设计的最主要组成部分，是决定鞋类款式及花色品种变化的核心活力与内容。目前以来，鞋类的设计就是指鞋帮设计。随着现代鞋类设计理论的发展，日趋加科学、细化，技术与艺术有机结合及在实践设计程序中包括：鞋类造型设计、楦楦造型设计、帮样结构设计、鞋底的造型设计等，设计过程中还包括多种以转化成帮样结构的数据设计，设计实践过程进行立体设计或取楦体展样进行平面设计。实现出两种鞋类和工艺种的帮样结构的设计。

本书是高坤（高级讲师）经过了几十年教学实践，不辞辛苦总结个人吸收的了国内外鞋类设计经验编写的，该书把鞋样设计原理、设计方法、设计结构及数据，设计技巧以及跨理等方面都作了详具论述和总结，追求提高鞋帮设计的科学性、实用性、审美性、时代性的发展目标。

鞋帮结构设计一书是高坤编写的版如鞋楦设计，鞋底设计合起来第三本。这本书是一套鞋类设计的基础知识的，实用教材，此书鉴于制鞋行业产品设计大贡献，为培养鞋靴等鞋业鞋类设计人才，企业鞋类设计师实际应用有较高的实用价值，为加快中国早日实现世界制鞋强国有一定的推动作用。

2014年6月

前言
PREFACE

　　时装鞋是泛指与流行时装相搭配的鞋类，目前在市场上非常流行。时装鞋的兴起是与时装的流行分不开的，穿着得体的时装，一定会选择一款时装鞋来搭配，如果选择不到，也一定会抱怨"没鞋穿"，因此时装鞋的设计也就变得尤为重要。

　　时装鞋的款式并不固定，可以是男女满帮鞋、靴鞋、凉鞋或者女浅口鞋，但鞋款的色彩变化、造型变化、材质变化、结构变化、风格变化等都要与时装和谐搭配，以塑造着装整体的完美形象。时装鞋的设计关键不是突出鞋款的主题或者个性，而是要与时装协调搭配，强调整体着装的协调美感，因此设计时装鞋就必须首先明确什么是时装、如何去搭配等基本概念。

　　在《服饰辞典》中对时装的解释是"当时、当地最新颖、最流行、具有浓郁时代气息、符合潮流趋势的各类新装"。也就是说，时装应该是最新颖的服装，这些新颖服装在某一时期、某一地区内是最流行的，而且要有时代感，符合潮流的变化趋势。新颖、流行、时代感、潮流这些词汇可以简洁地勾勒出时装的特点，这也同样是设计时装鞋的特点。其中最新颖、最流行中的"最"字，表现出的是一种时效性，一旦繁华过后就会转入低谷，有些时装趋于稳定被保留下来，有些时装会被后来者所取代成为过眼烟云。可见时装或者时装鞋，都是以动态的形式游走于消费者和设计者之间。设计者不断创新，以满足消费者的不断追求，就会演变出花样繁多的款式，而消费者的挑剔，会逼迫设计者不断改进，就会促进时装与时装鞋的健康发展。

　　时装的设计与服装的设计区别在哪里呢？按照传统原则，服装是以造型、材料、色彩三要素构成的三度空间立体结构，而时装则在三度空间以外，再设法体现服装的风格。在这里三度空间的设计是指服装的基础构型，三度空间以外的设计是指在构型的基础上额外增加的风格设计。对于时装鞋的设计来说，也不会违背这个规律，也是要通过三度空间以外的设计来体现与时装相同的风格。

　　随着社会与经济的发展、国际间的交流往来，越来越多的人都希望通过着装打扮来提升自己的形象。但是人与生俱来的体貌、肤色、脸型、量感、比例等都会各有不同，穿同样款式的时装不一定会都有积极的效果。因此研究这方面的专家就根据人体"型"特征，把人群分成自然型、戏剧型、古典型、浪漫型等不同的风格。有了人体风格的定位，我们就可以依据人体"型"特征来选择、搭配和设计各种服饰。包括衣装、手袋、鞋帽、发型、丝巾、眼镜、化妆等。当服饰的风格与人体风格达到一致时，就会使人显得更健康、更精神、更有朝气，从而提升自身的社会形象。

　　时装是依据人体的风格来设计的，时装鞋的设计则是依据时装来进行的，只有对不同人群的风格、时装的风格有较深的理解，才能设计好时装鞋。通过分析时装可以提炼出颜色、材质以及风格等设计元素，在结构与造型设计的基础上，再通过三度空间以外的设计，得到不同风格的时装鞋。时装

鞋的设计是有针对性的，这不仅可以避免同质化产品的出现，而且还会获得创新与发展的巨大空间。

结构设计主要是讲单款鞋的设计，造型设计主要是讲系列鞋的设计，虽然掌握了多种设计方法，但人们的穿着习惯是先选择时装后搭配鞋，因此不会因为鞋款有多么好而改变穿着习惯。相反，根据人们的穿着来进行鞋款设计，才会吸引消费者，才能有市场。结构设计与造型设计终究是两种不同的设计手段，在完成相关课程之后，可以通过时装鞋的设计得到具体应用。

时装鞋的设计应该在学完“结构设计”与“造型设计”之后再进行，否则就是纸上谈兵。在《鞋帮设计Ⅰ》中，只涉及满帮鞋的结构设计，而在《鞋帮设计Ⅱ》中，首先要完成女浅口鞋、凉拖鞋和靴鞋的结构设计，然后再安排时装鞋的设计。

本书共分为四章二十四节。第一章是女浅口鞋的结构设计；第二章是凉拖鞋的结构设计，增加了“分趾楦的应用”一节；第三章是靴鞋的结构设计，增加了“凉靴的设计”一节；第四章是时装鞋的设计，包括基本概念、色彩搭配应用、材质搭配应用、风格搭配应用以及时装鞋的设计等内容。在每一节的后面附有思考练习，借以掌握每节的重点难点；在每一章的后面还附有综合练习，可以巩固每一章的基础知识。

本书虽然是为应用型本科编写的鞋类设计专业教材，但对于高职、中职等专科生也可适用，企业的技术人员也可以参考，因为获取知识不会受到文化层次的约束。

在本书的编写过程中，得到了广东省教委、广东白云学院领导以及江苏扬州大学、浙江温州大学、山东齐鲁工业大学、河北邢台职业技术学院和各界人士的大力支持，在此一并表示衷心的感谢。

广东白云学院　高士刚

2015年12月31日

专家顾问团名单（排名不分先后）

DHD伦敦设计有限公司　谢镰光（台湾）

裕元工业集团有限公司　李路加（台湾）

新百丽鞋业（深圳）有限公司　刘海洲

上海国学鞋楦有限公司　陈国学

东莞利威鞋业有限公司　黄建铭

扬州大学广陵学院　孙家珏

邢台职业技术学院　陈念慧

广东白云学院　熊玛琍

山东齐鲁工业大学　王立新

东华理工大学　魏伟

温州大学　李运河

项目召集人　高士刚

课题组人员　高士刚、董炜、陈刘瑞、陈安琪、黄丽华、崔士友、杨爽、陈佳球、穆怀志、李维、李华、魏伟、马英华、辛东升、孙家珏等

目录
CONTENTS

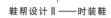

绪论

　　笔者讲授"鞋帮结构设计"课程已有30余年，古人讲"三十而立"，现在做一个小结正逢其时。结构设计是在样板设计的基础上演变过来的，早期的鞋帮设计主要是出鞋帮样板，有了鞋帮样板就可以制作鞋，所以习惯上叫作样板设计。学习样板设计的传统模式是师傅带徒弟，依靠师傅的口传心授。如果把这种方法搬到学校课堂上讲授则出现问题：比如讲课需要动手演示，由于课堂人多，所以演示过程会使后排的学生看不清；再比如学生没有实践经验，师傅讲授的许多经典东西很重要，但听起来却是一头雾水。原北京皮革工业学校是我国最早开设皮鞋设计专业的中专学校，为了解决整班教学集中授课难的问题，就在样板设计的基础上发展成鞋帮结构设计。

　　鞋帮结构设计不仅仅要制取样板，而且要解决帮部件之间的镶接关系、面里之间的组合关系，以及帮底之间的搭配关系。也就是从内在的结构了解鞋、设计鞋，只有这样"结构合理"才不会成为一句空话。因此在教学模式上改为用半面板在黑板上绘制结构设计图，边讲边练，可以使学生都能看清演示的过程。采用半面板教学使讲授变得方便，可以层层解剖、步步深入，而学生可以边听、边看、边做笔记，大大提高了学习效果。其中半面板是老师必不可少的教具，也是学生进行作业练习必不可少的工具。

一、关于半面板

　　制备半面板的方法是贴楦法，也就是用美纹纸胶条贴满楦面的外怀一侧，然后揭下贴楦纸进行展平，经过处理后即得到半面板。在经验设计法中，贴楦的方法是横向贴美纹纸，这样在展平时通过胶条之间微小的变形很容易被贴平。但是在制备半面板时，则是要求纵向贴美纹纸，防止在展平过程中变形。因为楦面是一个多向弯曲的曲面，揭下的贴楦纸成弯曲的壳状，而要把曲面变为平面的半面板必然会出现变化。如果对这些变化的关键位置和大小不清楚，就会陷入模糊的状态，对设计无法把控，只能靠摸索经验来操作。为了使平面的半面板尽可能恢复到原曲面状态，在楦面展平时不要随意形变，而是通过打剪口方式贴平，因为剪口的位置和大小是可以记录的。在设计帮部件时就把记录的剪口大小巧妙地弥补在部件上，从而使样板还原变得很准确，很容易贴伏到楦曲面上。在经验设计法中"试帮"是必不可少的过程，因为展平时出现了形变，设计出的样板会有误差。误差是多少？在什么位置？由于没有记录，只能依靠试帮来修正。

在《鞋帮设计Ⅰ》中，专门对跷度进行了论述。跷度是一个空间角，也就是楦面展平时的剪口。通过对各类鞋款的设计、探索和研究，终于找到了取跷的规律，这就是"十字取跷原理"。利用十字取跷原理，可以解释比楦设计、贴楦设计、糊楦设计以及平面设计中的取跷问题，还可以把经验设计中的取跷方法引入到结构设计中，形成定位取跷、对位取跷、转换取跷等系列取跷方法。通过实践还发现不同的取跷方法虽然各异，但它们的取跷原理是相通的。由于有了十字取跷原理作为科学的理论基础，至此才形成了鞋帮的结构设计，如果没有理论支撑，依然是一种经验设计。

半面板是进行满帮鞋、女浅口鞋、凉拖鞋以及靴鞋设计的必备工具，由于不同结构的鞋对半面板的要求不同，所以制备不同种鞋类半面板的方法也有区别。在课程的后期，学生们都要进行自主设计，由于设计的款式不同，选择的鞋楦也不同，在制备半面板时往往出现混淆，造成不必要的麻烦。下面将对几种半面板进行综合比较与说明。

1. 制备满帮鞋半面板需要保留自然跷

在满帮鞋中，帮部件覆盖住楦背的马鞍形曲面，而要将马鞍形曲面展平则必须借用自然跷。自然跷就是楦面展平时在马鞍形部位出现的剪口，制备满帮鞋的半面板需要保留自然跷。

如图0-1所示，自然跷来源于楦面展平时背中线的剪口，在原始样板中是一个重叠角，在半面板上标注的自然跷就表示这个重叠角。保留自然跷可以得到展平面与楦曲面之间相互转化的钥匙。在应用半面板进行结构设计时，如果在标注自然跷的位置弥补重叠角，就叫作定位取跷；如果在标注自然跷相对的位置弥补重叠角，就叫作对位取跷；如果在后帮高度线的位置弥补重叠角，就叫作后升跷；如果在前帮的围条与鞋盖间弥补重叠角，就叫作前降跷。

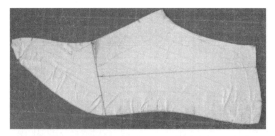

图0-1 满帮鞋半面板需要保留自然跷

取跷的目的是为了样板在还原楦曲面时能够很好地伏楦。在楦面展平时保留自然跷，就可以知道取跷的大小，为准确处理跷度打下基础。至于取跷的位置要遵循十字取跷原理，在取跷中心发生变化时，通过调节取跷角的大小就可以达到相同的取跷效果，而与取跷的位置无关。

2. 制备女浅口鞋半面板需要采用前升跷

女浅口鞋的结构与满帮鞋不同，脚背部位大部分是暴露的，因为鞋帮部件避开了马鞍形曲面，所以不需要记录自然跷的大小。不记录自然跷并不表示自然跷不存在，如果处理不好自然跷依然会出现不伏楦问题。具体操作时是把原始板上的皱褶推向背部，而将前头部位顺势提升，见图0-2。

因为女浅口鞋背部一般没有帮部件，所以不会影响结构设计的效果。经过跷度处理后的半面板应

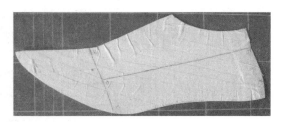

图0-2 女浅口鞋半面板需要前头部位升跷

该经过套样检验，只有检验合格后的半面板应用才有意义，否则不伏楦问题将会伴随始终。

3. 制备凉拖鞋半面板需要取长跷

取长跷是指在前帮整体宽度范围内取跷，简单的办法就是揭下贴楦纸后沿着前帮控制线用美工刀割开，上下不要割断，然后再贴平。由于全空凉鞋与拖鞋的结构属于透空类型，一般情况下取跷没有什么作用，而在既要保留背中线的长度、又要保留底口长度的条件下，取长跷是最好的办法。保留背中线和底口的长度，设计帮部就不会发生错位。

如图0-3所示，在前帮控制线部位有割开的取跷角，而背中线和底口长度保持不变。

4. 制备靴鞋半面板需要标注前掌着地边沿点

靴鞋是满帮鞋的延伸，将满帮鞋的后帮加高加宽就成为靴鞋。这样一来制备靴鞋半面板也同样需要保留自然跷度，进行各种跷度处理。为了保证统口部位的设计宽度有依据，还必须保留楦面统口部位的曲面长度。操作时在统口两侧适当位置打剪口，就可以顺利地将统口部位展平。前掌着地点是确定鞋楦后跷高的基准点，需要把前掌着地边沿点标注在半面板上，见图0-4。

应用靴鞋半面板与前三种半面板都不同，需要通过直角坐标、三点共面等方法来确定半面板的方位。由于靴筒高度超过了楦统口，靴筒方位处理不当就会出现前仰后合的毛病。其中着地点边沿点要落在横坐标上，有了着地位置才能确定楦跟高度位置，以保证靴筒的端正。

如图0-5所示，着地边沿点K点落在横坐标上，后跟高度B'点和后跟骨上沿C点架设在纵坐标上，可以保证靴筒与水平面垂直，设计的成品端正。在保证靴筒端正的前提下进行帮结构设计，就不会出现大的偏差。

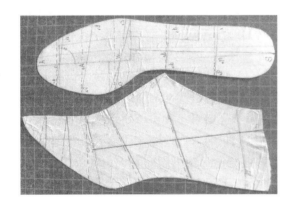

图0-3 凉拖鞋半面板需要取长跷

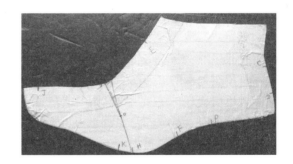

图0-4 靴鞋半面板上要标注着地边沿点

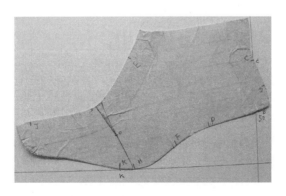

图0-5 靴鞋半面板的应用

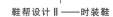

需要注意的是着地点是随着楦后跟高而变化的，以20mm跟高为基准控制在前掌凸度点W，后跟每升高10mm时，W点要前移1mm。通过作底中线的垂线得到前掌着地边沿点。

不同结构的鞋款所需要的半面板也不同，这是由鞋款的结构特点所决定的，制备半面板时不要把方法弄错。

二、结构设计与经验设计的比较

结构设计源自于经验设计，制备半面板采用贴楦法，本身就是一种经验方法，所以结构设计与经验设计同根同源。但结构设计是后来者，在吸收经验设计优点的同时还另有发展，所以就出现了一些差异，具体有如下几方面。

1. 操作的顺序不同

经验设计的顺序：贴楦→绘制部件图→分解图形制取单片板→处理成部件样板。

结构设计的顺序：贴楦→标设计点→楦面展平→制备半面板→绘制帮结构设计图→制取部件样板。

经验设计只是设计一款鞋，所以步骤简单。如果再设计另一款鞋，需要重复上述步骤。结构设计需要制备半面板，所以比较复杂，但是有了半面板以后，只要鞋楦不变，半面板可以反复使用。如果要设计第二款鞋可以直接绘制结构设计图，然后制取样板，操作过程反而简单了。在教学中，平均一堂课可以设计一款鞋，大大节约了时间成本。

2. 绘制部件图的位置不同

经验设计是把部件图形设计在楦面上，也叫作画楦，这样部件所在的位置是否合适可以得到一个直观的效果。效果直观并不表示线条好画，由于楦面是弯曲的，在楦面上绘图需要有一定的经验。画到何种程度为止呢？用师傅的话说就是"画到满意为止"。达不到满意的程度只能继续修改继续画。初学者没有经验，会耗费大量的时间。

结构设计是把部件图形绘制在平面图纸上，这对于学生来讲就变得容易上手操作，修改起来也方便。为了便于绘制结构图，借鉴了经验设计常用的设计点，并把点分别连接出前帮控制线、中帮控制线、后帮控制线和后帮高度控制线，给部件的大体位置做了安排。但在楦面展平时，半面板上是有跷度的，在绘制部件图形时，需要进行取跷处理。所以取跷既是结构设计的重点，也是结构设计的难点，应用起来有一定的难度。

3. 制取样板的方法不同

经验设计制取样板的方法是分解设计图，可以得到各个部件的单片样板，然后再经过处理，把单片板制成鞋帮样板。楦面虽然是曲面，但分解成一块块的单片板以后，弯曲程度变小，很容易被展平。在处理成鞋帮样板时，有时也会用到取跷。

结构设计制取样板的方法是按图索骥，直接从设计图上复制，比较简单。

4. 得到的结果不同

经验设计的目的是制取样板，所以得到的是一组鞋帮样板，在设计室的档案柜里会看到保存多年的各种样板。

结构设计因为考虑的内容比较多，需要保留设计图，所以得到的是帮结构设计图。至于样板，可以随时制取。保留图形可以便于修改、查阅、交流、传授，特别是处于现在的互联网时代，还可以输入电脑、上网，便于在计算机上进行开板、开料等操作。

5. 检验样板的方法不同

在经验设计中，检验样板准确的方法是"试帮"，也就是利用废料进行开料、缝制，然后进行绷帮检验。

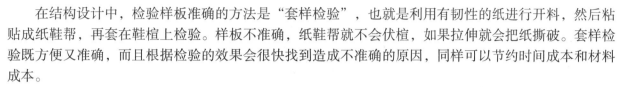

在结构设计中，检验样板准确的方法是"套样检验"，也就是利用有韧性的纸进行开料，然后粘贴成纸鞋帮，再套在鞋楦上检验。样板不准确，纸鞋帮就不会伏楦，如果拉伸就会把纸撕破。套样检验既方便又准确，而且根据检验的效果会很快找到造成不准确的原因，同样可以节约时间成本和材料成本。

上述比较的结果并不是要否定什么，而是由于学校教学的特殊环境所使然。课堂上面对的是一群从零开始的学生，要想让他们学会、学懂并能掌握，就必须想尽办法，创造条件，实施有效的教学方法，保证教学的顺利进行和教学质量的提高，这样才能达到教书育人的目的。

三、关于时装鞋设计

现在人们穿时装已经很普及，设计时装鞋也是势在必然。不过时装鞋的设计是一个新领域、新课题，需要有相关的时装知识做铺垫，才能掌握时装鞋的设计。

记得在毕业答辩时，被聘请的服装老师会经常指着学生设计的样品鞋提问：你这款鞋适合与什么样的衣服搭配？问题虽然很简单，但是学生很尴尬，因为没有这方面的思想准备，即使回答了，往往也是捉襟见肘。问题虽然不起眼，但却指出了一个尖锐的问题：鞋设计的方向在哪里？

经过造型设计与结构设计的系统学习，学生在艺术性和技术性方面已经掌握了许多技能，设计出各种风格、各种款式的鞋已不成问题。但是，如果只能"看鞋做鞋"，而看不到与鞋配套的服饰，即使毕业了，也不能算是合格的毕业生。因为毕业后就要走向社会，面对的是市场，你的设计作品有市场吗？能在经济的浪潮里生存吗？针对这种状况，在结构设计的后面安排了时装鞋的设计，试图通过针对时装鞋的设计，磨炼和提高学生对市场的承受力。这也是应用型本科教育必须面对的现实问题。

结构设计中的单款鞋练习和造型设计中的系列鞋练习，都代替不了时装鞋的设计，因为没有针对性，就无法走向市场。服装老师提出的问题不是在为难学生，而是在提醒学生：作为一个设计者应该站在消费者的角度去看问题、想问题、解决问题。

人们喜欢穿时装，特别是喜欢穿整体风格一致的时装，是因为可以提升自身的形象。要想进行时装鞋的设计，首先要对时装有深入的了解。

在《服饰辞典》中对时装的解释是"当时、当地最新颖、最流行，具有浓郁时代气息，符合潮流趋势的各类新装。"那么时装与服装的区别在哪里呢？在《服饰辞典》中是这样说的："按照传统的原则，服装是以造型、材料、色彩三要素构成的三度空间立体结构，而时装则在三度空间以外，再设法体现服装的时代特征。"

通过《服饰辞典》的解释，我们对时装不难理解，对时装与服装的区别也不难理解。比较新颖的是"三度空间以外"提法，既中肯又贴切。三度空间解决的是基础构型，因为时代特征已经突破了形、色、质三度空间的约束，要想体现时代特征只能在三度空间以外做文章。设计时装鞋与设计时装的原理是相同的，也是要进行三度空间以外的设计。

三度空间以外的设计是什么？用通俗的话说就是一种表现时代特征的风格设计，设计者要发挥自己创造性的想象，再把想象的风格具体表现出来。例如露脐装，这是一种前卫风格的时装，上衣很短，露出肚脐，被戏称为"第三只眼看世界"。为何要穿这种时装？要的是打破传统，表现出一种反叛精神。常规服装是要掩体的，三度空间以外的设计就表现在打破常规、缩短上衣、把肚脐露出来。这种服饰曾一度流行，多见夏季年轻女孩穿着。反观她们的脚上，却并不是穿凉鞋、露脚趾，而是要穿小马靴，把脚包裹起来，这种矛盾的打扮正好体现与众不同的叛逆心理。三度空间以外的设计是一种思维活动，以露脐装为例，首先要想到打破传统，接着是如何打破、在什么位置打破、打破到何种程度。当这些思维活动思考成熟后，再利用技术设计与艺术设计手段，把想象的结果具体表现出来。

三度空间以外的设计主要是围绕色彩搭配、材质搭配和风格搭配进行的。

1. 色彩搭配

在造型设计中，对色彩之间的搭配已经系统学习过，而面对服饰与人体的色彩搭配却还是一个新问题。不同的人种有不同的肤色，这是客观存在的，我们亚洲人的肤色介于红黄色之间。肤色也是一种颜色，也有明度、色相和纯度的关系。有代表性的是面部色彩，明度越高其量感会显得越轻，明度越低其量感会显得越重。如果色调趋向红色，会觉得偏暖；如果色调趋向黄色，就会觉得偏冷。

趋于"轻暖"的肤色，让人感觉年轻活泼，健康有朝气，被专家们确定为春季型肤色；趋于"轻冷"的肤色，让人感觉清爽柔和，既知性又潇洒，有儒雅风度，被专家们确定为夏季型肤色；趋于"重暖"的肤色，让人感觉亲切随意，为人敦厚，成熟稳重，被专家们确定为秋季型肤色；趋于"重冷"的肤色，让人感觉庄重大气，既鲜明又有理性，被专家们确定为冬季型肤色。与不同肤色能和谐搭配的服饰色彩是各不相同的，色彩搭配和谐能使肤色显得更健康、更精神，而搭配不和谐的服饰色彩会使肤色灰暗、显得苍老。

我们经常会看到女士在商店挑选面料时，会把面料搭在胸前对着镜子上看下看。看什么呢？是在观察面料的色彩对面部的肤色有何影响。在电视剧中我们还可以看到，由于剧情的需要同一个演员有时灰色服装、有时绿色服装、有时穿黄色服装、有时穿黑色服装。不同的衣装颜色对面部肤色的影响是不同的，有时觉得这个演员很精神，有时觉得是一副苦相，有时觉得这个人身心疲惫，还有时觉得好像换了一个人，显得光彩照人。

是什么原因对肤色产生影响呢？是视觉调节平衡时所产生的"残像"。

2. 材质的搭配

材质是指材料的质地。设计时装鞋常用的材料主要有天然革、人工革、纺织面料、毛皮等。不同的材料有不同的质地，使人的触感不同；不同的材料有不同的光泽和花纹肌理，视觉效果不同；从而会产生不同的量感、质感、舒适感，会直接影响到时装鞋的设计风格。

例如漆光革，光亮度比较高。如果设计在晚礼鞋上，在灯光照射下会熠熠生辉，与晚礼服上的亮片、金属饰件等交相辉映，会成为瞩目的焦点，提高人的形象。如果改用普通光面革，增色的程度会大大降低，使人的形象平淡无奇；如果改用亚光革，则会变得暗淡无光，人的形象会黯然失色。如果是穿西装，应该选用光面革材料制作正装鞋，所谓西服革履，这是绝配。如果改用漆光革，光亮照人的皮鞋会把人的目光集中在脚上，显得轻浮，降低着装的庄重感。如果改用亚光革，会显得休闲随意，与西装的风格不搭调。

不同的材料有不同的外观特征和内在性能，一旦选定材料，它的颜色、质地也就随之确定。所以对各种材料要多了解、多接触，这样在搭配材料时才能信手拈来而不失误。

3. 风格的搭配

服饰风格的分类有多种，但无论如何划分，都要有人来穿着，也都要保持服饰风格与人体风格的一致。由于人体的廓形、体量、比例、脸型、五官等这些与生俱来的因素影响，决定了不同类型的人群具有不同的风格。专业人士根据人体"型"特征，把男性人群划分成自然型、古典型、浪漫型、戏剧型、阳光前卫型和新锐前卫型风格；把女性人群划分成自然型、古典型、浪漫型、戏剧型、优雅型、前卫型、少女型和少年型风格。了解人体"型"特征，就是要把服饰的风格与人体风格达到和谐统一，这样才能提升人的社会形象，提升服饰的品位。越来越多的人已经认识到"只有适合自己的才是最好的"。

适合自己首先要了解自己的人体风格特征，然后选择搭配风格相适宜的服饰。如果搭配得当，会更加突出自己的形象。例如《西游记》里的师徒四人，每个人都具有自己鲜明的性格和形象。由于先天条件的差异，四个人也各自具有不同的人体风格特征。要了解风格搭配的关系可以做一个实验，假

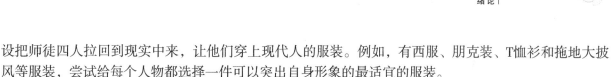

设把师徒四人拉回到现实中来，让他们穿上现代人的服装。例如，有西服、朋克装、T恤衫和拖地大披风等服装，尝试给每个人物都选择一件可以突出自身形象的最适宜的服装。

第一件是西服，谁穿最合适？西装的风格是端庄、严谨、精致，与古典型人群风格相吻合。如果给悟空穿像是耍猴的，闹腾的形象与西装不搭配；如果给八戒穿有点不伦不类，好像把自由松散惯了的人给拘禁起来。如果给沙僧穿无法提升气势，显得很暗淡。唐僧给人的感觉是正派、端庄、成熟、稳重，属于古典型风格，与西装风格相配。只有给唐僧穿最合适。唐僧穿上西装会显得精气神十足，会双手合十道：阿弥陀佛，让贫僧也时尚一回吧。

第二件是朋克装，谁穿最合适？朋克装的风格是叛逆、另类、标新立异，与人群的前卫型风格相吻合。给唐僧穿显得不正经、不严肃，给八戒穿好像找不着北，给沙僧穿好像套上紧箍咒。悟空给人的感觉是活泼、好动、大胆、反叛，身上还穿着标新立异的兽皮裙，这属于前卫型风格。只有给悟空穿最合适，活蹦乱跳、挥洒自如。悟空挥舞金箍棒自豪地说：来听听俺老孙唱的摇滚吧。

第三件是T恤衫，谁穿最合适？T恤衫的风格是休闲、随意、舒适、朴实，与自然型人群风格相吻合。给唐僧穿少了正统和尊严，给悟空穿好像没有了灵性，给沙僧穿好像泄气的皮球。八戒给人的感觉是憨厚、亲切、随意，这属于自然型风格，与服装风格一致，只有给八戒穿最合适。八戒穿上T恤衫更加轻松惬意、无拘无束，会手舞足蹈地说：这回俺老猪也得休闲休闲。

第四件是拖地大披风，谁穿最合适？拖地大披风的造型醒目、夸张、大气、存在感强，与人体的戏剧型风格相吻合。给唐僧穿好像把文弱的躯体裹进襁褓，给瘦小的悟空穿好像被重新压回五行山，给白胖的八戒穿好像裹了一件睡袍。沙僧给人的感觉是浓眉大眼，体型魁梧夸张，大气、醒目，脖子上还挂着一条常人无法承受的硕大佛珠项链，这属于戏剧型风格。只有给沙僧穿最合适，威武刚正像个将军。沙僧举起月牙铲指天为盟：悟静点兵、多多益善。

唐僧、悟空、八戒、沙僧有着不同的性格，也有不同的人体"型"特征，表现出的是不同的人体风格。为不同风格的人群设计适宜风格的时装，就可以提升人的形象。

4. 时装鞋的设计

时装鞋的设计相对简单，因为时装已经奠定了服饰风格的基础。从原理上讲就是针对某一款流行的具体时装款式进行分析，从中提炼出所需要的色彩、造型、质地、风格等方面的设计元素，然后运用到鞋款的设计上，使时装鞋与时装达到整体的完美搭配，也就是说时装鞋的设计是造型设计和结构设计的具体应用。

第一章
女浅口鞋的结构设计

要点： 掌握女浅口鞋结构设计的原理与方法，掌握不同结构女浅口鞋的设计

重点： 结构设计前的准备
女圆口鞋的结构设计
不同类型女浅口鞋的结构设计

难点： 女浅口鞋的设计规律

女浅口鞋是由于其鞋脸比较短、侧帮比较矮，使得鞋口位置比较靠前，故叫作女浅口门鞋，简称女浅口鞋，也经常被叫作女浅鞋或者短脸鞋。女浅口鞋以其外观简洁、鞋体轻巧、穿着方便、通透性好等优势赢得了女性的喜爱，特别是浅浅的口门能衬托出腿的修长，已成为女士们必备的服饰佳品。

女浅口鞋是一大类产品，其中的女圆口鞋最具有代表性。掌握了女圆口鞋的设计之后，就可以把女圆口鞋当作原型产品，通过口门造型的变化、钎带造型的变化、部件造型的变化以及不对称结构的变化，来掌握女浅口这一类型鞋的设计。

第一节　结构设计前的准备

结构是指各个组成部分的搭配和排列。对于鞋的结构来说，则是指鞋帮部位的排列关系、鞋帮部件的镶接关系以及帮面与帮里之间的搭配组合关系。鞋的内在结构和外部形态是合成一体的，内在结构的变化必然会引起外部形态的变化，同样外部形态的变化也会影响内在结构。对于某款鞋来说，如果它的造型不同、或者功能不同，那么它的内在结构和外在形态就会有很大的区别。不了解鞋的结构，不可能真正懂得鞋子，也不能很好地设计鞋子，所以结构设计不仅要设计样板，还要把握鞋的构成。

　　进行结构设计需要经过选择鞋楦、标注设计点和制备半面板的准备工作，然后才能转入女浅口鞋的设计。

一、选择鞋楦

　　设计女浅口鞋要选专用的女浅口鞋楦。由于女浅口鞋的前脸比较短，侧帮比较矮，为了提高鞋的抱脚能力，鞋楦就设计得比较瘦，统口两侧的肉体造型也比较瘦，与同型号的素头楦相比，跗围瘦了3.5mm，跗围瘦得更多。这就明确地告诉我们，设计女浅口鞋不要选女素头楦，否则穿起来会不跟脚。

　　鞋的造型主要是取决于鞋楦，一旦鞋楦确定下来，鞋头的形状、鞋跟的高低也就随之确定，后续的鞋帮鞋底设计都要以鞋楦为依据。为了使女浅口鞋的变化丰富多彩，在鞋楦的国家标准中安排了女浅口的圆头楦和方头楦两种类型，每种类型中又安排了20~80mm不同的楦跟高度。目前市场上流行的尖头楦、超长楦、特高跟楦都是在圆头楦和方头楦的基础上进行的一种演变。

　　圆头楦与方头楦相比较，它们的跖围和跗围都相同，但方头楦的底盘略瘦，表现在基本宽度上减少2mm，分摊在第一跖趾里怀和第五跖趾外怀各1mm，此外小趾外宽也减少了1.7mm，见表1-1和表1-2。

表1-1　　　　　　　　　　230号（一型半）女浅口圆头楦主要尺寸　　　　　　　　　　单位：mm

跟高	平跟		中跟		高跟		
	20	30	40	50	60	70	80
楦底样长	240 ± 5						
放余量	14.5 ± 0.30						
第一跖趾部位	162.3 ± 3.38						
第五跖趾部位	141.6 ± 2.95						
腰窝部位	89.8 ± 1.87						
外踝骨部位	47.3 ± 1.0						
踵心部位	36.9 ± 0.77						
后容差	4.5 ± 0.09						
跖围	213 ± 3.5		215 ± 3.5		217 ± 3.5		
跗围	215 ± 3.5	213 ± 3.5	212 ± 3.5	210 ± 3.4		208 ± 3.4	206 ± 3.3
基本宽度	78.9 ± 1.3		76.3 ± 1.2		75.1 ± 1.2		

表1-2　　　　　　　　　　230号（一型半）女浅口方头楦主要尺寸　　　　　　　　　　单位：mm

跟高	平跟		中跟		高跟		
	20	30	40	50	60	70	80
楦底样长	240 ± 5						
放余量	14.5 ± 0.30						
第一跖趾部位	162.3 ± 3.38						
第五跖趾部位	141.6 ± 2.95						
腰窝部位	89.8 ± 1.87						
外踝骨部位	47.3 ± 1.0						

续表

跟高	平跟		中跟		高跟		
	20	30	40	50	60	70	80
踵心部位	36.9 ± 0.77						
后容差	4.5 ± 0.09						
跖围	213 ± 3.5			215 ± 3.5		217 ± 3.5	
跗围	215 ± 3.5	213 ± 3.5	212 ± 3.5	210 ± 3.4		208 ± 3.4	206 ± 3.3
基本宽度	76.9 ± 1.3			74.3 ± 1.2		73.1 ± 1.2	

上述表中的楦底样长是标准长度，设计超长楦时一般是增加3mm超长量，楦底样长度为245mm。但市场的变化是不受约束的，可以看到超长量增加到10~30mm不等。在超长量增加以后，就可以借用方头楦的尺寸设计瘦头楦，见图1-1。

图1-1 中跟超长方头女浅口楦和高跟超长尖头女浅口楦

二、标注设计点

设计点是鞋帮部件位置的控制点，有了设计点可以便于鞋帮的设计。

画楦法设计女圆口鞋时，口门位置和后帮高度位置就是两个控制点。比楦法设计女圆口鞋时，用指甲在口门位置划一痕迹，这也是口门控制点。这些点都取在什么位置呢？由于是经验设计，这些点都在有经验师傅的心中，不同的鞋款会有不同的位置，如果你想学习，就必须记住某款鞋的前帮长度是多少，另一款鞋的前帮长度是多少，要记住很多数据。

其实个体的经验只代表个人的感受，如果把许多人的经验集中起来，通过分析筛选，是可以找到共性的。把共性的东西和脚型规律结合起来，就形成了女浅口鞋的设计点。女浅口鞋的控制点主要有第五跖趾关节边沿点、口门位置点、口门宽度位置点和后帮中缝高度位置点，还有些辅助的点可以随用随找。找点前需要在中号（230号）鞋楦上画好背中线、底中线和后弧中线，然后把这些设计点标注在鞋楦上。

1. 第五跖趾关节边沿点（H）

第五跖趾关节边沿点在楦底棱线上，是根据脚型规律确定的点。在楦底中线上分布着一组脚的特征部位点，除了找到第五跖趾部位点外，还有第一跖趾部位点、腰窝部位点、外踝骨部位点也一并找到，以后也会用到。

找点时要根据表1-1提供的数据，先在楦底中线上自楦底后端点B分别向前量取162.3mm确定第一跖趾部位点（A_5）、量取141.6mm确定第五跖趾部位点（A_6）、量取89.8mm确定腰窝部位点（A_8）、量取47.3mm确定外踝骨中心部位点（A_{10}）。接着再过各个部位点分别作底中线的垂线，既可以得到第一跖趾边沿点（H_1）、第五跖趾边沿点（H）、外腰窝边沿点（F）和外踝骨中心边沿点（P），见图1-2。

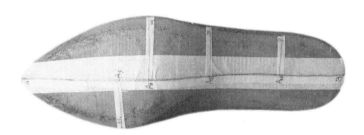

图1-2 标注第五跖趾边沿点和其他辅助点

2. 浅口门位置控制点（V_0）

浅口门控制点V_0是一种标记，浅口门的实际位置可以根据款式的变化参考V_0点进行前后调节。V_0点是脚走路时的弯折位置，V_0点之前是脚趾，V_0点之后是脚背，所以V_0点是以通过第一和第五跖趾关节测量的跖围线与背中线的交点来确定的，见图1-3。

3. 口门宽度控制点（O）

口门宽度点O也是一种标记，实际的口门宽度也是根据款式的变化参考O点进行上下或前后的调节。一般的规律是取V_0H的1/2定O点，见图1-4。

对于女浅口鞋来说，口门宽度与前脸长度有一种配比关系，如果鞋脸变短，口门宽度要适当缩小，以提高抱脚能力；如果前脸变长，口门宽度要适当增加，使鞋口不会感觉到闷脚。

4. 后帮中缝高度控制点（Q）

后帮中缝高度控制点Q是在脚后跟骨上沿点C的基础上确定的。C点之下是脚的后跟骨，近似成凸起的圆滑状，C点之上是脚的后弯点，所以确定Q点位置要在C点的基础上增加适当的高度。对于中跟女鞋来说，一般取$CQ=4~5$mm。但是对于女高跟鞋来说，考虑到穿鞋时身体需要直立保持平衡，后弯点的褶皱会增加，如果Q点的位置偏高会造成磨脚，所以Q点位置比中跟降低2mm左右，取$CQ=2~3$mm。对于平跟楦来说，随着鞋跟降低，脚的后弯弧度变得平缓，Q点位置比中跟增加2mm左右，取$CQ=6~7$mm。因为女浅口鞋主要是依靠鞋口和趾围来控制抱脚能力，与满帮鞋有很大的区别，所以要注意后帮中缝的设计高度会随楦跟高的变化而变化。

C点的高度占脚长的21.65%，230号女楦时$BC=（49.82±1.1）$mm，可近似用50mm。所以中跟女浅口楦后帮中缝高度为54~55mm，高跟女浅口楦后帮中缝高度为52~53mm，平跟女浅口楦后帮中缝高度为56~57mm。在后弧中线的C点之上标注Q点，见图1-5。

 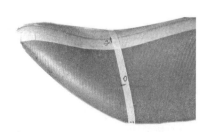 

图1-3 标注浅口门位置点　　图1-4 标注口门宽度控制点　　图1-5 标注后帮中缝高度控制点

图中还有一个辅助点D，这是楦的后跟凸度点。对于230号楦，$BD=(20.24±0.4)$mm。

三、制备半面板

采用贴美纹纸胶条方法制备半面板。

1. 贴楦

贴楦的操作步骤如下：

（1）在外怀一侧对齐背中线贴一胶条，外边沿打上剪刀口，保证中线正和直，见图1-6。

（2）在外怀一侧对齐后弧中线贴一胶条，外边沿捏出均匀皱褶，保证中线正和直，见图1-7。

（3）自统口开始横向贴胶条，胶条之间叠加一半，长度不超过两侧中线，贴满为止，图1-8。

（4）在背中线和后弧中线再重复第一步贴上胶条，见图1-9、图1-10。

（5）将胶条推平，并把设计点转移到贴楦纸上，见图1-11。在楦面上连接V_0点和H点，得到前帮控制线，连接O、Q得到后帮高度控制线。

图1-6　在背中线上贴胶条

图1-7　在后弧中线上贴胶条

图1-8　横向重叠贴胶条

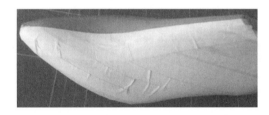

图1-9　贴满后重复贴背中线胶条

图1-10　重复贴后弧中线胶条

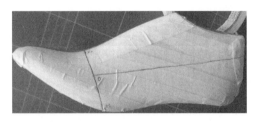

图1-11　抚平贴楦纸后标注设计点

2. 展平

将贴楦纸小心揭下来，得到的是一个壳状的楦曲面，展平时需要在前尖底口和后跟底口打上2~3个剪刀口，然后按照下列步骤将楦面展平。

（1）把OQ一线贴平在卡纸上，在鞋口位置上不要出皱褶。

（2）贴平后弧中线，不要影响后帮的高度。

（3）自O点向前推平到楦头最凸起的位置，使鞋头自然上翘，这一步至关重要，见图1-12。

（4）将前帮背中线也贴平，把皱褶推在V_0点之后，不要影响前帮的长度。

（5）把其他的部位都贴平，见图1-13。

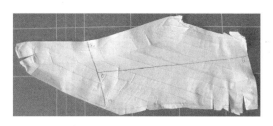

图1-12　前尖与后跟底口打剪口

图1-13　贴平贴楦纸

注意：女浅口鞋的脚背一般是没有部件的，所以楦面展平的方法与满帮鞋不同，自O点向前推平到楦头最凸起的位置是为了保证样板的跷度不受损失，如果跷度不够，鞋帮就会出现裂口。

3. 后弧修整

贴楦后的后弧部位是不规范的，会影响到鞋帮伏楦，所以要进行修整。在Q点部位要收进2mm，使鞋口能够抱紧鞋楦，在D点部位要增加1mm的主跟容量。然后将修整后的点重新连接出后弧中线，弧线的弯度要模仿鞋楦的后弧外形，底口适当收缩，自然弯曲。

底口部位太长会增加绷帮的皱褶，太短又容易造成开线，在后面的半面板检验时，还可以进行修正。经过后弧修整后得到半面板，见图1-14和图1-15。

图1-14　修整后弧中线

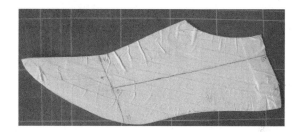

图1-15　得到半面板

四、套样检验

套样检验是用来代替试帮的，速度又快又准确，而且还节约了成本。制作套样的方法如下：

套样是指用纸做的帮套。首先在有韧性的纸张上画出半面板轮廓，连接出前帮控制线和后帮高度控制线，并画出一个简单的圆口门外形，口门不圆也没有关系，主要是检查半面板。然后通过头型最突出的位置和口门连接出前帮背中线，把背中线对折后剪出里外怀完全相同的圆口鞋样板，再把后跟弧的上口粘一块美纹纸代替保险皮，见图1-16至图1-19。

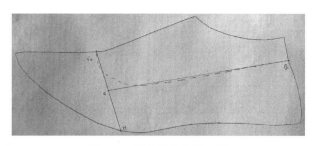

图1-16　设计简单的圆口鞋

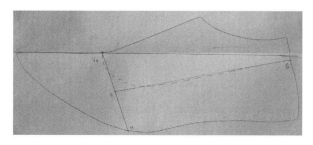

图1-17　连接出背中线并延长

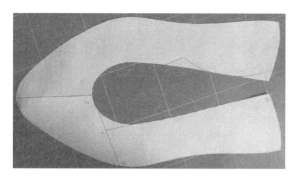

图1-18　剪出圆口鞋样板

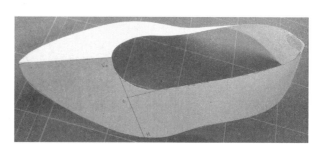

图1-19　纸制套样

把纸套样套在鞋楦上，进行跷度、长度、宽度和口门里外怀区别的检验。如果背中线的延长线低于后帮Q点，说明楦跟较高，要在后帮进行断帮。

1. 跷度检验

把套样的口门位置与鞋楦V_0点对正，后帮高度与Q点对正，观察鞋口部位。如果鞋口是完全贴楦的，说明跷度准确，如果出现咧口不能贴伏，说明跷度不准确，见图1-20。如果半面板的跷度不准确，以后所有用该半面板设计的鞋样都不会准确，会带来无休止的麻烦。

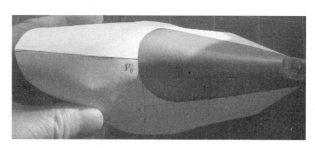

图1-20　检验跷度

2. 检验长度

首先检验鞋口里外怀的长度。把套样的口门位置与鞋楦V_0点对正，然后观察Q点位置，见图1-21。一般情况下套样的后弧中点会与鞋楦后弧中点有错位现象，由于里怀楦面斜长大于外怀，套样的Q点会向里怀偏移。这个偏移量叫作里外怀后帮的长度差，用Δ来表示。把偏移量的数值记录下来。如果偏移量大于或等于2mm，就需要进行分怀处理，也就是把$\Delta/2$加在里怀后帮上，把$\Delta/2$减在外怀后帮上。也就是在维持鞋帮总长度比变的情况下保证后弧中线是端正的。如果不进行分怀处理，口门位置端正了，后弧就变歪了；如果把后弧位置拉正了，口门又变歪了。因为女浅口鞋的口门轮廓是一条完整的弧线，不能靠生拉硬扯解决端正问题。对后帮长度进行分怀处理是设计女浅口鞋的一个重要内容。

接着要解决后帮底口的长度问题，见图1-22。把套样套正，用两手指捏住后帮底口，如果里外怀后帮能够对接起来，说明后帮的长度是合适的。如果出现重叠现象，说明后帮底口长了，要把多余的量修剪掉；如果出现缺口现象，说明后帮底口短了，要把缺少的量补充上。

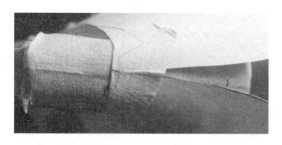

图1-21　查看长度差

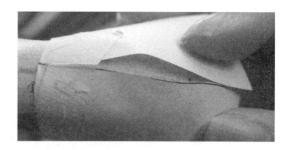

图1-22　查看底口长度

3. 宽度检验

楦面里外怀的宽度是不相同的，如果知道了楦面里外怀的宽度差异，就可以通过外怀外形轮廓找出里怀的外形轮廓。

①比较前掌部位里外怀宽度差异：将外怀前掌的套样底口轮廓线与鞋楦底口对齐，然后观察里怀一侧的底口线，见图1-23。会发现里怀的底口线超出鞋楦底口，说明里怀楦面比外怀窄，记录下在前掌2/3位置的超出量，作为后续的修整依据。一般情况下超出量为2~3mm。

②比较腰窝部位里外怀宽度差异：将外怀腰窝的套样底口轮廓线与鞋楦底口对齐，然后观察里怀一侧的底口线，见图1-24。会发现里怀的底口线不够长，说明里怀楦面比外怀宽，记录下在腰窝前1/3位置的减少量，作为后续的修整依据。一般情况下随着楦跟高度的增加减少量逐渐加大。

③比较后跟里部位外怀宽度差异：将外怀腰窝的套样底口轮廓线与鞋楦底口对齐，然后观察里怀一侧的底口线，见图1-25。会发现里怀的底口基本上也在楦底口部位，说明里外怀楦面宽度相似，可以作为等宽处理。

图1-23　前掌部位宽度

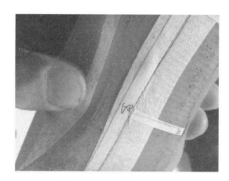

图1-24　腰窝部位宽度

图1-25　后跟部位宽度

4. 检验口门的里外怀区别

把套样的背中线、口门位置都与鞋楦对齐，此时观察口门的里外怀轮廓线，会发现外怀位置距离底口是偏高的，而里怀位置距离底口是偏低，感觉口门不端正，见图1-26。

在设计简单的圆口鞋时，里外怀的口门宽度是相同的，为何套在鞋楦上以后就有了差异呢？这是因为鞋楦里外怀的造型不同，外怀一侧楦面变化比较平缓，而里怀一侧楦面变化比较直立，套楦后就会产生里怀下坠的感觉。下坠感是感觉上的差异，解决问题的办法就是在口门宽度位置设计出里外怀的区别，以外怀鞋口轮廓线为基准，使里怀的鞋口轮廓线升高2~3mm，用以弥补视觉差。同理，在满帮外耳式鞋、围盖鞋的设计中也都作出了里外怀的区别。

经过套样检验合格后的样板就可以直接用来进行女浅口鞋的设计，其中要把长度差、宽度差都标记在半面板上，使用起来会很方便，见图1-27。

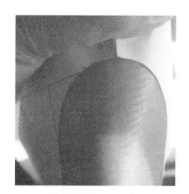

图1-26　口门里外怀位置

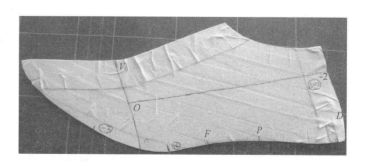

图1-27　检验合格后的半面板

5. 跷度的修正

贴楦制取半面板时，如果贴楦方法不得当，背中线位置不准确，展平时鞋口、背中线位置有皱褶，或者鞋楦跖趾部位肉体比较厚，都会引起半面板跷度不准确。对于前两种原因造成的跷度不准，只好重新贴楦；对于后两种原因造成的跷度不准，可以进行适当的修正。具体的操作步骤如下：

把套样套在鞋楦上，口门位置对正，然后降低后帮高度，使鞋口能够贴伏在楦面上。此时观察套样的Q点位置，距离鞋楦的Q点位置会有一段距离，测量这段距离的长度并记录下来，见图1-28至图1-30。

图1-28 套样鞋口不伏楦　　　　　　图1-29 记录Q点调整的距离

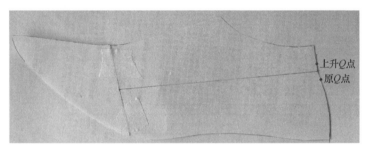

图1-30 调整Q点位置并固定剪口

接着把半面板的V_0O线和HO线相对打剪口，但不要剪断，在O点留出2mm左右的连接量。此时把半面板平铺在桌面上，按住前帮不动，旋转后帮，使Q点上升一段刚才记录的距离。这时在V_0O线上会出现重叠的角，在OH线的上段会出现张开的角，用美纹纸把这两个角都固定住，此时即得到跷度修正后的半面板。

思考与练习

1. 选择女浅口鞋楦，画出楦体中线和标出主要的设计点。
2. 采用美纹纸贴楦制备半面板，利用套样检验半面板的跷度。
3. 测量出长度差的Δ量、前掌和腰窝里外怀宽度差以及鞋口里外怀的区别量。

第二节　女圆口鞋的设计

有了检验合格的半面板后再进行女浅口鞋的帮结构设计。女浅口鞋是一大类鞋，品种繁多，其中以女圆口鞋最具有代表性，掌握了女圆口鞋的设计规律，再设计其他的女浅口鞋就变得轻而易举，因为女浅口鞋的基础结构都相同，只是有线条和部件的变化差异。所以首先要解决女圆口鞋的帮结构设计问题。

设计女圆口鞋分为两步，第一步按照成品图绘制帮结构设计图，第二步按照帮结构图制取样板。帮结构图可以把设计的想象变为现实，鞋帮样板可以把现实转化为实物。画效果图也好，画成品图也好，这只是停留在创作的想象阶段，如果能以结构图的形式表现出来，就说明这种想象具有开发的可行性，就可以把想象变为现实。如果不能以结构图的形式展现，说明这种想象还有些结构上的问题有待解决。有了帮结构设计图，就可以顺理成章地制取样板，进而制作出样品实物，完成鞋设计的初级阶段。

一、绘制帮结构设计图

绘制帮结构设计图要参考鞋款的成品图，因为结构图与成品图是相对应的，首先要画出成品图并进行分析，然后再着手结构设计图的绘制。

1. 女圆口鞋成品图分析

分析成品图其实是在深入了解鞋的结构，包括鞋楦的头形、鞋跟的高低、粗细和类型，口门的外形和工艺，帮部件的多少和相互间的搭配关系。

如图1-31所示；这是一款普通的女圆口鞋，使用的是小圆头楦，鞋跟为中等高度，属于中等粗细的压跟。口门为圆形，鞋口采用折边工艺，鞋帮为整帮结构，前后帮之间没有断帮，在后帮中缝部位有普通的保险皮部件。

上述的分析提示了我们，小圆头楦与圆口门是协调搭配的，中跟鞋楦可以顺利解决不断帮问题，中粗鞋跟使鞋款显得朴素大方，压跟类型一定要配组装外底，鞋口采用折边工艺时要有补强丝带。

图1-31 女圆口鞋成品图

2. 女圆口鞋帮结构图设计

绘制帮结构设计图首先要描画出半面板的轮廓，连接出前帮控制线和后帮高度控制线，然后再进行鞋款的结构设计。操作步骤如下：

（1）确定口门位置和连接背中线 V_0点是口门位置的标志点，可以直接把口门设计在V_0点，或者根据需要进行前后的适当移动。本案例的口门取在V_0点。过口门位置点与前帮最凸起的位置连接一条直线，前端自底口顺连到直线上定为鞋帮的前端点A_0。A_0V_0线即为前帮背中线，见图1-32。

往后延长前帮背中线，观察Q点与背中线的关系。本案例的鞋楦为40mm跟高的女浅口楦，Q点距离背中线的延长线有几毫米的距离，这就决定了鞋帮不用断帮的可行性，也满足了开料样板加放5mm折边量的要求。

女楦的鞋跟高度变化比较大，对于高跟楦来说，Q点的位置会超过背中线的延长线；对于中跟楦来说，Q点会落在或接近背中线的延长线；而对于平跟楦来说，Q点会远离背中线的延长线。这些情况在后面的设计举例中会逐一接触到。

（2）连接鞋口控制线 自V_0点作背中线的一条垂线，用来控制鞋口外形。在OQ线上的O点之后的20~25mm位置下降3mm确定鞋口宽度控制点O'，连接QO'并向前延长来控制鞋口线，见图1-33。

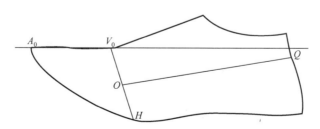

图1-32 确定口门位置和连接背中线

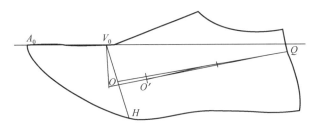

图1-33　连接鞋口控制线

（3）设计外怀鞋口轮廓线　在QO'线的1/2位置升高1mm左右来控制鞋口外形轮廓线。然后自$V_0 \to O' \to Q$设计出圆口门外怀轮廓线，后帮腰呈凸起状，曲线要求光滑顺畅，见图1-34。

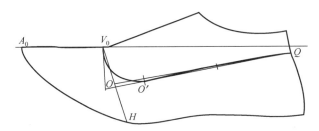

图1-34　设计外怀鞋口轮廓线

（4）作出里外怀的区别　在口门宽度位置和后帮长度上要作出里外怀的区别。根据套样检验的结果，里怀的口门宽度要在外怀的基础上升高2~3mm，并仿照外怀的轮廓线顺连出里怀轮廓线。根据后帮的长度差，将一半的长度差加在里怀的Q点、另一半的长度差减在外怀的Q点，然后将两条后弧线顺连到后跟突点位置，见图1-35。

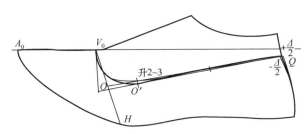

图1-35　作出里外怀的区别

（5）加放底口绷帮量　底口绷帮量是在10mm折回量的基础上依据帮脚厚度推算出来的，由于受到工艺操作的影响，还会有很大的变化。所以先用13、14、15、16mm作为外怀底口的绷帮量，并自前向后顺序加放，等到样板最后确认时再核实最终的绷帮量大小，见图1-36。

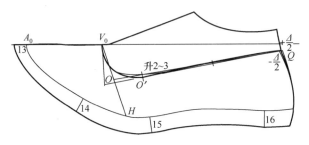

图1-36　加放外怀底口绷帮量

（6）做出里外怀底口的区别 由于楦面里外怀的宽度不同，要根据套样检验的结果做出底口里外怀的区别。本案例样板底口区别为−3mm和+6mm，所以要在前段底口A_0H的2/3位置，里怀收进3mm做一标记点，在中段HF的1/3位置里怀加放6mm也做一标记。然后过−3mm的标记点与底口A_0H的1/3位置连接一条直线，延长另一端到底口位置，然后用原半面板的底口过+6mm的标记点顺连出里怀底口轮廓线，到P点附近，见图1-37。

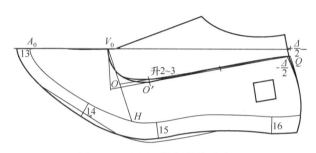

图1-37 女圆口鞋帮结构设计图

检查上述各个操作步骤，将保险皮设计在大部件之上，即得到女浅口鞋帮结构设计图。

二、制取样板

鞋帮的生产样板包括基本样板、开料样板和鞋里样板三种类型。在制帮操作时使用的是基本样板，可以在料片上画出加工标记，也叫作制作样板。在下料操作时使用的是开料样板和鞋里样板，可以直接进行开料，也可以作为打制刀模的样板。

1. 制取基本样板

基本样板是按照帮结构设计图制取的。考虑进一步修改的需要，原图作为资料保存，要将设计图复印一份来制取样板。具体的操作是先将设计图中女浅口鞋的背中线对折，然后按照里外怀的最大轮廓线进行分割。然后把对折的上片作为样板的外怀，在鞋口、后帮长度和底口腰窝段把里怀的多出量修剪掉。接着打开样板，修剪掉外怀口门多出的量，修剪掉外怀腰窝多出的量，修剪掉里怀前掌多出的量，并打一三角剪口作为里怀的标记。如果口门不圆滑，可以进行适量的修整。把保险皮的样板也剪出来，见图1-38至图1-40。

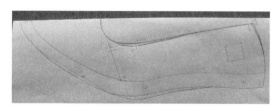

图1-38 对折背中线

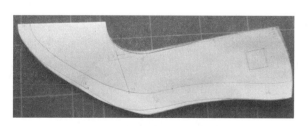

图1-39 按照最大轮廓线分割

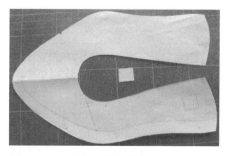

图1-40 区分出里外怀并做里怀剪口标记

2. 制取开料样板

开料样板是按照基本样板来制取的，要包括所需要的加工量。把基本样板描画在样板纸上，然后把所需要的加工量加在基本样板的轮廓线上。本案例的结构很简单，只需要在鞋口部位加放5mm的折边量，见图1-41。

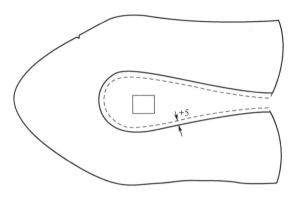

图1-41　开料样板图

3. 制取鞋里样板

鞋里样板需要利用基本样板先进行设计，然后再制取。

女浅口鞋的鞋里为套式里，也就是鞋里要预先缝制成鞋里套，再与鞋帮套组合进行缝制。女浅口鞋里目前主要有两段式里和三段式里两种类型。

（1）两段式鞋里　两段式鞋里包括前帮里和后帮里两种部件。设计两段式鞋里时需要把基本样板的里外怀对折，并平铺在样板纸上，然后描画出里外怀样板的最大轮廓线。

后帮里的前端点控制在口门之前的14mm位置，然后顺着口门轮廓线下滑到底口跗趾部位之后，这是前后帮里的分割线。后帮里的里外怀是断开的，断开的位置在背中，要留出4mm的搭接量，接着在鞋口线上加放3mm的冲边量。

在后跟部位，分别于Q点位置收进2mm、D点位置收进3mm、B点位置收进5mm，通过3个收进位置点顺连出鞋里后弧线。在底口部位要收进6~7mm，见图1-42。

图1-42　两段式鞋里设计图

设计前帮里时，是在前后帮里分割线之后加放8mm压茬量为前帮里的后轮廓线。在前端点部位下降2mm后与压茬量上端连接出前帮里的背中线，底口部位也同样收进6~7mm。前帮里如图1-42中虚线所示。按照鞋里设计图可以直接制取鞋里样板，见图1-43。

一般在手工绷帮时，鞋里可以不做里外怀的区别。如果是机器绷帮，需要在前帮里上区分出里外怀。也就是要分别描出里外怀的底口轮廓线，再分别收进6~7mm。

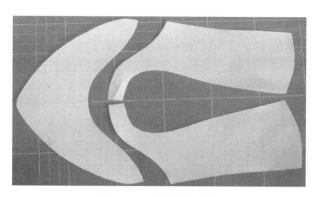

图1-43 两段式鞋里样板

（2）三段式鞋里　三段式鞋里是由两段式鞋里演变过来的，包括前帮里、后帮里和整后跟里三种部件。其中整后包跟里是在后帮里的基础上分割出来的。

首先是设计出完整的后帮里，包括口门之前14mm位置的断帮线、里外怀4mm的搭接量、口门轮廓线上的3mm冲边量、后弧线收进2、3、5mm以及底口收进6~7mm。然后把后弧线上段收进2、3mm的位置连接一条直线作为后弧中线，下段收进3、5mm的位置依然是弧线，并在后跟上口距离后弧中线40mm位置和后跟下口距离后弧线50mm位置连接一条直线，作为整后跟里的分割线。由于后跟里的里外怀是连在一起的，所以叫作整后跟里，见图1-44。

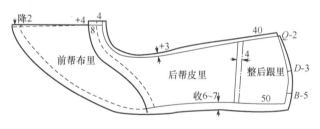

图1-44 三段式鞋里的设计

如图所示，前帮里的设计同两段式鞋里。按照三段式鞋里设计图可以直接制取鞋里样板。在样板的前帮里与后帮里之间有大压茬8mm，在后帮里与整后跟里之间是小压茬4mm。在遇到不同的部件镶接时需要使用大压茬，而同一种部件分割后在拼接时使用小压茬，见图1-45。

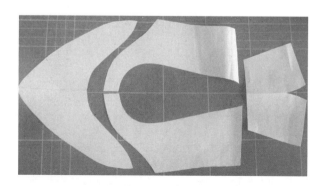

图1-45 三段式鞋里样板

设计其他女浅口鞋里也都与女圆口鞋里大同小异，不管是设计两段式鞋里还是三段式鞋里，所用的设计参数都相同。

三、样板的套样检验

制取鞋帮样板之后是否合适呢？这就需要进行检验。在企业里采用的是试帮的方法，但是在教学环节中安排的实训课是有限的，所以还是采用纸套样进行检验为好，这样可以节省大量的课时。学生在课余时间内进行套样检验，在实训课上就可以进行验证，把所学过的理论知识与实践结合起来。

操作时把基本样板粘贴成软纸套样，然后套在原鞋楦上进行检验。

首先检查跷度，鞋口能够贴伏楦面就表示跷度合适。接着检查鞋口门是否端正、后帮中缝是否到位、底口绷帮量是否均匀一致。如果出现问题就可以直接修改保存的设计图，不用重新贴楦。一般情况下，如果半面板是合格的都不会出现大问题，但有些细节问题可能需要修改，见图1-46至图1-49。

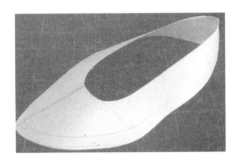

图1-46　粘成纸套样

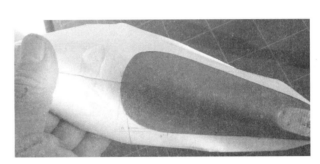

图1-47　检查鞋口贴楦否、口门端正否

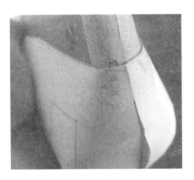

图1-48　检查后中缝端正否

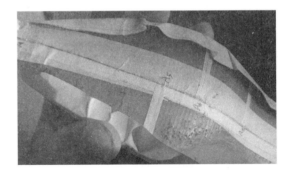

图1-49　检查绷帮量均匀否

在用套样检验绷帮量时，里腰窝是不能伏楦的，因为纸张的强度有限，一用力就会撕破。如何才能使里腰窝也伏楦呢？可以在腰窝部位打一剪口，长度接近鞋口，这样就能伏楦了。这个剪口就是里腰窝工艺跷，见图1-50。

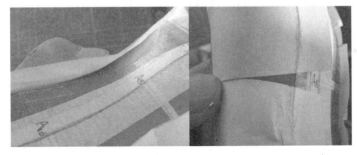

图1-50　里腰窝不能伏楦可以用打剪口的办法解决

工艺跷的大小可以通过测量剪口在楦底棱线的长度来得到。在用皮料绷帮时，材料有延伸性，可以适当被拉长，所以设计平跟女浅口鞋时一般不用取腰窝工艺跷。但是在设计高跟女浅口鞋时，里腰造型的凹度比较大，一般都要取工艺跷。在设计中跟女浅口鞋时，要根据试帮时伏楦的效果来决定，如果里怀鞋口出现外翻的现象，就一定要用腰窝工艺跷来解决。工艺跷的大小一般取在剪口长度的1/2或者2/3。

四、楦跟高度对结构设计的影响

在选用不同跟高楦设计女浅口鞋时，都要重新找点贴楦，制备半面板。随着楦跟高度的增加，鞋帮的跷度也会随之增加。鞋帮的跷度可以通过Q点与前帮背中线延长线的相对位置来观察到，当Q点位置超过延长线时，会对开料造成影响，这就需要通过改变鞋帮的结构来解决。

1. 高跟楦的使用

使用高跟楦设计女浅口鞋时，制备半面板、绘制结构设计图都没有变化，唯独在制取基本样板时会出现问题。

如图1-51所示，鞋帮的后端Q点已经超过了前帮背中线的延长线，如果鞋口不断帮是无法制取样板的。断帮的最佳位置是在腰窝边沿点，过F点作后帮背中线的一条垂线为断帮线。断帮时可以是里外怀两侧都断帮，也可以是里怀一侧断帮。如果是里怀一侧断帮，要在断帮线上做一剪口标记。在断帮线之前还有一条直线，这是取腰窝工艺跷的线，对高跟楦来说需要取里腰工艺跷。制取样板时，里怀后帮部件要取在取跷线位置，而前帮要取在断帮线位置，这样在部件镶接后就会形成取跷角。

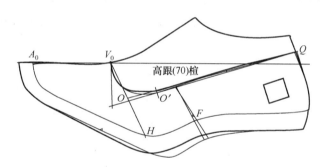

图1-51 高跟女圆口鞋帮结构设计图

女浅口鞋不断帮显得简洁爽利，整体感强，但是断帮有助于套划省料。现在的女性都愿意挑选不断帮结构的女浅口鞋，如果不想直接断帮，也可以设计成后帮不对称的结构，也就是在外怀的后帮部位进行装饰设计的同时解决明显断帮线问题。

如图1-52所示，外怀后帮采用三种不同颜色彩条进行镶接，也是一种别具匠心的断帮。里怀部位不断帮，也不会影响开料。

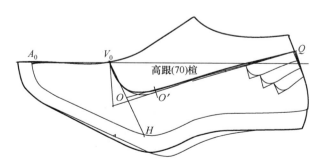

图1-52 后帮部位的彩条装饰

有时Q点超越背中线会很少，也可以采用设计后包跟的办法来解决开料问题。

如图1-53所示，在后帮上设计出了后包跟部件，不仅解决了断帮问题，而且还使鞋款出现了新的变化。设计后包跟时要注意，在上口位置要收进2mm，然后与D点降1mm的位置相连成后包跟的中线。此时在后帮上口不用作里外怀的长度区别，因为注意力转向了底口部位，要在后包跟的前端作出里外怀的区别，把里怀的后包跟轮廓线前移4mm左右。

鞋帮上的后包跟造型与鞋跟存在着配合关系。安装鞋跟时，是以分踵线作为对称轴的，设计的后包跟部件则是以底中线为对称的。观察带有后包跟的鞋类产品，会发现有些鞋的后包跟不端正，也就是里外怀后包跟的长度距离鞋跟的跟口位置不相等，感觉到外怀偏长、里怀偏短，造成这种现象的原因就在于对称中线不同。

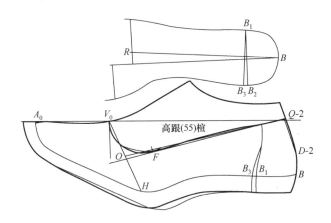

图1-53　后帮设计出后包跟部件

在图中的楦底样板上，如果从外怀的B_1点分别作楦底中线和分踵线的垂线，在里怀一侧分别得到B_2点和B_3点，两个点之间是有差距的。从鞋的外观上看，B_1点和B_3点才是对称的，所以要调整里怀后包跟的长度，调整量就是B_2B_3的长度。

2. 中跟楦的使用

中跟楦后跷高度包括35、40、45、50mm几种类型，其中的50mm跟高往往作为跟鞋的代表。考察意大利的鞋楦，由于设计得比较规范，在制备的50mm跟高半面板上，Q点的位置恰好落在前帮背中线的延长线上。每当鞋跟高度增加10mm，Q点位置就会提升6mm，而跟高降低10mm时，Q点也会下降6mm，见图1-54。

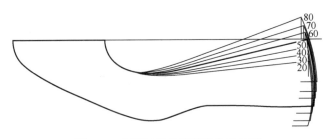

图1-54　女浅口鞋的跷度变化示意图

如果使用50mm跟楦设计女圆口鞋需要注意什么呢？Q点落在前帮背中线的延长线上，在制备半面板、绘制结构设计图、制取基本样板时都没有变化，但是在制取开料样板时就出现无法加放折边量。如果通过断帮、设计后包跟、后帮采用不对称结构等都可以解决折边量问题，如果采用沿口工艺也可以省去折边量。下面介绍的是利用"歪保险皮"来解决折边量问题，也就是把保险皮设计在外怀后帮上，成品只能显现里怀一侧的保险皮，故叫作歪保险皮。

设计歪保险皮时，是在设计好的圆口鞋基础上，在外怀一侧先设计出长20mm、宽10mm左右的保险皮部件，然后过Q点在后弧中线上作一条对称中线，再将保险皮部件拷贝到另一侧。取样板时把保险皮连接在外怀的后帮上，而里怀只留4mm的小压差，如图1-55中虚线所示。如果不进行歪保险皮处理，可以制取基本样板，但没有开料样板的折边量，如果进行了歪保险皮处理，就可以巧妙地解决折边量的问题。见图1-55至图1-57。

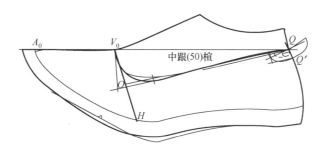

图1-55 带歪保险皮的女中跟圆口鞋帮结构设计图

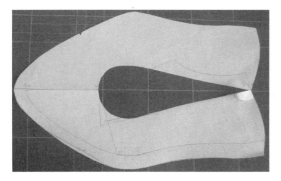

图1-56 基本样板上不能加放折边量

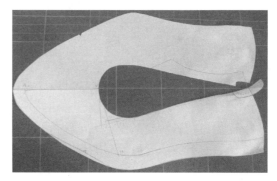

图1-57 利用歪保险皮巧妙解决折边量问题

3. 平跟楦的使用

使用平跟楦设计女浅口鞋不用考虑不断帮不能开料的问题，因为Q点位置距离前帮背中线的延长线有很大的一段距离。但要注意在设计鞋口线时，由于底口轮廓线平缓，可以设计成凹弧曲线，见图1-58。

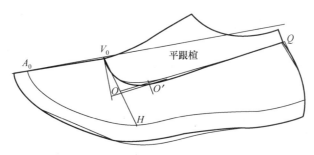

图1-58 平跟女圆口鞋帮结构设计图

女圆口鞋的结构设计经过设计前的准备、绘制帮结构图、制取样板三个主要过程，接下来就是工艺操作，进行鞋帮试制。先把鞋帮车成鞋帮套，再把鞋里车成鞋里套，然后进行合帮，就可得到完整的鞋帮，见图1-59。

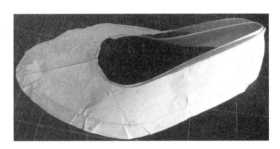

图1-59　鞋里与鞋面合帮示意图

思考与练习

1. 绘制出女圆口鞋的成品图和帮结构设计图。
2. 按照帮结构设计图制取基本样板、开料样板和鞋里样板。
3. 对鞋帮的基本样板进行套样检验。

第三节　女浅口鞋口门变型的设计

如果把圆口门鞋当作原型产品，那么可以衍生出尖口门、方口门、花口门、直口门等多种类型的女浅口鞋。女浅口鞋的设计与女圆口鞋的设计模式是相同的，只是改变了圆口鞋的口门造型。

一、女尖口鞋的设计

设计尖口门鞋一般是设计成小圆角的造型，但小圆角的两侧轮廓线比较平直，观看口门时的视觉会随着平直的轮廓线向前延伸而形成一个"尖角"，故把口门的造型叫作尖口门，只有在特殊情况时才设计成尖锐角，见图1-60。

这是一款高跟女尖口鞋，使用的是尖头楦，鞋跟为80mm细压跟，为了适当增加鞋跟高度，前掌使用了防水台。口门为尖形，鞋口采用折边工艺，在里怀一侧设计有断帮，在后帮中缝部位有普通的保险皮部件。

设计尖口门鞋多使用尖头楦，使口门的造型与楦头的造型相匹配。为了突出"尖"的造型，口门的位置要在V_0点的基础上适当前移10mm左右，把两侧的轮廓线加长，强化视觉延伸。由于鞋的前脸变短，设计口门宽度要适当减小2~3mm，在口门宽度以后

图1-60　女尖口鞋成品图

的轮廓线要顺延，不要出现硬性拐角。至于口门宽度的里外怀区别、后帮长度的里外怀区别、底口绷帮量的里外怀区别，都与设计女圆口鞋的要求相同，注意选用高跟楦时，要增加里腰窝工艺跷。绘制结构图时首先要连接控制线，安排好口门的大体位置，然后再顺连出外怀轮廓线，进而做出里外怀的区别，直至完成帮结构设计图，见图1-61至图1-64。

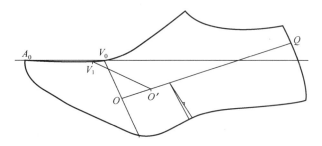

图1-61 连接尖口门控制线

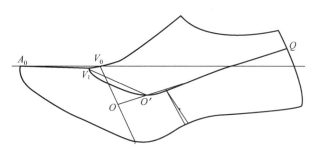

图1-62 设计尖口门外怀一侧轮廓线

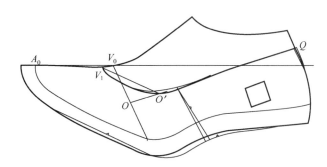

图1-63 女尖口鞋帮结构设计图

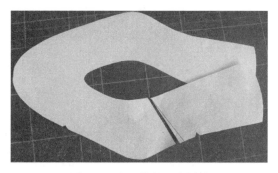

图1-64 尖口鞋的基本样板

如图1-64所示,在里怀有断帮位置和工艺跷。

二、女方口鞋的设计

方口门鞋有小方口和大方口的区别。

1. 小方口鞋的设计

设计小方口鞋类似于尖口鞋，口门的位置也要在V_0点的基础上适当前移10mm左右，口门宽度也要适当减小2~3mm。由于方口门的前端是一条平直线，与两侧平直的轮廓线以小圆角形式连接，就可以形成明显的方口门造型，见图1-65。

为了增加花色变化，在前帮设计了前包头部件，后帮的保险皮换成了后筋条部件。设计小方口门鞋一般选用方头楦。由于楦头的宽度有宽有窄，所以小方口门的宽度也要随之变化，此外小方口外形还会受到放余量超长度的影响，所以口宽可为头宽的1/2~2/3。绘制结构图时同样是要连接控制线，安排好口门、前包头的大体位置，然后再顺连出外怀轮廓线，进而做出里外怀的区别，直至完成帮结构设计图。

图1-65　小方口鞋成品图

前包头的长度取在前脸长度的1/4位置定为V_1点，V_1点是在曲线的背中线上，过V_1点连接前包头背中线。那么V_1V_0线才是前帮背中线。把后筋条设计在大部件上，见图1-66至图1-68。

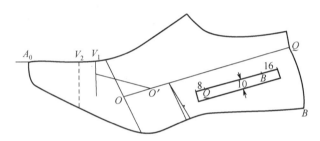

图1-66　连接前包头和鞋口控制线

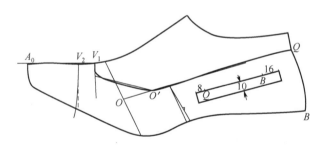

图1-67　设计出外怀一侧轮廓线

在制取样板时，由于前包头与前帮不是同一条背中线，所以要分别制取样板。首先制取前包头样板，见图1-69。

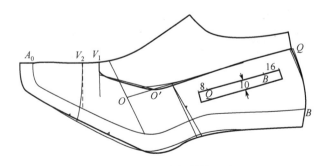

图1-68　小方口鞋帮结构设计图

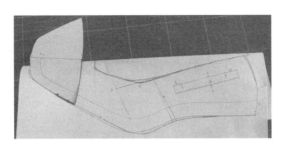

图1-69 制取前包头样板

制取前包头样板后，折叠 V_1V_0 线来制取鞋帮样板。此时会发现后帮 Q 点的位置突然下降，是跷度发生变化了吗？不是，这是因为 V_1 点的位置比较低，使得前帮背中线后端抬高。由于 Q 点位置在前帮背中线延长线之下，可以不用断帮来制取鞋帮样板。

如果鞋帮不断开又如何取工艺跷呢？如图1-70所示，在该取工艺跷的位置把里怀鞋帮剪开，但不要剪断，然后拉出一个工艺跷的角度，再把剪口用美纹纸粘住即可。

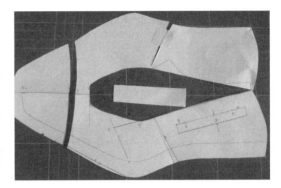

图1-70 小方口鞋的基本样板

2. 大方口鞋的设计

大方口鞋是一种大众化传统产品，比较朴实，多用圆头平跟楦来设计，不用担心断帮问题，如果有断帮也是为了套划省料。鞋跟较长较宽，显得稳重，与大方口门很相称。由于前脸比较长，增加了抱脚能力，所以口门适当加宽，穿脱很方便，受到众多成熟女性的喜爱，见图1-71。

大方口门的位置在 V_0 点之后10mm左右，口门宽度距 OQ 线6~7mm，见图1-72至图1-75。

如1-71 大方口鞋成品图

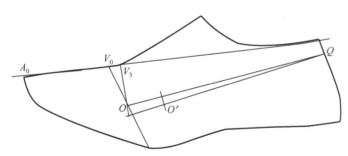

图1-72 连接大方口门控制线

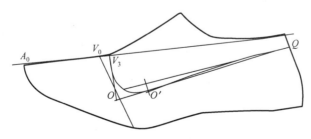

图1-73 设计外怀轮廓线

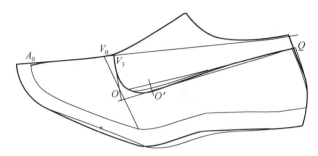

图1-74　大方口鞋帮结构设计图

保险皮是一种辅助性部件，起到保护后跟上口的作用。在车间生产中是用下脚料裁成一定宽度的长条部件，片薄以后再使用，而且是使用一段剪掉一段，并非是制取一个矩形部件。由于在教学实践中，每个人只制作一双鞋，所以就出现了矩形保险皮。懂得这个道理以后，在后面的设计图中可以不用设计保险皮，但要有保险皮部件。

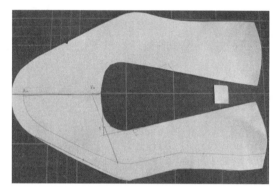

图1-75　制取大方口鞋基本样板

三、花口门鞋的设计

花口门是在圆、尖、方口门线条的基础上进行花色变化的一种口门。例如在圆口门的基础上，在口门中心位置突出一个尖角，使口门造型呈心形，故叫作心形口门。也可以在圆口门的基础上，在口门中心位置凹进一个尖角，使口门造型呈桃形，故叫作桃形口门。也可以把外怀口门设计成夸张的大方口门，而把里怀口门设计成向前凸起的小圆口门，其结果会使口门轮廓线发生倾斜，形成歪口门，见图1-76。

为了强调口门造型的轮廓线，也可以从俯视的角度绘制成品图。

1. 心形口门鞋的设计

心形口门的造型比较传统，是在圆口门的基础上来设计的。前帮背中线 A_0V_0 往后延长10mm左右定 V_3 点，然后折返一个大约60°的角，再与圆口门顺连。同样设计出鞋口、后帮长度和绷帮量的里外怀区别。为了套划省料，在里怀一侧设计了断帮位置。见图1-77、图1-78。

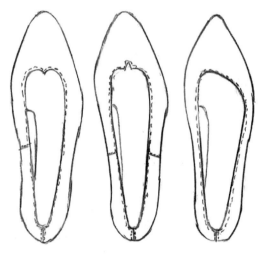

图1-76　心形口门、桃形口门和歪口门鞋成品图

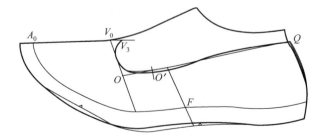

图1-77　心形口门鞋帮结构设计图

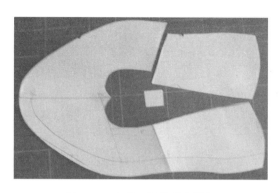

图1-78 心形口门鞋基本样板

2. 桃形口门鞋的设计

桃形口门的造型也比较传统，也是在圆口门的基础上来设计的。前帮背中线的V_0往前移动10mm左右定V_2点，然后间隔一个大约30°角再与圆口门顺连。同样设计出鞋口、后帮长度和绷帮量的里外怀区别。为了套划省料，在里外怀两侧设计了断帮位置。单侧断帮与双侧断帮相比较，双侧断帮会更省料，但加工时耗用的工时比较多，各有所长，见图1-79、图1-80。

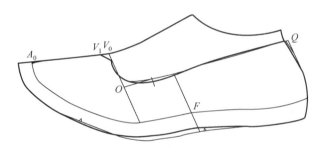

图1-79 桃形口门鞋帮结构设计图

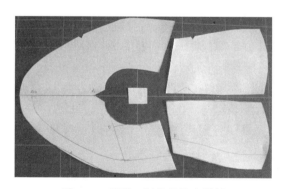

图1-80 桃形口门鞋的基本样板

3. 歪口门鞋的设计

歪口门鞋属于不对称口门。里外怀不对称与里外怀区别的概念是不相同的，鞋口门的里外怀本来应该相同，但由于鞋楦造型的影响，需要作出一些差异，才会使口门端正，这就是里外怀的区别。而不对称口门则是里外怀各自设计自己的轮廓线，然后再顺连出完整的口门轮廓线。由于口门前轮廓线是斜向的，看起来有些歪，所以就叫作歪口门鞋。注意在设计外怀鞋口线时要夸张一些，在设计里怀鞋口线时要前伸一些，这样斜度才会显现出来。见图1-81、图1-82。

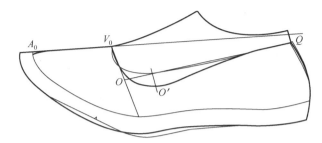

图1-81　歪口门鞋帮结构设计图

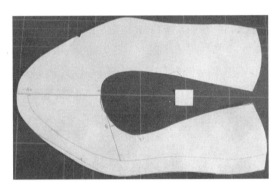

图1-82　歪口门鞋的基本样板

四、直口门鞋的设计

　　直口门是指两部件相交后直接形成的口门。一般情况下是由前后帮搭接形成直口门，如果断帮位置在背中线，则属于特殊的直口门。

1. 普通直口门鞋的设计

　　把前帮设计成单独的部件，然后与后帮镶接，形成的就是直口门鞋。直口门鞋与一般的断帮线不同，它有完整的前帮部件，有自己的外形轮廓线，断帮的位置一般在跖趾关节之后。

图1-83　直口门鞋成品图

　　如图1-83所示，选用的鞋楦为中跟超长的尖头楦，鞋跟为细卷跟，前帮在第五跖趾关节之后断开，与后帮形成的是角形直口门。后帮鞋口取凸起的造型，里外怀的区别体现在后帮前端的高度上，里怀高于外怀3mm左右，见图1-84、图1-85。

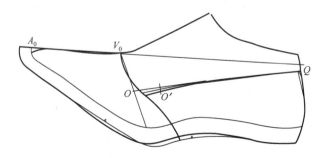

图1-84　直口门鞋帮结构设计图

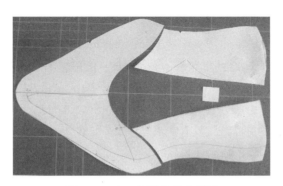

图1-85 直口门鞋的基本样板

2. 特殊直口门鞋的设计

如果把鞋帮部件在背中线位置断开，就形成了开中缝结构，这也是一种直口门。作为直口门的造型来讲，不管是方还是圆，都是由里外怀两块部件搭接而形成的，失去了完整口门的意义，所以开中缝形成的是一种特殊的直口门鞋，见图1-86。

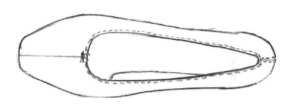

图1-86 特殊直口门鞋成品图

这是一款比较受中老年人欢迎的浅口鞋，使用平跟楦来设计。其中的背中线是断开的，在背中线上还有两道"锯子条"作为装饰。穿锯子条打孔位置距离鞋口在5mm左右，两孔之间在10mm左右，两条锯子之间约5mm，见图1-87、图1-88。

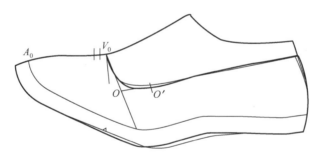

图1-87 特殊直口门鞋帮结构设计图

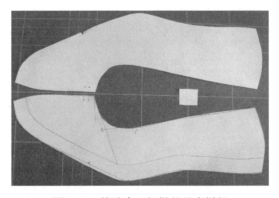

图1-88 特殊直口门鞋的基本样板

通过上述女圆口鞋的变型设计练习，要掌握女浅口鞋的设计方法，这样就可以灵活变通，设计出新款的女浅口鞋。

思考与练习

1. 设计一组4款尖、方、花、直女浅口鞋，并制取出基本样板。
2. 任选一款女浅口鞋进行套样检验。
3. 套样检验合格后再制取开料样板和鞋里样板。

第四节　女浅口鞋钎带变型的设计

女浅口鞋穿脱很方便，但是抱脚能力比较弱，对于某些人来说穿着可能会不跟脚，于是就想出了在鞋口上增加钎带来提高抱脚能力，增加安全感。女浅口钎带鞋是指用鞋钎等辅助部件来连接鞋帮的一类鞋。鞋带除了与鞋钎搭配外，也会用到鞋勾、鞋环、鞋扣、松紧带、尼龙搭扣等辅助部件，其中以使用鞋钎连接最具有代表性。这里的鞋带与耳式鞋的鞋带不是一回事，故叫作钎带，以示区别。

钎带鞋是在浅口鞋的基础上进行变化的，所以第一步是设计出浅口鞋，第二步才是设计鞋带，包括鞋带的位置、长度、宽度以及装配的方式等。

鞋钎的外形和大小有多种外形变化，传统的结构是在边框内有一横梁，横梁上有钎子针，使用时还需要用到钎子皮。鞋钎子皮上有孔洞，加工时穿入钎子针并包裹住钎子横梁，然后固定在鞋帮的外怀一侧。穿鞋时钎带穿入鞋钎、扣紧，达到抱脚的目的。

设计钎带鞋首先要选择好鞋钎，根据鞋钎横梁的宽度来确定鞋带的宽度。一般情况是鞋带的宽度比横梁少2mm，这样可以消除鞋带的早期磨损，见图1-89。

图1-89　鞋钎子

鞋环是指横梁是与边框合成一体的鞋钎，在箱包中最为常见，在鞋款中也会用到，见图1-90。与鞋钎的使用区别在于钎子皮应该是一块正规的部件。

使用鞋钎、鞋环时，鞋带必须穿入鞋钎针内，比较麻烦，因此又出现了鞋钩。鞋钩是一件成"Б"字形的挂钩，要与鞋钎配合使用。鞋钎穿进鞋带后调节长度，位置确定后就可以固定不动，而鞋钩的环状部位一端用松紧带固定在鞋帮上，留出来的挂钩则勾住鞋钎，使用变得很方便，见图1-91。

钎带鞋的变化主要表现在鞋带位置的变化上，见图1-92至图1-97。可以做一个简单的实验：把圆口鞋套样贴在鞋楦上，用纸条代替钎带，就能理解设计钎带鞋的实质。

图1-90 鞋环的使用

图1-91 挂钩鞋钎的使用

图1-92 圆口一带鞋鞋钎

图1-93 圆口宽带鞋鞋钎

图1-94 圆口窄带鞋鞋纤

图1-95 圆口斜向带鞋鞋纤

图1-96 圆口双带鞋鞋纤

图-97 圆口围带鞋鞋纤

在浅口钎带鞋中以圆口一带鞋最具有代表性，掌握了圆口一带鞋的设计之后，就可以演变出各种浅口钎带鞋。

一、圆口一带鞋的设计

早期圆口一带鞋的鞋帮要设计成葫芦状，鞋帮腰上设计出一个台子连接鞋带。由于用料比较费，在皮鞋中已不见踪影，取而代之的就是在圆口鞋的基础上加上一条横带，见图1-98。

鞋帮的主体结构为圆口鞋，断帮位置安排在横带的下面。圆口鞋已经能够设计了，关键的问题是如何设计鞋带。

图1-98 圆口一带鞋成品图

1. 鞋带的设计

首先要设计出圆口鞋，包括里外怀的各种区别，然后再进行鞋带的设计。鞋带的位置是可以前后有变化的，典型的位置是设计在脚的舟上弯点之前。

查阅脚型规律可知，舟上弯点占脚长的38.5%，使用时取脚长的40%。由于直线测量不方便，便改为在楦面上直接曲线测量。在楦面上测量必须要考虑楦体厚度的影响，所以把测量值改为脚长的1/2。测量时自Q点起用带子尺测量脚长的一半，在背中线上定E点。在使用半面板时，也可以直接用1/2脚长直接连接EQ线。230号楦的EQ=115mm，见图1-99。

鞋带的宽度一般在10~12mm。自E点作后帮背中线的垂线为鞋带后轮廓线，然后在E点前10~12mm也作垂线，得到鞋带前轮廓线。鞋带是搭在脚背上的，作垂线能够贴伏脚背，所以钎带一般都是取直条的外形。

设计鞋带的长度要考虑三个方面：楦背、起点和终点。由于浅口鞋楦的跗围比脚跗围小，所以鞋带要在背中线之上增加5mm高度，以满足脚对鞋带长度的需求。在里怀一侧，钎带是直接车缝在鞋帮上的，尾端距离鞋口留出14mm。在外怀一侧，距离鞋口14mm的位置也是固定鞋钎横梁的位置，还是鞋带钎孔的中心位置。钎孔在中心位置上下以5mm的间距各安排2个，共计5个钎孔。鞋带外怀一侧的长度，要从中心位置算起，向下延长35mm。按照上述设计参数就可以设计出钎带，注意在钎带的尾端要截取向后倾斜的终止线。

制取圆口一带鞋基本样板的方法不变，注意标出钉鞋带、钉鞋钎和钎孔标记，见图1-100。

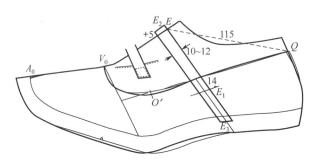

图1-99　圆口一带鞋帮结构设计图

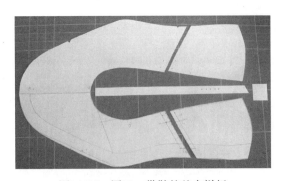

图1-100　圆口一带鞋的基本样板

2. 鞋带的变化

鞋带的位置和宽度是可以变化的，鞋带的长度是随变化的结果而产生的。如果将鞋带变宽，就形成圆口宽带鞋。鞋带变宽后防护功能增强，位置要前移到脚的前跗骨凸点附近，大约为V_0E长度的1/2。

圆口宽带鞋（图1-101）的设计模式与圆口一带鞋的设计相同，也是要先设计出圆口鞋，然后再设

计钎带。宽带的宽度取在20~30mm。先通过脚长的1/2长度
（115mm）确定E点，然后在V_0E长度的1/2确定宽带的前端
位置。同样作后帮背中线的垂线，后移20~30mm也作一条垂
线。在背中线上提升5mm。

设计圆口宽带鞋需要采用较大的鞋钎，对于浅口鞋来
说显得有些累赘，可以采用尼龙搭扣，既方便又省事，见图
1-102。

尼龙搭扣是由上下两片组成，柔软的一片为"毛"面，
硬挺的一片为"钩"面，毛面与钩面碰到一起就能勾连住。
在使用时，钩面作为下片车缝在外怀后帮上，而毛面为上片
车缝在钎带上。尼龙搭扣的底基是尼龙布，可以剪裁，外形随鞋带来变化。里怀一侧可以采用插接的
方式连接，也就是在距离鞋口10mm左右的位置开一槽口，把钎带插进槽口内再进行车缝。

制取圆口宽带鞋基本样板的方法不变，注意标出钉鞋带、车尼龙搭扣标记，见图1-103。

图1-101 圆口宽带鞋成品图

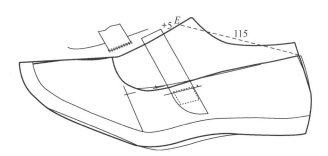

图1-102 圆口宽带鞋帮结构设计图

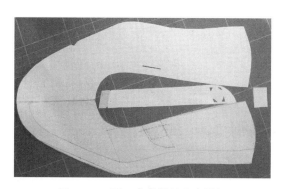

图1-103 圆口宽带鞋的基本样板

如果将钎带的宽度变窄，就形成圆口窄带鞋。窄带的抱脚
功能不太强，主要是起装饰作用，它的位置接近口门。窄带的
宽度在5mm左右，里怀直接车进帮面鞋里之间，车双线加固。
外怀鞋钎并不经常开启，所以只需留出3个钎孔。中心孔距离鞋
口依然是14mm，距中心孔的鞋带加长量取20mm，见图1-104。

设计圆口窄带鞋的模式依然同圆口一带鞋，见图1-105。鞋
口门的位置前移到V_1点，可以设计成小圆口鞋，窄带的位置取
在鞋口门与鞋口宽的一半左右。由于选用的鞋楦为高跟楦，鞋
帮的里怀需要断帮、取工艺跷。

图1-104 圆口窄带鞋成品图

制取圆口窄带鞋基本样板的方法不变，注意标出钉鞋带的加工标记，见图1-106。

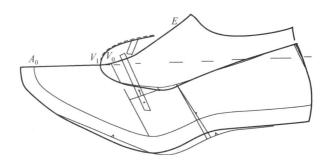

图1-105　圆口窄带鞋帮结构设计图

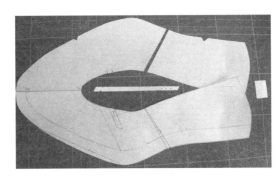

图1-106　圆口窄带鞋的基本样板

二、浅口钎带鞋的设计

浅口钎带鞋是通过圆口一带鞋的各种变化而形成的，它们的设计规律基本相同。

1. 直口门一带鞋的设计

如果把圆口一带鞋的口门改为直口门，就形成直口一带鞋。由于直口门的前帮与后帮是断开的，借此可以改变部件的外形轮廓，见图1-107。这是一款带包头的直口一带鞋。前帮由前包头和前中帮两种部件组成，后帮上有鞋台子，上面连接着鞋带。鞋带比较宽，在里怀与鞋台子反车连接，外怀是用尼龙搭扣。

设计直口一带鞋时要先设计出前帮口门轮廓线，然后分割出前包头部件。一带宽度取在20mm左右，一带的设计要求不变。确定一带的位置以后，在OQ线的一带位置上凸起10mm左右设计鞋台子。外怀一侧的鞋台子取圆角，用来车尼龙搭扣，里怀一侧的鞋台子与鞋带反车顺接。后帮鞋口取弧线形，也就是过外踝骨边沿点作底口的垂线，与OQ线相交后

图1-107　直口一带鞋成品图

降低2~3mm定P''点，鞋口凹弧线要经过P''点再顺连到Q点。在鞋台子的前端，后帮与前帮相交得到直口门，要作出里外怀的区别，见图1-108。

制取直口门一带鞋基本样板的方法不变，注意标出钉鞋带的加工标记，见图1-109。

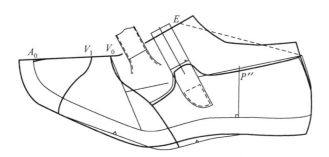

图1-108 直口—带鞋帮结构设计图

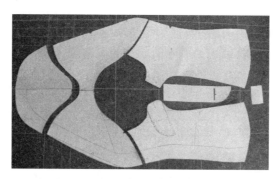

图1-109 直口—带鞋帮结构设计图

2. 斜向钎带鞋的设计

斜向带是指自里怀口门拉向外怀后帮一侧的鞋带。横向鞋带给人的感觉比较严谨、拦截作用强，如果改为斜向鞋带就会产生舒展自由的感觉，而且拦截的功能并不差，见图1-110。斜向带自里怀的口门开始，斜向外怀后帮延伸。为了使鞋带前端与口门的连接不显得突兀，在里怀鞋口位置设计了一个鞋台子，与鞋带反车顺接。鞋带的宽度要窄一些，控制在8mm左右。

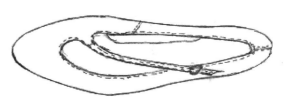

图1-110 斜向钎带鞋成品图

设计斜向钎带鞋同样是先设计浅口鞋，由于鞋楦为高跟楦，在里怀位置需要断帮、取工艺跷。设计钎带时，背中线也要抬升5mm，先设计出里怀斜向带的走向，在背中线的位置控制钎带的入射角等于反射角，见图1-111、图1-112。

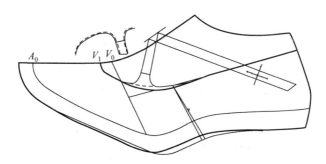

图1-111 斜向钎带鞋帮结构设计图

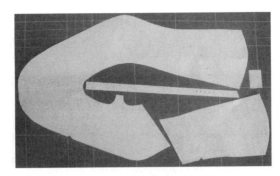

图1-112　斜向钎带鞋的基本样板

3. 拉手钎带鞋的设计

　　拉手钎带鞋是指后帮里外怀的前端向上延伸，形成钎带后在脚背部位搭接，好像左手拉着右手。由于前后帮的断帮位置远离口门，口门造型没有被破坏，所以帮结构并不属于直口门类型，见图1-113。鞋楦为高跟小方头楦，鞋口为小方口门。钎带连接在后帮上面，里怀以压茬形式连接，外怀使用鞋钎连接。钎带的位置处于E点，宽度在20mm左右。

　　设计拉手带鞋时，先过E点作后帮背中线的一条垂线，然后经过P″点作凹弧形鞋口顺连到Q点，接着再截取鞋带的宽度也作垂线，一直通到底口作为断帮线。在断帮线之前设计小方口门鞋口线，在断帮线位置里怀取工艺跷。其余的里外怀区别等内容同浅口鞋的设计要求。制取样板的方法也不变，基本样板上要标出加工标记，见图1-114、图1-115。

图1-113　拉手钎带鞋成品图

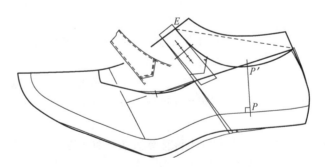

图1-114　拉手钎带鞋帮结构设计图

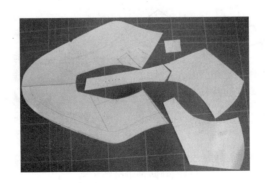

图1-115　拉手钎带鞋的基本样板

4. 围带鞋的设计

围带鞋是指钎带围在脚脖子上的钎带鞋。脚脖子不是指脚腕，位置在脚腕的下面，是通过舟上弯点环绕的一周。围带鞋的抱脚能力很强，对脚背暴露的部位没有影响，在钎带鞋中显得比较高雅，常用于女高跟鞋，见图1-116。

设计围带鞋的方法不变，先设计好浅口鞋。由于围带需要与后帮相连接，所以要在后跟部位设计出小后包跟部件。后包跟的下端有里外怀的长度区别，后包跟的上端总宽度在20~30mm，折回后形成环套，围带就从环套中穿过。

鞋带的宽度比较窄，取在8mm左右，所以后包跟上端的加放量为$2 \times (8 + 2) + 8 = 28$（mm）。其中2mm为宽松量，8mm为鞋带宽度和压茬量。

鞋带的长度以QE长度为基准，增加一倍的量后形成围度，一端加放12mm包裹住鞋钎，另一端加放35mm并打钎孔，见图1-117、图1-118。

图1-116 围带鞋成品图

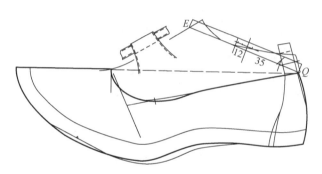

图1-117 围带鞋帮结构设计图

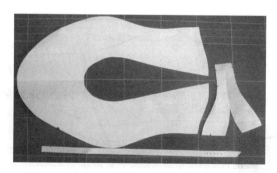

图1-118 围带鞋的基本样板

三、丁带鞋的设计

丁带鞋是指脚背部位有一组横竖交叉类似"丁"字造型的钎带鞋。由于鞋带横竖交叉，把脚背封闭起来，形成的是满帮鞋结构。所以设计丁带鞋需要进行跷度处理。丁带鞋也可以用素头楦来进行设计，但不如女浅口丁带鞋秀气。

1. 整丁带鞋的设计

丁带与前帮连成一体的鞋属于整丁带鞋，见图1-119。丁带鞋的横向带叫横带，纵向带叫丁带，图中的丁带与前帮连成一体，无法直接开料，所以需要通过转换取跷进行处理。不过由于口门位置比较

靠前，使得转换取跷过程变得简单。

在设计丁带鞋时，应该首先确定横带的位置、长度与宽度，这是成品鞋所要达到的结果，然后再确定丁带的长度与宽度。由于丁带与横带是相关联的，在无特别要求情况下，丁带宽度与横带宽度大约成黄金分割比，横带略宽。在整丁带鞋成品图中，丁带的长度取在 E 点，比较长，所以横带的位置也就取在 E 点，宽度一般取 10~12mm。由此可以推断出丁带的总宽度在 15~18mm，单侧的设计宽度为8~9mm。

图1-119　整丁带鞋成品图

过 E 点作后帮背中线的垂线，可以按照圆口一带鞋的设计要求先设计出横带来。然后延长前帮背中线 A_0V_0。丁带的长度在哪里呢？不能直接测量，要用圆规来画弧线截取。也就是要以 O 点为圆心、OE 长为半径作圆弧，交于前帮背中线的延长线为 E_0 点，这才是丁带的长度，见图1-120。如果要直接以 V_0E 的长度为丁带长度就错了。

自 E_0 点作延长线的垂线，截取丁带半侧的宽度，然后通过 O 点设计一条漂亮的圆弧线成为鞋口轮廓线。由于丁带的上端需要折返形成环套，所以要预留出横带宽+2mm的基准宽度和4mm的缝合量，确定取板长度 E_2 点。同时在 E_0 点另一侧横带宽+2mm的位置标出车缝标记。绷帮时 E_0 点会以 O 点为圆心旋转到 E 点位置。制取样板的方法不变，见图1-121。

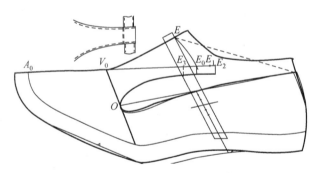

图1-120　整丁带鞋帮结构设计图

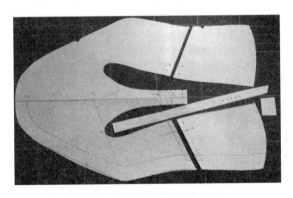

图1-121　整丁带鞋的基本样板

把样板粘成套样就可以进行检验。鞋口要求贴楦，丁带也要贴楦，同时横带要还原到加工标记位置，这才表示跷度没有问题。在鞋楦起弯点会有一些皱褶，这是整前帮鞋的共同特点，绷帮时很容易拉平。另外鞋头部位会变长，可以在确认样板时再修改，见图1-122。

丁带鞋的鞋里设计与一般浅口鞋略有不同，由于丁带比较长，需要设计一个丁带里与后帮里配合，而丁带里又比较窄，把断帮位置设计在鞋口圆弧最凹处。其设计参数与普通浅口鞋都相同，见图1-123。过鞋口弧线最凹处作背中线的垂线，得到的是暗口门位置点。在该点之前14mm位置设计前后帮鞋里分割线。前帮里加放8mm压茬量，前端下降2mm后重新连接背中线，底口收进6~7mm。后帮里与丁带里在鞋口凹弧最窄的位置断开，丁带里的背中线不变，长度取在环套车缝线之后的4mm位置，折边部位加放3mm冲边量。后帮鞋口加放3mm冲边量，后弧依次收进2、3、5mm连接新弧线，底口收进6~7mm。鞋带里只在两侧加放3mm冲边量。

图1-122 整丁带鞋的套样检验

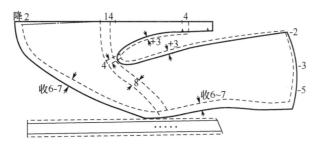

图1-123 丁带鞋里的设计图

注意，钎带都要配备皮里部件，使鞋带挺括、不易变形。

2. 断丁带鞋的设计

断丁带鞋的丁带部件与前帮是断开的，故叫作断丁带鞋，见图1-124。虽然丁带是断开的，但与横带结合后依然是满帮鞋的封闭结构，也需要进行跷度处理。不过不需要进行转换取跷，前帮也不会加长，伏楦效果也变好。具体的做法是把丁带背中线取在前后帮背中线夹角的1/2位置，其长度依然要用圆规画圆弧截取。

如图1-125所示，丁带的长度取在脚背的1/2位置定为E'点。丁带比较短，横带的宽度一般取在8mm左右，推算丁带的总宽度约12mm，设计半侧宽度为6mm。

图1-124 断丁带鞋成品图

先设计出横带的轮廓线。然后延长前帮背中线，在前后帮背中线夹角的1/2位置开始设计丁带。同样是以O点为圆心，OE'为半径作圆弧，交于1/2夹角线为E_0点，这是丁带的长度位置。接着过E_0点作垂线，截取6mm为丁带半侧宽度，然后通过O点设计一条圆滑的鞋口轮廓线，并延伸到Q点位置。

自V_0点设计出丁带的断开线，可以是直线、弧线，也可以是花边曲线。丁带后端加放折回量，作出车帮标记，加放绷帮量，作出里外怀区别等，即得到帮结构设计图。

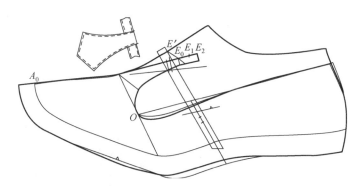

图1-125　断丁带鞋帮结构设计图

制取样板的方法不变，见图1-126。

思考与练习

1. 设计一款圆口一带鞋，画出成品图和帮结构设计图，并制取三种生产用的样板。

2. 设计三款女浅口钎带鞋，画出成品图和帮结构设计图，选择其中一款进行套样检验。

3. 设计整丁带和断丁带鞋，画出成品图和帮结构设计图，选择其中一款进行套样检验。

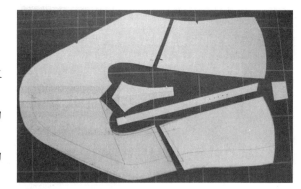

图1-126　断丁带鞋的基本样板

第五节　女浅口鞋部件变型的设计

女浅口鞋除了口门变型、钎带变型以外，还可以添加各种不同造型的部件，模仿满帮鞋的鞋舌、鞋耳、围盖等。外观上类似满帮鞋，而结构上依然属于女浅口鞋，依然选用女浅口楦，与满帮鞋的根本区别在于口门位置比较靠前，不像满帮鞋那样需要进行跷度处理。通过部件变型的设计，可以大大丰富女浅口鞋的花色品种，满足市场的需求。

一、女浅口舌式鞋的设计

舌式鞋的特征是都有一件类似于"舌头"部件，把鞋舌转移到女浅口鞋上就成为女浅口舌式鞋。鞋舌有整舌与断舌的区别。

1. 整舌式女浅口鞋的设计

整丁带鞋去掉横带、并把丁带变短加宽，就形成了整舌式女浅口鞋。整舌式女浅口鞋的鞋舌造型可以有变化，但长度不要过长，宽度要与长度相匹配，外观上看起来要协调，鞋帮可断可不断，根据需要酌情处理，见图1-127。

整舌式女浅口鞋的鞋舌与前帮连在一起，长度为20~30mm。设计鞋舌时直接延长前帮背中线，在延长线上截取鞋舌的长度，然后作背中线的垂线，借用垂线再设计出鞋舌轮廓线。鞋舌的宽度适可而止，与长度相匹配即

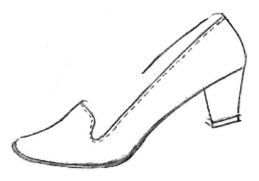

图1-127　整舌式女浅口鞋成品图

可，但鞋舌下端拐弯位置要控制在O点附近，然后模仿宽口门的处理方式设计出鞋口轮廓线。先把外怀一侧的设计完成后，再一并作出鞋口宽度、后帮长度和底口绷帮量的里外怀区别。经过修整后即得到整舌式女浅口鞋帮结构设计图，见图1-128。

此款整舌式女浅口鞋很简洁，除了保险皮以外只有一整块部件。制取基本样板的方法仍旧不变，见图1-129。

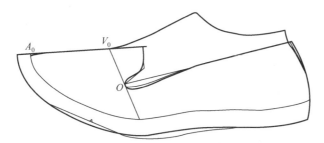

图1-128　整舌式女浅口鞋帮结构设计图

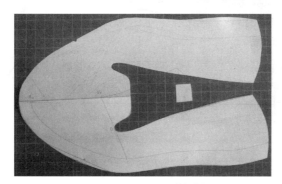

图1-129　整舌式女浅口鞋的基本样板

2. 断舌式女浅口鞋的设计

断舌式女浅口鞋类似于在口门的后面生长出了一个鞋舌，除去鞋舌就是一款女浅口鞋，加上鞋舌就是断舌式女浅口鞋，见图1-130。鞋口门造型为桃形鞋口，配上鞋舌后就形成桃形鞋口舌式鞋，有了鞋舌的衬托，口门的形状会更加突出。

需要注意的是断舌背中线一定要设计在前后帮背中线的1/2夹角位置。为何如此处理呢？贴楦制取半面板时，在V_0点存在着许多皱褶，对于浅口们来说，这些皱褶被排除在鞋帮之外，对帮结构不会造成影响。但是对于舌式女浅口鞋来说，鞋舌的位置正处于有皱

图1-130　断舌式女浅口鞋成品图

褶的位置，绷帮时拉伸前帮，鞋舌就会往前旋转移动，脱离楦背，造成不伏楦。如果把断舌取在1/2夹角位置，旋转移动后正好贴伏在楦面上。要注意到这与整舌式鞋的设计是不同的，见图1-131。

先把桃形鞋口女浅口鞋设计出来，包括里外怀的区别。然后延长前帮背中线，在前后帮背中线夹角的1/2线上确定鞋舌的长度E_0点。接着过E_0点作鞋舌背中线的垂线，截取适当的宽度拐弯、顺势设计出鞋舌轮廓线。需要注意到桃形鞋口是有里外怀区别的，要先设计出外怀一侧的鞋舌轮廓线，与口门交于O_1点，然后过O_1点作OQ线的垂线，与里怀鞋口线交于O_2点，O_2点为里怀鞋舌控制点。接着从鞋舌

拐弯位置设计里怀鞋舌轮廓线到O_2点。

由于鞋口门的宽度有里外怀的区别，使得鞋舌也必须有里外怀的区别。一般都是里怀的控制点比外怀靠上一些、靠前一些。制取基本样板的方法仍旧不变，见图1-132。

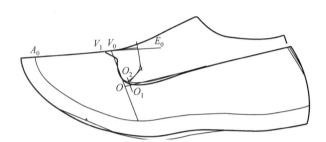

图1-131　断舌式女浅口鞋帮结构设计图

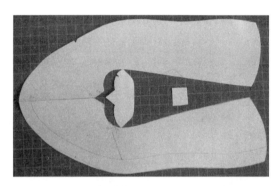

图1-132　断舌式女浅口鞋的基本样板

3. 卷舌式女浅口鞋的设计

如果把设计女浅口鞋的鞋舌加长并翻转过来，就形成卷舌式女浅口鞋，见图1-133。鞋舌是从鞋口后面生长出来的，由于比较长，就翻卷过来，并用一条横担拦腰抱住。为了使鞋舌有变化，采用了切割成条的方式进行装饰。由于鞋舌比较丰满，鞋口采用直口，并设计有包口条，后帮上还配有后包跟部件。

设计的重点已经转移到鞋舌部件上，见图1-134。口门为过A_0点的一条弧线，顺连到O点，外怀鞋口为OQ直线。考虑到鞋口里外怀的区别，在O点之上2~3mm定出O'点，连接$O'Q$线为里怀鞋口线。

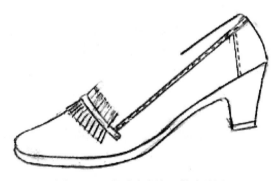

图1-133　卷舌式女浅口鞋成品图

在鞋后帮上先设计出后包跟部件，Q点仍旧要收进2mm。然后在鞋口上设计出包口条的宽度，在5mm左右。

包口条部件的长度为2倍的OQ长，如果材料不够长可以在里怀一侧拼接。包口条的宽度应该考虑设计宽度2×5mm、缝合量2×3mm以及材料厚量2~3mm，合计为18~20mm。

设计鞋舌也是按照断舌的方式进行，在前后帮1/2夹角线上设计鞋舌。在V_0点前端截取适当的长度定作前端点，在V_0点后端也截取适当的长度定作后端点E_0点。过E_0点作鞋舌背中线的垂线，并截取适当的宽度，往前通过O点适当往前延长设计外怀鞋舌宽度线，使鞋舌前轮廓线成上长下短的形式，前轮廓线略成弧形。以同样的方式通过O'点设计出里怀鞋舌宽度线。

为了制取样板方便，以鞋舌后端线为对称中线，将前端的轮廓线复制到后端。图1-34中鞋舌样板图上面还有切割的线条。

横担是拦住鞋舌的附属部件，两端车缝在鞋帮上，有着补强和装饰的作用。横担设计成弧状，与口门造型一致。横担的背中线不用加高，直接设计在鞋舌背中线上，宽度取在10mm左右，两端的长度要超过鞋口10mm。由于鞋口宽度有里外怀的区别，所以横担也要有里外怀的区别。制取基本样板的方法仍旧不变，见图1-135。

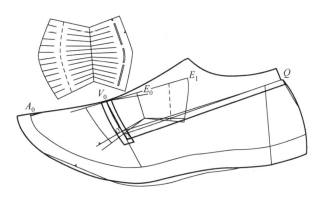

图1-134 卷舌式女浅口鞋帮结构设计图

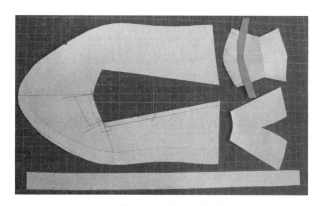

图1-135 卷舌式女浅口鞋的基本样板

二、女浅口耳式鞋的设计

耳式鞋的特征是都有两件类似于"耳朵"部件，把鞋耳转移到女浅口鞋上就成为女浅口耳式鞋。鞋耳有内耳与外耳的区别。

1. 内耳式女浅口鞋的设计

内耳式女浅口鞋的口门压在鞋耳上，鞋耳不要太长，否则就成了满帮鞋。鞋耳的设计位置控制在V_0点附近，口门的位置适当前移，要保留浅口门鞋的特点，见图1-136。

鞋身上有前帮、鞋耳、鞋舌、后包跟部件，鞋舌为断舌结构，要取在前后帮背中线的1/2夹角位置。设

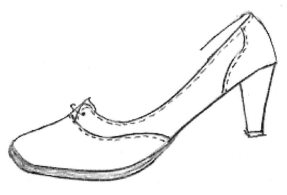

图1-136 内耳式女浅口鞋成品图

计结构图要先从前帮开始，口门位置定在V_0点前10~15mm的V_1点位置，连接前帮背中线A_0V_1，过V_1点作

垂线并设计出鞋口轮廓线，底口长度在第五跖趾之后。

鞋耳的形状可以有变化，但是不要太大、不要过长，小巧玲珑为宜。鞋耳的顶端在 V_0 点，前轮廓线向斜下方与前帮衔接，后轮廓线顺连出弧形鞋口线，鞋口线要过 P'' 点。鞋眼位距离鞋耳顶端有 8mm，左右、前后宽度取中。后帮上设计有长后包跟部件，外形轮廓线模仿前帮造型。

设计鞋舌时要取在前后帮背中线的1/2夹角位置，留出适当长度，宽度超过鞋眼位8mm即可。先设计出外怀部件轮廓，然后再区分出里外怀，经过修整即得到内耳式女浅口鞋帮结构设计图，见图1-137。

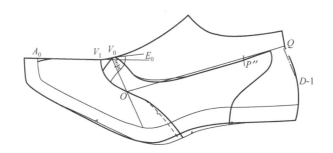

图1-137　内耳式女浅口鞋帮结构设计图

注意：由于使用的是高跟鞋楦，借着前后帮断帮的机会，在里怀加入腰窝工艺跷。制取基本样板的方法仍旧不变，见图1-138。由于镶接鞋耳的位置并不是在前帮的中点，所以在基本样板上要作出镶接的标记位置。

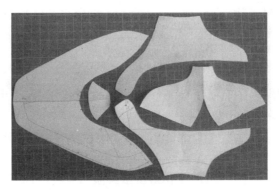

图1-138　内耳式女浅口鞋基本样板图

2. 外耳式女浅口鞋的设计

外耳式鞋的特点是鞋耳压在前帮上，所以首先要设计出鞋耳部件，然后再通过压茬的关系确定前帮的位置，这一点与内耳式满帮鞋的设计有所不同。鞋耳的位置取在 V_0 点附近，保留浅口鞋的特点。在鞋耳上有锁口线，用来加固鞋耳与前帮的连接，防止撕破，见图1-139。鞋耳压在前帮上，有一个独立完整的造型。后包跟的造型在与鞋跟相呼应。注意鞋舌没有断开，属于整舌式结构。

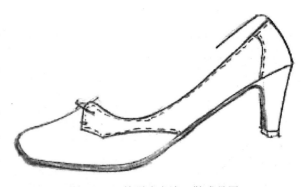

图1-139　外耳式女浅口鞋成品图

在绘制帮结构图时，要先设计鞋耳轮廓线，鞋耳的顶端距离 V_0 点留出3mm左右的距离。设计前轮廓线时，由于鞋耳看上去比较长，在前下端可以设计一条折返线，注意在鞋耳前尖点 O_1 之上 8~10mm 位置有一个锁口标记。里外怀的鞋耳是有区别的，里怀鞋耳前尖点定在 O_2 点，O_2 点的位置在 O_1 点之上 2~3mm、之前 2mm，过 O_2 点顺连出里怀鞋耳前端轮廓线。

鞋耳后端轮廓线要设计成通过 P'' 点的凹弧线，后端设计出短后包跟部件。鞋眼位距离鞋耳顶点 3mm 左右，左右宽度取中，见图1-140。

在后帮部件设计完成后再来设计前帮。沿着鞋耳前端轮廓线之后的 8mm 位置设计前帮轮廓线，如图1-140中虚线所示。由于鞋舌是不断开的，延长背中线 A_0V_0，超出鞋耳适当长度截取鞋舌长度，鞋舌宽度控制在距离鞋眼位 8mm 左右位置，鞋舌的轮廓线与前帮轮廓线衔接后改为圆弧角。

在外怀设计完成后，把里外怀的区别也设计出来。由于使用的是高跟鞋楦，在里怀断帮线位置加入腰窝工艺跷。制取基本样板的方法仍旧不变，见图1-141。

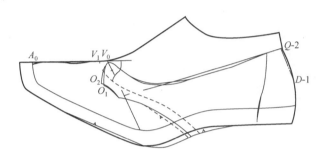

图1-140 外耳式女浅口鞋帮结构设计图

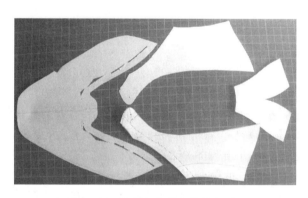

图1-141 外耳式女浅口鞋基本样板

鞋耳与前帮的镶接位置要作出加工标记，注意里外怀的压茬标记是相同的，但锁口线的位置不相同，里外怀的前尖点与压茬标记的连接也有区别。

三、女浅口围盖鞋的设计

围盖鞋的特征是前帮都是由"围条与鞋盖"组成，把围条与鞋盖设计在女浅口鞋上就成为女浅口围盖鞋。

1. 圆口围盖鞋的设计

圆口围盖鞋是在圆口鞋的基础上把前帮设计成围条与鞋盖的部件。围盖鞋是个统称，从工艺加工的角度看，如果是围条压鞋盖就形成圆口围子鞋，如果是鞋盖压围条就形成圆口盖鞋。但是从设计的角度看，圆口围子鞋和圆口盖鞋没有本质上的区别，因为鞋盖与围条的分割线是相同的，只是加放的加工量不同，见图1-142。

图1-142 女圆口盖鞋成品图

这是一款高跟女圆口盖鞋，鞋的主体结构为圆口鞋，只是在前帮分割出了围条与鞋盖部件，而且是鞋盖压围条，突出鞋盖的造型，故叫作女圆口盖鞋。加工时鞋盖加放折边量，围条加放压茬量。

在设计围盖鞋时应该增加一个楦头前凸点 J。确定 J 点一般是观察楦头的造型，在楦头背中线凸起的位置定 J 点。有些女浅口鞋楦前头凸起的位置不明显，可以利用脚趾前端点代替，也就是在 V_0 点之前增加25%脚长定 J 点。如果楦头的超长量很大，可以调节 J 点，安排在比例协调的位置。女浅口围盖鞋的设计只是在模仿满帮围盖鞋，所以要求不是很严格。

在楦头上确定 J 点之后，把 J 点转移到半面板上，连接 JV_0 为前帮背中线，并首先设计出圆口鞋的外怀一侧。在设计围盖分割线时，要过 J 点作前帮背中线的垂线，然后在垂线的1/2位置定 J_0 点。连接 J_0O 线为鞋盖宽度控制线，也就是围盖分割线要在 $J \to J_0 \to O$ 的范围进行设计。

首先要观察楦头的造型是属于尖头楦、方头楦还是圆头楦，然后按照不同的头形来设计鞋盖的外形，鞋盖的头形要与鞋楦的头形保持一致。鞋盖的长度可以自主选定或长或短均可，然后借用 J_0O 线顺连鞋盖的宽度线，见图1-143。

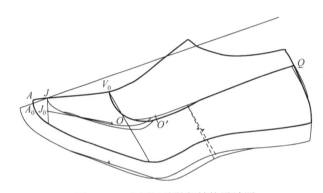

图1-143　女圆口盖鞋帮结构设计图

围盖是有里外怀区别的。在设计完外怀一侧的轮廓线以后，先把里怀一侧的鞋口轮廓线设计出来，然后再设计里怀一侧鞋盖轮廓线。鞋盖里外怀区别的大小与鞋口相似，里怀鞋盖线要连接到里怀鞋口线上，所形成的两个连接点依然是里怀位置偏高偏前。

连接围条的背中线需要注意，如果连接 AJ 线作背中线，在不断帮的情况下是无法开料的。因此需要把 A 点下降3~5mm定为 A_0 点，连接 A_0J 作背中线就可以加大两后帮之间张开的角度，不仅可以解决本身的开料问题，还可以解决同身套划的问题。由于鞋帮部件比较长，用料就比较多，如果能同身套划就可以节约许多材料，所以 A 点下降3~5mm的具体数值应以开料样板的套划效果为准，越严谨越好。

作出后帮长度和底口绷帮量的里外怀区别，经过修整后即得到帮结构设计图。由于选用的是高跟楦，里怀需要进行腰窝工艺跷处理，在不断帮的情况下可以直接剪开里腰窝，但不要剪断，然后在底口掰开所需要的工艺跷，再把工艺跷粘住固定即可，见图1-144。

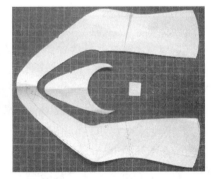

图1-144　女圆口盖鞋的基本样板

围条背中线经过处理后使两后帮张开的角度变大，可以达到都同身套划的目的，里怀在不断帮的情况下增加了腰窝工艺跷也不会影响部件的造型。

2. 舌式围盖鞋的设计

舌式围盖鞋是在舌式浅口鞋的基础上把前帮设计成围盖而得到的，见图1-145。这是一款女舌式高跟浅口围子鞋，围条压在鞋盖上，突出的是围条造型。其中鞋舌与鞋盖连成一体，属于整舌式类型。加工时围条加放折边量，鞋盖加放压茬量。

设计女舌式浅口围子鞋也是先确定出J点位置，然后连接背中线JV_0并向后延长，截取适当的长度后设计出外怀鞋舌轮廓线到达O点附近。接着过J点作前帮背中线的垂线，然后在垂线的1/2位置定J_0点，连接J_0O线为鞋盖宽度控制线。在$J{\to}J_0{\to}O$的范围设计出围盖的分割线并往后顺连，设计出外怀鞋口轮廓线，见图1-146。

在外怀轮廓线设计完成后再设计里怀轮廓线，使鞋盖的里怀线与鞋口的里怀线顺接，同时也顺连出鞋舌里怀轮廓线。接着作出后帮长度和底口绷帮量的里外怀区别。

围条的背中线同样需要处理，A点下降3~5mm后定A_0点，连接A_0J为围条背中线。

在里腰窝部位加工艺跷。经过修整后即得到帮结构设计图。制取样板的要求不变，见图1-147。

图1-145 女舌式浅口围子鞋成品图

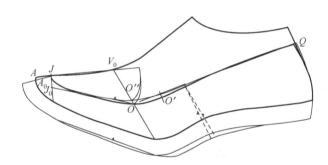

图1-146 女舌式浅口围子鞋帮结构设计图

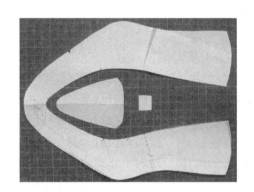

图1-147 女舌式浅口围子鞋的基本样板

3. 花口门围盖鞋的设计

顾名思义，在花口门鞋的基础上前帮设计出围盖部件即得到花口门围盖鞋。围条的长度可长可短，可以与后帮两成一体，也可以单独分离出来，见图1-148。这是一款高跟花口门围盖鞋，在鞋口的正中部位，有一葫芦状凹口，两侧的鞋耳相对连接。由于两鞋耳之间距离很近，所以无法增加折边量，要采用沿口工艺加工。沿口条一般都是成批量加工的，宽度一般在16mm左右，使用时截取适当的长度，不用设计样板。

这款鞋的围条与后帮分离，长度接近腰窝位置。在图中没有看到围盖的车帮线，因为这是采用的翻缝工艺，也就是在围条和鞋盖上都加放2~3mm的缝合量，两部件相对缝合后再翻转，所以看到的是围条与鞋盖的分割线。这种鞋也叫作翻围子鞋。

设计帮结构图时，同样是先设计女浅口鞋的主体结构。把J点确定下来，连接出背中线JV_0并延长，在V_0点位置设计小鞋耳，在V_0点之前15mm左右设计葫芦状凹口，并与鞋耳顺连。在鞋耳后端顺连出鞋口轮廓线，见图1-149。

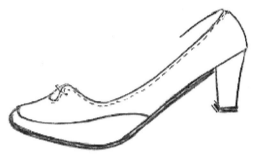

图1-148 花口门围盖鞋成品图

在设计围条与鞋盖的分割线时，同样是过J点作前帮背中线的垂线，然后在垂线的1/2位置定J_0点，连接J_0O线为鞋盖宽度控制线。在$J \to J_0 \to O$的范围设计出围盖的分割线，后段轮廓线要顺势下滑到腰窝底口附近。

借着前后帮的断帮线可以设计出里怀工艺跷。接下来就是作出鞋口宽度、后帮长度、围条和底口绷帮量的里外怀区别。注意：由于使用的是高跟楦，花口门的主体结构开料受到影响，需要进行断帮处理。这里把断帮线设计在鞋口与围条间隔最短的里怀位置上，见图1-150。

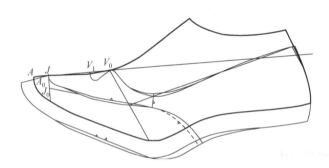

图1-149 花口门围盖鞋帮结构设计图

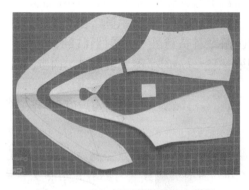

图1-150 花口门围盖鞋的基本样板

四、女浅口开胆鞋的设计

开胆鞋的特征是"鞋胆"部件冲开围条。鞋胆是鞋盖的一种变化，把鞋盖延伸到底口就形成了鞋胆部件，把鞋胆转移到女浅口鞋上就成为女浅口开胆鞋。开胆鞋中会出现半开胆鞋的特殊变化。

1. 开胆女浅口鞋的设计

开胆鞋是围盖鞋的一种变型设计，也需要确定出J点进行控制，见图1-151。这是一款中跟女浅口开胆舌式鞋，鞋舌与鞋胆连成一体，侧帮为半围条，分成里外怀两块部件。开胆鞋划料很容易套划，比围盖鞋要省料。半围条与鞋胆的镶接关系可以变化，鞋胆可以压半围条，半围条也可以压鞋胆，半围条与鞋胆还可以进行翻缝或者缝出皱褶来。

设计帮结构图时，首先要设计出鞋胆与半围条的分割线。在确定 J 点之后，连接 JV_0 并向两端延长为背中线，再过 J 点作背中线的垂线。鞋胆前端的宽度控制在垂线上定为 J_0 点，根据楦头宽度的不同可以取在垂线的上下 1/4 位置进行调节，一般的规律是楦头宽鞋胆也宽。连接 J_0O 为鞋胆的控制线，在 J_0 点之前与背中线平行，在 O 点之后与后帮顺连。

在鞋胆的 J_0O 一段，要设计成波浪形曲线，也就是在 J_0O 中点之前呈凸起的弧线，在 J_0O 中点之后呈凹进的弧线，在凹弧后端顺势设计出鞋口轮廓线，见图1-152。

图1-151 女浅口舌式开胆鞋成品图

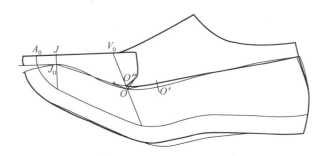

图1-152 女浅口舌式开胆鞋帮结构设计图

在背中线后端截取鞋舌的长度并设计出轮廓线，与鞋口相交于 O 点。在背中线的前端增加底口绷帮量并与平行线相交。由背中线、鞋舌轮廓线、波浪线、平行线、前端底口绷帮量线围成了外怀鞋胆部件的外形。

对于半围条来说，后段轮廓线与鞋胆轮廓线相同，而在 J_0 点之前要下滑出圆弧线，下滑量控制在底口部位下降3~5mm，其作用当然不是为了套划，而是要减少底口的绷帮量。

接下来就是作出里外怀的区别，注意鞋胆的里外怀区别要取在凹弧位置，后端顺连出里怀鞋口轮廓线。经修整后即得到女浅口舌式开胆鞋帮结构设计图。

制取样板的要求不变，但要注意镶接鞋舌的部位要有加工标记，见图1-153。

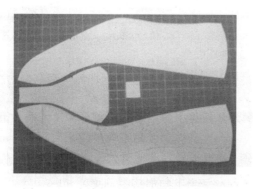

图1-153 女浅口开胆舌式鞋的基本样板

2. 半开胆女浅口鞋的设计

半开胆鞋是指鞋的前帮一半是开胆结构、一半是围盖结构，所以叫作半开胆鞋。半开胆的位置可以设计在里怀，也可以设计在外怀。设计半开胆鞋需要综合运用开胆鞋和围盖鞋的设计知识，见图1-154。

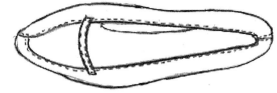

这是一款半开胆鞋，里怀一侧有半围条部件，外怀一侧有围条部件，镶接的关系为围条和半围条压鞋盖，在里怀一侧半围条压外怀围条。由于鞋盖的造型里外怀不对称，所以要分别设计出里怀的轮廓线和外怀的轮廓线，而不是简单的里外怀区别。其中鞋口线为直线形，鞋口用横条固定，横条压在鞋盖和侧帮上。

图1-154　女浅口半开胆鞋成品图

设计结构图时同样是先确定J点、连接背中线到V_0点。然后过V_0点设计弧形鞋口轮廓线，外怀到O点，里怀在O点之上3mm定O'点。直线连接OQ线为外怀鞋口线，直线连接$O'Q$线为外怀鞋口线。横条宽度比较窄，取在10mm左右，而且与鞋口线直接缝合，取在后帮背中线上。横条后端轮廓线与鞋口线平行，下端超出鞋口宽度10mm，同样有里外怀的区别，见图1-155。

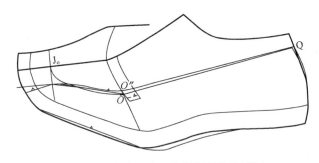

图1-155　女浅口半开胆鞋帮结构设计图

在设计围条和半围条时，也是过J点作背中线的垂线，并确定出J_0点、连接J_0O线来控制宽度。设计里怀一侧是从J_0点设计波浪线到O'点止，前端延长为平行线。设计外怀一侧是从J点直接设计鞋盖轮廓线到O点止。其中还有一段围条在里怀一侧，可以把半围条轮廓线复制到里怀一侧，然后把里怀的一段围条也设计出来。

最后作出后帮长度和底口绷帮量的里外怀区别。在制取样板时，围条前端的轮廓线为直线，而半围条前端的轮廓线依然要下降取工艺跷，形成曲线，见图1-156。

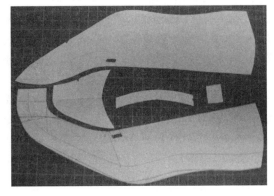

图1-156　女浅口半开胆鞋的基本样板

1. 设计一款女浅口舌式鞋和一款女浅口耳式鞋，画出成品图与帮结构设计图，并制取三种生产用的样板。

2. 设计两款女浅口围盖鞋，画出成品图和帮结构设计图，选择其中一款制取套样检验。

3. 设计两款女浅口开胆鞋，画出成品图和帮结构设计图，选择其中一款制取套样检验。

第六节　女浅口鞋不对称结构的设计

不对称结构是指鞋帮里外怀部件有各自的轮廓线，超出了里外怀区别的范畴。女浅口鞋的不对称结构源自于服装的不对称，给人以别开生面的感觉。不对称结构包括后帮不对称、整口门前帮不对称和断口门前帮不对称等类型。设计不对称结构鞋与设计普通鞋稍有不同。

一、后帮不对称女浅口鞋的设计

后帮不对称女浅口鞋在前面已经介绍了，设计时需要对后帮的里外怀单独进行设计。由于装饰的功能主要体现在外怀一侧，所以里怀相对要简单些，而设计的重点集中在外怀后帮上。

1. 外怀低后帮女浅口鞋的设计

低后帮是指外怀后帮腰高度偏低，取在后帮高度的1/2左右，而里怀的后帮是正常的，见图1-157。这是一款平跟低后帮女浅口鞋，里怀一侧鞋口线完整，而外怀一侧则是前帮压后帮。后帮直接滑向前帮的，衔接的位置比较低，打破了单调的鞋口线造型，可以更多地露出脚背，在鞋袜不同材质和色彩的衬托下会变得很生动。

图1-157　低口后帮女浅口鞋成品图

在结构设计时，只需要按照常规来进行设计，里怀一侧为圆口门类型，位置比较高，外怀一侧为直口门类型，前后帮衔接位置在后帮高度控制线以下的1/2左右，见图1-158。

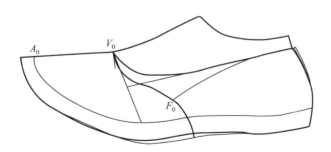

图1-158　低后帮女浅口鞋帮结构设计图

口门位置在A_0点，A_0V_0为前帮背中线，自A_0点分别设计出里怀鞋口线和外怀鞋口线。外怀一侧滑向腰窝位置附近，与后帮交汇在F_0点。F_0点的位置在后帮高度的1/2左右。其他的后帮长度、底口绷帮量的设计内容同浅口鞋的常规设计。

制取样板的基本要求不变，但需要单独制取后帮部件。由于外怀前后帮衔接的位置比较特殊，需要在前帮上作出加工标记，见图1-159。

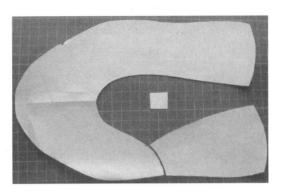

图1-159　低后帮女浅口鞋的基本样板

2. 外怀蝶翼后帮女浅口鞋的设计

蝶翼后帮女浅口鞋是指在外怀后帮上设计有蝴蝶羽翼的部件，见图1-160。这是一款高跟蝶翼后帮女浅口鞋，口门为小圆口造型，外怀后帮上有高出鞋口线的蝴蝶羽翼部件。羽翼采用压住前后帮两端的形式连接，更能突出立体感，穿鞋走路时会有羽翼的扇动感。羽翼上设计有眼洞，类似于蝴蝶羽翼的花斑，花斑前有假线类似于筋脉。

在结构设计时，只需要按照常规来进行设计。口门位置前移到V_1点，设计成小圆口门轮廓线。在外怀一侧同样要通过P点作前端底口的垂线，控制羽翼前端轮廓线不要超过该垂线，防止部件磨脚。

在后跟部位，如果采用合后缝工艺显得比较麻烦，可以设计成后包跟的形式。由于采用的是高跟楦，Q点的位置远远超过背中线的延长线，所以要把里怀一侧的断帮线适当前移，以不影响开料为宜。由于高跟楦里怀腰窝还要取工艺跷，所以断帮线设计在腰窝部位与踝骨部位之间，可以一举两得，既不影响划料，又可以增加工艺跷，见图1-161。

图1-160　蝶翼后帮女浅口鞋成品图

制取样板的基本要求不变，需要单独制取蝶翼部件，后包跟的里外怀也是不对称的。加工时蝶翼的弧形轮廓线就是加工标记，在鞋口部位不用另加标记，见图1-162。

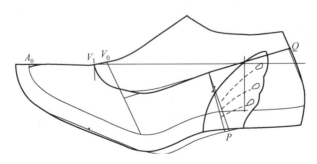

图1-161　蝶翼后帮女浅口鞋帮结构设计图

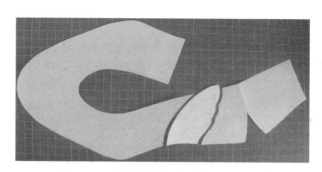

图1-162 蝶翼后帮女浅口鞋的基本样板

显然，如果把蝶翼的外形改为浪花的外形、树叶的外形或者其他造型都是可以的。

二、整口门前帮不对称女浅口鞋的设计

整口门前帮不对称女浅口鞋的口门是完整的，那么口门及以后的部件就可以按照常规来设计和制取样板，而前帮的不对称部位需要另行处理。

1. 彩条前帮女浅口鞋的设计

彩条前帮女浅口鞋是指在前帮部位用彩条部件进行装饰，见图1-163。这是一款平跟女圆口鞋，在前帮上有一自里怀向外怀斜向分割的断帮线，在断帮线的外怀一侧有3条彩色部件进行装饰。彩条部件采用前压后的衔接形式，产生层层延伸的感觉。

图1-163 彩条前帮女浅口鞋

在结构设计时，需要先设计出圆口鞋，然后再把前帮进行分割，见图1-164。口门位置取在V_0点，A_0V_0为背中线，自V_0点起先设计出圆口鞋。

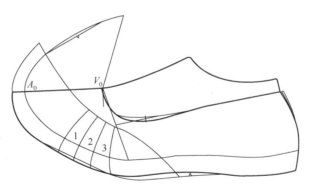

图1-164 彩条前帮女浅口鞋帮结构设计图

由于鞋的前帮是不对称的，所以需要把里怀一侧的半面板也表示出来。操作时把半面板的V_0点与设计图的V_0点对齐，背中线的突点位置接触在A_0V_0背中线上，然后描出里怀一侧轮廓线，底口作出里外怀的区别。经过这样处理后，可以看到展开的前帮，有利于里外怀不对称结构的设计。

设计彩条部件时，先把前帮进行分割。里怀起自前帮底口的前1/3附近，用一条弧线拉向外怀的腰窝底口附近，其中距离口门轮廓线不要少于10mm。对轮廓线的要求就是流畅、圆顺。设计彩条集中在外怀口门拐弯的位置，这里是视觉的中心点。3条彩色部件分布要有韵律，上窄下宽、略呈弧形，看起来像重叠的花瓣。彩条要用对比强烈的不同颜色进行搭配，见图1-165。

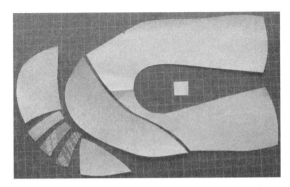

图1-165　彩条前帮女浅口鞋的基本样板

制取样板的基本要求不变，但需要注意到，零碎的部件镶接后容易出现变形，所以需要制备一件分割后的前帮基本样板，在小部件镶接完成后用来进行整体的修正。

2. 花结前帮女浅口鞋的设计

花结前帮女浅口鞋是指在前帮出现"穿锯子条"变化的鞋，见图1-166。这是一款高跟花结前帮女浅口鞋，鞋身的主体结构为女圆口鞋，前帮被分割成斜包头和斜中帮两部件。在口门部位通过穿皮条的方式把后帮与斜包头连接起来。皮条是用皮革经过片削后刷胶卷裹而成的。

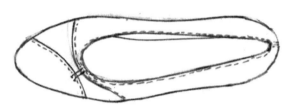

图1-166　花结前帮女浅口鞋成品图

在结构设计时，需要先设计出圆口鞋，然后再把前帮进行分割，这是设计整口门前帮不对称鞋的共同之处，见图1-167。口门位置取在V_0点，A_0V_0为背中线，自V_0点起先设计出圆口鞋。

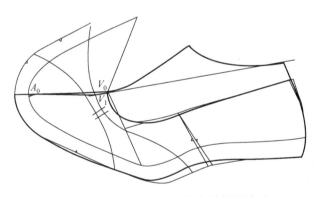

图1-167　花结前帮女浅口鞋帮结构设计图

由于鞋的前帮是不对称的，同样需要把里怀一侧的半面板也表示出来。然后设计出前后帮的斜向分割线。由于前帮是由两块部件组成的，分割线的里怀一侧要取在前帮底口的2/3位置附近。然后绕过口门形成一条曲线到达外怀腰窝附近。注意分割线距离鞋口线要大于10mm。

在分割线的前端设计出斜包头轮廓线。里怀一侧在前帮底口的前1/3位置附近，外怀在前帮底口的2/3位置附近，形成一条弓形线。在外怀口门视觉中心位置，有意识将前帮两条曲线拉近，便于设计出打孔穿条的位置。制取样板的基本要求不变，见图1-168。

但需要注意到，这是一款高跟鞋，如果以A_0V_0为背中线一般则会影响开料，里怀必须断帮。但是发现半面板的前帮背中线是凹弧曲线，可以把断帮线与凹弧曲线交点定为V_1，然后V_0V_1为鞋口的背中线，这样一来鞋口两侧的距离加宽，就不会影响开料。前帮背中线则为A_0V_1线，并不影响制取其他部件。里怀在不断帮的情况下取腰窝工艺跷。

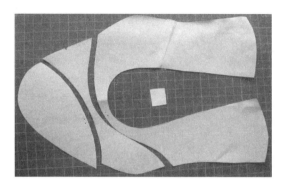

图1-168　穿条前帮女浅口鞋的基本样板

三、断口门前帮不对称女浅口鞋的设计

断口门前帮不对称女浅口鞋的特点是里外怀鞋帮相交后形成了直口门。由于口门被断开，里外怀部件各自独立，因此造型变化就打破常规，视觉重点虽然在外怀，但部件却是由里怀延伸出来的。口门断开带来的最大好处就是套划省料，而在结构设计时必须同时展开里外怀的半面板，然后再进行分怀设计。

展开里外怀半面板的方法如下：首先作一条中线，然后在外怀一侧画出半面板的轮廓，上部只需保留V_0H线和OQ线。接着再把里怀一侧的半面板轮廓也画出来。为了保证里外怀的对称性，需要选择3个控制点，一个是口门控制点，另一个是前帮背中线最突出点，再一个是后帮高度点。确定后帮高度点时，要过外怀的Q点作中线的垂线，然后再截取等距离确定Q'点。利用三点共面的原理就可以准确地画出里怀半面板，见图1-169。

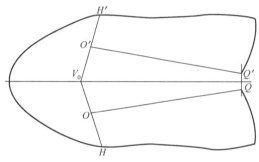

图1-169　里外怀展开板

图中的O与O'、H与H'、Q与Q'都是对称点，绘制帮结构设计图要在里外怀展开板上进行。

1.镶条女浅口鞋的设计

在外怀一侧可以看到一镶接的条形部件，故叫作镶条女浅口鞋。该部件是由里怀一侧延伸出来的，破坏了口门的完整结构，形成了断口门，见图1-170。这是一款平跟镶条女浅口鞋，条形部件自里怀往外延伸，产生自由舒展的感觉。里怀鞋帮压住条形部件，条形部件与外怀鞋帮相交形成直口门。外观上有双重鞋口的效果。

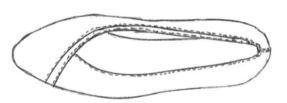

图1-170　镶条女浅口鞋成品图

注意鞋口门的造型是出角的，比较硬朗。要避免出现把圆口门直接剪断的效果，这会削弱里外怀部件的独立性，外观上有缺陷。如果改变镶接条形部件的关系，或者改变条形部件前端的宽度，就会产生另一种设计效果。

鞋帮的结构设计要在里外怀展开板上进行。由于条形部件是自里怀延伸到外怀，所以要先设计出里怀的鞋口线，用$O'Q'$线来控鞋口线位置，然后经过口门自由流畅地滑向外怀。条形部件的宽度取14mm左右，与里怀鞋口线平行，到达后包跟的位置拐向鞋口。

在设计外怀鞋口线时要仿照里怀鞋口线，用OQ线来控制外怀鞋口线的位置，起点在口门位置，使两条鞋口线相似而不相同。鞋口的里外怀区别要在设计鞋口线时完成，后帮长度的里外怀区别依然存在，见图1-171。

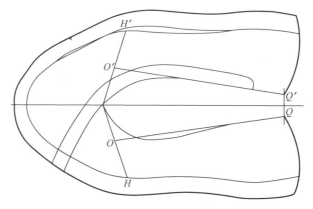

图1-171 镶条女浅口鞋帮结构设计图

在里怀底口线上，要先作出里外怀的区别，然后再加放底口绷帮量。经过修整后即得到帮结构设计图。制取样板的要求不变，见图1-172。

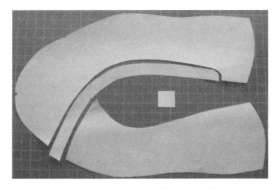

图1-172 镶条女浅口鞋的基本样板

注意在条形部件的上面要作出口门位置标记，这是里外怀鞋口的交汇点。在前帮底口中点位置也要作出标记，由于口门被断开，不容易找准中点位置。

设计鞋里的要求也不变，由于里外怀部件是分开的，所以要在里怀一侧设计鞋里，可以保证外怀一侧的面积，见图1-173。图中的虚线即为两段式鞋里部件，要注意前帮里的底口不要亏量。

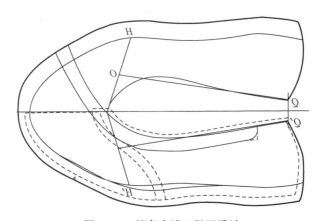

图1-173 镶条女浅口鞋里设计

2. 尖角女浅口鞋的设计

里怀部件在外怀一侧搭接时呈尖角造型，就形成尖角女浅口鞋，见图1-174。这是一款中跟尖角女浅口鞋，鞋身只有里外怀两种部件，里怀搭接在外怀部件上。鞋口线顺延到外怀一侧形成一个尖角，然后又折返到里怀底口。里怀部件上有假线装饰和3个孔洞，外怀也配有3个孔洞。

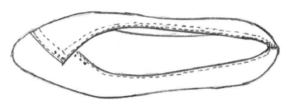

图1-174 尖角女浅口鞋成品图

设计结构图时，依然是在里外怀展开板上进行。先利用$O'Q'$线来设计里怀鞋口线，通过口门后自然向斜前方延伸，控制搭接量在外怀宽度1/3左右，然后折返到里怀底口。假线距离部件边沿线12~14mm，打孔边距5mm、间距10mm、孔径1.5mm。在里怀设计完成后再设计外怀，利用OQ线控制外怀鞋口线，里外怀线条造型相似，但要有里外怀鞋口宽度的区别，见图1-175。

制取样板的要求不变，在基本样板上要有车假线、打孔、前帮底口中点和镶接口门位置的标记，见图1-176。

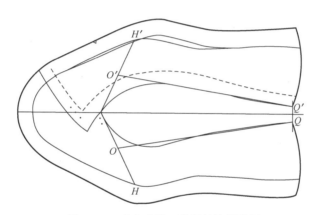

图1-175 尖角女浅口鞋帮结构设计图

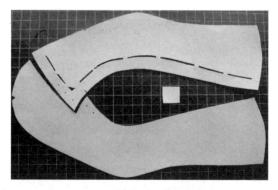

图1-176 尖角女浅口鞋的基本样板

3. 开中缝女浅口鞋的设计

开中缝女浅口鞋的前帮背中线是断开的，见图1-177。这是一款高跟开中缝女浅口鞋，由于口门是断开的，使用高跟楦时也不用担心开料问题，但依然要取里腰窝工艺跷。鞋身上有外侧帮、外鞋口、里前帮、里后帮4种部件。开中缝的位置呈曲线变化，一直顺延到后跟位置，形成外侧帮。外怀部件压在里怀部件之上，里怀前帮与外侧帮搭接后通过口门顺延到里腰窝底口附近。外鞋口部件自口门位置起向后延伸形成外怀鞋口线，里怀后帮与里怀前帮搭接形成低后帮。在里前帮与外鞋口部件之间有锯子条做装饰。

鞋帮部件比较多，镶接也比较复杂，关键是看口门结构。由于是里怀前帮部件压外怀鞋口，所以要从里怀鞋口轮廓线着手设计，见图1-178。

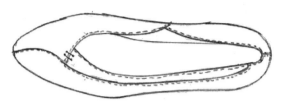

图1-177 开中缝女浅口鞋成品图

首先画出里外怀展开板，利用 $O'Q'$ 线来设计里怀鞋口线。鞋口线前段通过口门后自然向斜前方延伸15mm左右，后段折返到达里腰窝底口附近。接着把里怀后帮也设计出来。然后自口门位置开始设计外怀鞋口轮廓线，要与里怀鞋口线相似，并作出里外怀的区别。

在背中线的前端点设计一条略向里怀弯曲的背中线，大约在前帮长度的1/2位置弯向外怀，与里怀鞋口线相交后顺势环绕外怀鞋口线向后延伸，控制与鞋口边距在12~14mm，到达后跟位置后拐向鞋口。在里怀前帮和外怀鞋口相交的部位设计锯子条的打孔位置，边距取5mm、间距为5mm。

从图中可以看到里外怀后帮部件重叠在一起，但并不影响制取样板和开料。制取样板的要求不变，但需要把里怀前后帮镶接的位置、里外怀前帮镶接的位置以及打孔的位置都作出标记，见图1-179。

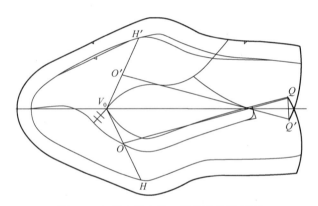

图1-178 开中缝女浅口鞋帮结构设计图

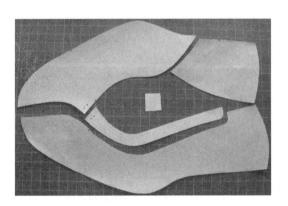

图1-179 开中缝女浅口鞋的基本样板

思考与练习

1. 设计一款平跟后帮不对称女浅口鞋，画出成品图和结构图，制取生产用的三种样板。

2. 设计一款中跟整口门前帮不对称的女浅口鞋，画出成品图和结构图，并进行套样检验。

3. 设计一款高跟断口门前帮不对称的女浅口鞋，画出成品图和结构图，并进行套样检验。

综合实训一　女浅口鞋的帮结构设计

目的：通过试帮的实训操作，验证女浅口鞋帮结构设计的效果。

要求：重点考核思考与练习中结构设计效果。

内容：

（一）女圆口鞋的设计

1. 选用思考与练习中女圆口鞋的基本样板、开料样板和鞋里样板进行开料、制作和试帮。

2. 绷帮后进行检验。

（二）高跟女浅口鞋的设计

1. 选用思考与练习中任意一款高跟女浅口鞋的基本样板、开料样板和鞋里样板进行开料、制作和试帮。

2. 绷帮后进行检验。

（三）不对称结构女浅口鞋的设计

1. 选用思考与练习中任意一款不对称结构女浅口鞋的基本样板、开料样板和鞋里样板进行开料、制作和试帮。

2. 绷帮后进行检验。

标准：

1. 跗面、里腰、鞋口等部位要伏楦。

2. 口门端正、线条流畅。

3. 后帮高度、长度处理得当。

4. 绷帮量宽度均匀合理。

5. 整体外观造型与成品图对照基本相同。

考核：

1. 满分为100分。

2. 鞋帮不伏楦，按程度大小分别扣5~10分。

3. 出现口门不端正、线条不流畅等问题，按程度大小分别扣5~10分。

4. 后帮高度、长度出现问题，按程度大小分别扣5~10分。

5. 绷帮量出现问题，按程度大小分别扣5~10分。

6. 整体外观造型有缺陷，按程度大小分别扣5~10分。

7. 统计得分结果：60分为及格，80分左右为合格，90分及以上为优秀。

第二章
凉鞋和拖鞋的结构设计

要点：了解凉鞋和拖鞋的种类变化与鞋楦的选用关系，掌握凉鞋和拖鞋的设计原理和方法，并能对不同结构凉鞋和拖鞋进行设计

重点：女浅口凉鞋的设计
男女满帮凉鞋的设计
男女全空凉鞋的设计
男女拖鞋的设计

难点：设计全空凉鞋的控制线

　　凉鞋是指设计有透空结构的一类鞋，拖鞋是指没有后帮的一类鞋，由于两者都有相同的透空设计，所以合并在一起进行分析。

　　凉鞋是夏季穿用的鞋类产品，具有良好的通透性。凉鞋的主要品种包括女浅口凉鞋、男女满帮凉鞋和全空式凉鞋。其中全空式凉鞋是典型的凉鞋产品，市场占有率比较高。

　　拖鞋主要是家居鞋，适于在室内穿着。最普及的拖鞋是塑料拖鞋，冲澡、纳凉都很方便，但时尚的皮拖鞋是高雅的产品，可以出入公众场合。拖鞋主要有满前帮拖鞋和前空拖鞋两大类型。由于分趾楦的应用，还出现了插趾凉鞋拖鞋和套趾凉鞋拖鞋等具有特色的新产品。

第一节　女浅口凉鞋的设计

　　女浅口凉鞋可以看作是女浅口鞋的一种变型设计，是在女浅口鞋的基础上设计出前空、中空或者后空的结构，从而形成一系列的女浅口凉鞋。女浅口凉鞋既保留了浅口鞋的特点，又增添了凉鞋的透空特点，在市场上很受欢迎。

设计女浅口凉鞋，依然使用女浅口楦，依然使用女浅口楦的半面板，只是在结构设计上有所改变。

一、前空女浅口凉鞋的设计

在女浅口鞋的基础上把前头部位设计成透空结构即得到前空女浅口凉鞋。传统的女浅口凉鞋是不希望脚趾外露的，所以透空部位一般控制在脚趾端点位置。现代人的思想比较开放，透空的位置可以设计得偏后些，以不要露出拇趾外突点为宜。该部位在鞋腔内有着防止脚往前冲的作用，露趾过多就会造成脚底的滑动，感觉不舒服。按照前空部位的线条变化，可以出现鱼嘴式、鱼尾式或者交叉式等变化。

浅口鞋出现前空后，自然会把注意力集中在鞋头部位。由于脚的拇趾比小趾长，所以习惯上里怀一侧的开口位置设计得比外怀靠前3mm。开口的出现还会造成内底的外露，所以要把鞋垫设计成长短垫。其中的短垫要包裹住内底前头部位，这需要额外进行设计。设计短垫时要参考帮脚的绷帮位置。

如图2-1所示，俯视看前空部位，里怀前移，仰视看前空的帮脚位置，会出现位置与斜度的双重变化。在底部件加工时，有帮脚的部位需要打磨槽沟，把帮脚嵌入槽沟内，减少帮脚高低不平的现象，便于外底平整粘合。

图2-1 前空部位

1. 鱼嘴式前空凉鞋的设计

在浅口鞋的基础上，把鞋头设计成透空结构，并把前空线条设计成圆弧形，外观好像张开的鱼嘴，故叫作鱼嘴式前空凉鞋，见图2-2。进行帮结构设计首先要设计出女圆口鞋，然后再设计前空位置。注意里怀一侧要取腰窝工艺跷。

V_0点是口门位置，大约在脚长的75%位置，前移25%的脚长就是脚趾端点位置，定为A_1点。自V_0点前移20%，就是脚趾端和拇趾外突点的1/2位置，把鱼嘴在背中线上位置设计在脚趾端和拇趾外突点1/2位置之间，就可以不影响鞋的穿用功能。把鱼嘴确定的位置定为A_1'点，见图2-3。

图2-2 鱼嘴式前空凉鞋成品图

自鱼嘴上端位置A_1'点开始，设计出外怀一侧鱼嘴圆弧线，接着在底口位置前移3mm定里怀鱼嘴圆弧线控制点，然后模仿外怀轮廓线设计出里怀鱼嘴线。

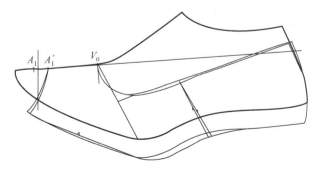

图2-3 鱼嘴式前空凉鞋帮结构设计图

在鱼嘴之前的部位不需要绷帮量，但需要设计出覆盖在内底上的短垫。设计短垫需要找到鱼嘴帮脚的位置，确定鱼嘴帮脚的位置可以参考与A_1点相互关系。过鱼嘴底口的控制点作背中线的垂线，就可以测量出鱼嘴到A_1点的距离，把这种关系转移到楦底样板上，即可以在楦底样板上确定鱼嘴底口的位置。根据鱼嘴在背中线上A_1'点与A_1点的关系，也可以在楦底样板上确定出鱼嘴的圆弧后端点，见图2-4。

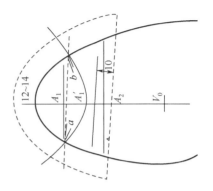

图2-4 短垫的设计

图中的鱼嘴圆弧线是一种示意，连接鱼嘴底口的两个位置点作为控制线，如图中的中间部位虚线所示。短垫需要掩盖被鱼嘴暴露的内底，控制在距离鱼嘴最后端15mm左右，包括长垫与短垫的搭接量10mm。自短垫的长度位置作鱼嘴控制线的平行线，即得到短垫后端轮廓线，如图中后端虚线所示。环绕鱼嘴周边需要加放12~14mm的折回量，包括与内底的粘合量以及内底等材料的厚度量。最后可得到短垫的样板轮廓，如图中外围虚线所示。

图中的a、b短线分别是帮脚的折回位置线，这需要在制取样板后经过套样比对出来，由于没有内底和帮部件的厚度，样板的帮脚会比较长，但折回的方位是不会变的，折回量控制在10mm。在内底加工时需要进行打磨，形成坡状槽沟，打磨的部位在有帮脚的位置。

注意短垫是有里外怀区别的，在里怀一侧要作出剪口标记，见图2-5。

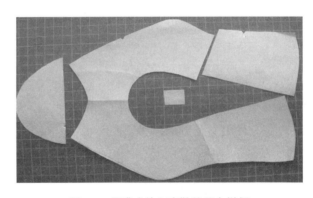

图2-5 鱼嘴式前空凉鞋的基本样板

图中的短垫样板有里外怀的区别，采用高跟楦设计时里怀作了断帮处理，腰窝工艺跷取在断帮位置。

2. 交叉式前空凉鞋的设计

在浅口鞋的前帮属于前帮不对称结构时，借用里外怀部件相交也能形成前空式样，即得到交叉式前空凉鞋，见图2-6。这是一款平跟交叉式前空凉鞋，鞋帮属于断口门前帮不对称结构。在鞋头部位，里外怀鞋帮相交后不再用其他部件填补，从而形成前空凉鞋。

在进行帮结构设计时，需要先作一条中线，画出里外怀的展开板，分别设计出里外怀的帮部件。在鞋帮的前端要自然形成透空结构，见图2-7。注意短垫设计在里外怀后帮之间，设计的方法不变，也有里外怀的区别。

制取样板的要求也不变，见图2-8。图中包括了帮部件样板

图2-6 交叉式前空凉鞋成品图

和短垫样板。注意在前空交点位置和口门交点位置需要作出加工标记，以保证帮部件衔接端正。

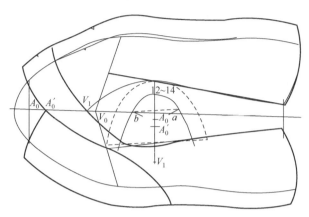
图2-7　交叉式前空凉鞋帮结构设计图

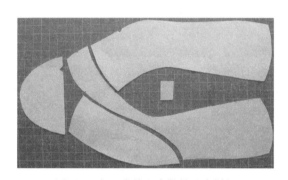
图2-8　交叉式前空凉鞋的基本样板

二、中空女浅口凉鞋的设计

中空女浅口凉鞋是指在女浅口鞋的基础上，把腰窝部位设计有透空结构的鞋。中空可以是单侧透空，也可以是双侧透空。

在透空部位，由于内底外露，所以需要设计出内底的包边条部件。包边条部件的长度以前后帮脚之间的距离为基准，前后两端各加放10mm的搭接量。包边条的宽度以上下两侧各折回10mm为基准，再加放内底、半内底厚度，在24~26mm。对于打磨槽沟的方位，同样需要用套样来比对出，见图2-9。

图2-9　中空部位的槽沟位置

在中空部位，由于楦底棱线比较平缓，帮脚折返的方位基本是顺向的，而在楦的前头与后跟部位，由于楦底棱的圆弧效应，帮脚的折反方向变化比较大。

1. 双侧镂空凉鞋的设计

双侧镂空是指在浅口鞋的基础上把两侧腰窝部位设计成透空的结构。由于脚底心的汗腺比较发达，穿中空式凉鞋感觉比较爽快，所以中空式凉鞋的通透性优于前空式凉鞋，见图2-10。这是一款平跟双侧镂空凉鞋，鞋帮没有断开，保留了圆口鞋的鞋口线，只是在里外怀两帮腰位置设计出透空的造型。在后端的断帮位置，由于距离鞋跟口比较近，所以要作出里外怀的区别，也就是里怀的帮脚比外怀前移4mm左右。又由于中空的距离不是很大，而且双侧透空部位都容易同时被看到，所以也要在断帮前端作出里外怀的区别，保持两侧镂空长度相同，这样看起来中空的设计才是端正的，见图2-11。首先是设计出女圆口门鞋，然后再设计中空部位的轮廓线。

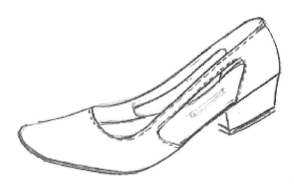

图2-10　双侧镂空凉鞋成品图

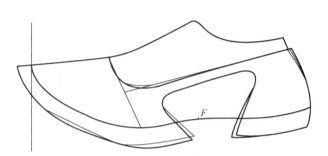

图2-11　双侧镂空凉鞋帮结构设计图

中空的位置在腰窝部位F点的前后，上端距离鞋口线不小于10mm，后端透空的轮廓线类似于后包跟，前端的轮廓线要模仿后端线条。先设计出外怀一侧的轮廓线，然后将里怀的前后底口部位分别前移4mm左右，顺连出里怀的轮廓线。经过修正后即得到双侧镂空凉鞋帮结构设计图。

在中空部位需要设计出内底包边条部件。这里的参照点是腰窝部位的F点，可以在结构图上直接测量出中空的前后断帮位置距离F点的长度，然后将测量的数据转移到楦底样板上。也就是在楦底样板上连接出分踵线，找到F点后作分踵线的垂线，在外怀一侧是以F点为依据确定中空的长度，里怀则是以垂足为依据确定中空的长度，见图2-12。

在中空长度的基础上，前后两端都要延长10mm作为与帮脚的搭接量，这是制取包边条的长度量。而包边条的上下折回宽度取在10mm，还需要考虑内底、半内底的厚度，所以总宽度控制在25mm左右。然后连接成矩形作为包边条部件。

图中的虚线表示的是包边条的大致粘贴位置，制取样板时还要增加底部件材料的厚度，要里外怀各取一件，如图中的矩形部件所示。在加工时，利用材料的延伸性可以弯曲地粘贴在内底上。

图中的短线a和b，依然是帮脚里外怀的折回位置，也就是打磨槽沟的控制标记，需要在制取帮部件样板后通过套样比对来确定折回的走向。打磨宽度还是10mm，打磨深度在内底厚度的1/3，最多也不要超过1/2。

制取样板的要求不变，包括鞋身样板和包边样板，见图2-13。

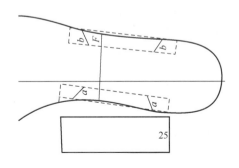

图2-12　包边条部件的设计

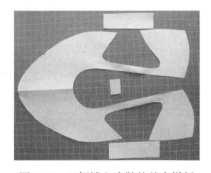

图2-13　双侧镂空凉鞋的基本样板

2. 双侧断空凉鞋的设计

双侧断空是指在浅口鞋的基础上将里外怀两侧通过断帮而形成透空的结构，见图2-14。这是一款高跟双侧断空凉鞋，由于里外怀两侧的腰窝部位都没有部件，所以它的通透性会更好，但其安全性也会更低。为此，在后帮上特意设计有围带，用来增加鞋的抱脚能力。围带与后帮是通过环套来连接的，因此除了需要设计前后帮部件以外。还需要设计包边条和环套部件。

自口门位置开始，先设计出前帮部件，然后设计出里怀部件。最后再作出里外怀的区别。里怀的帮脚底口前移4mm左右。

图2-14 双侧断空凉鞋成品图

设计包边条的方法不变，里外怀各有一块包边条部件。设计围带要参考围带浅口鞋的设计，鞋带的宽度取8mm，鞋带的长度是2倍的EQ长再增加鞋钎的包裹量12mm以及穿入鞋带所增加量35mm，并确定5个鞋钎孔位置。环套的总宽度取在12mm左右，基准长度为2倍的围带宽再加放2mm的宽松量，然后在一端加放5mm为与后帮衔接的缝合量，在另一端加放8mm压茬量，并作出加工标记，见图2-15。

制取样板的要求不变，见图2-16。

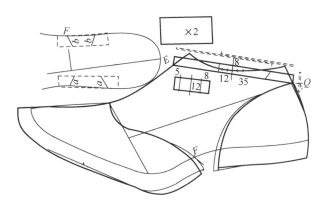

图2-15 双侧断空凉鞋帮结构设计图

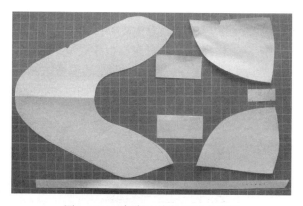

图2-16 双侧断空凉鞋的基本样板

三、后空女浅口凉鞋的设计

后空女浅口凉鞋是指在女浅口鞋的基础上，把后跟部位设计有透空结构的鞋。后空凉鞋与前空和中空相比较，通透性、安全性都很好，但是后帮上没有主跟的支撑，鞋口容易变形。由于脚的肉体比鞋楦要肥，当脚穿入鞋腔内会撑开鞋口，从而使后帮高度降低。因此在设计后帮高度时，要在原有高度的基础上额外增加5mm。

在后跟透空部位，内底同样会外露，所以也需要设计出内底的包边条部件和打磨槽沟的方位。依据后帮开闭功能的不同，可以设计成封闭式、钎带式、松紧式等后空凉鞋。

1. 封闭后空凉鞋的设计

封闭式后空凉鞋是指在鞋口线上没有开闭功能的凉鞋，有时出于开料的考虑也可以断帮，但还是要缝合起来，见图2-17。这是一款高跟封闭后空凉鞋，在尖口门鞋的基础上把后帮设计成了透空结构。出于开料的考虑，在后帮两侧都断开

图2-17　封闭后空凉鞋成品图

了。对于后空和中空凉鞋来说，里怀不用取腰窝工艺跷，可以利用透空来调节。

在绘制结构图时，注意要把后帮的高度上升5mm，防止成鞋后下坠变形。设计过程同样是先设计出尖口门鞋，然后再设计后跟透空部位的轮廓线，并根据折边要求确定断帮线，最后作出里外怀的区别。经过修整后即得到帮结构设计图，见图2-18。

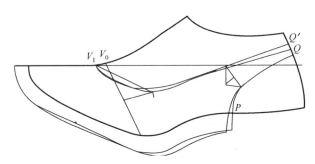

图2-18　封闭式后空凉鞋帮结构设计图

设计后空部位时，后空的长度一般控制在跟口位置附近，或前或后均可。由于不同鞋跟的跟面长度有差异，所以跟口的控制大致在楦底样长度的1/4位置。但后空部位不要过长，否则穿着时会出现鞋底"打脚"的毛病。

本案例的断帮位置控制在P点，这也是设计包边条的参考点。在楦底样板上作出分踵线，并过P点作分踵线的垂线，测量帮脚距离P点的长度即可在楦底样板上得到断帮位置。同样要延长10mm的搭接量，贴合的宽度控制在10mm，在取样板时再加放内底半内底的厚度。利用总长度和总宽度可以设计出矩形的包边条部件，见图2-19。图中的a、b短线同样是帮脚折回的方位，需要通过套样比对出来。

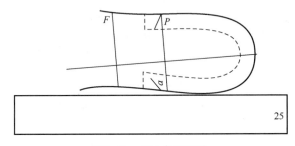

图2-19　包边条的设计

制取样板的要求不变，见图2-20。

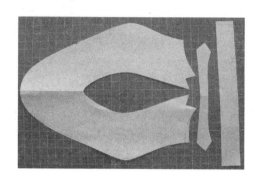

图2-20 封闭后空凉鞋的基本样板

2. 松紧后空凉鞋的设计

松紧式后空凉鞋是指后帮条的里外怀用松紧布连接的凉鞋，见图2-21。这是一款中跟松紧后空凉鞋，方圆形口门，后帮条搭接在前帮上，后端用松紧布来连接。松紧布比较挺括、略厚，弹性、延伸性好。宽度取在12~14mm，单侧长度取在25mm左右，加工时外面还要包裹一层薄薄的面皮。

要注意后帮的Q点依然要升高5mm，但松紧布的长度不能直接取在Q点，而是要往前移动5mm，这样才会发挥其抱脚的功能。外面包裹的面皮长度应该到达Q点，也就是延伸后的长度不会超过Q点，这样才有安全作用。由于面皮长而松紧布短，包裹后会出现均匀的皱褶。传统的松紧布都是自己手工制作的，现在已经有成品出售。

图2-21 松紧后空凉鞋成品图

结构图设计的方法依然是先设计前帮，然后再设计后帮，接着在后帮的适当位置截出松紧布部件。设计后空凉鞋包边条的方法也都相同，见图2-22。

制取样板的方法不变，注意前帮上要有接帮的标记点，要在松紧布的两端加放10mm的压茬量，并作出标记，见图2-23。

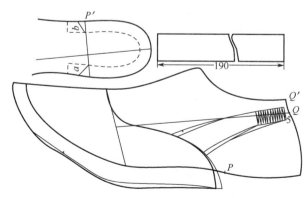

图2-22 松紧后空凉鞋帮结构设计图

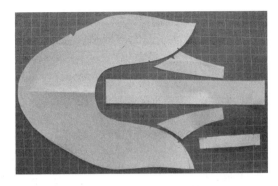

图2-23 松紧后空凉鞋的基本样板

3. 松紧后空凉鞋的变化

封闭式后空凉鞋的结构比较简洁，但是开闭的功能不能调节，对于某些人来说穿着会不跟脚，因此就出现了钎带式后空凉鞋。钎带式后空凉鞋有很好的开闭功能，可以根据需要调节鞋口的大小，但穿脱比较麻烦，因此又产生了松紧后空式凉鞋。松紧后空凉鞋也出现了变化，一种是在封闭式后空凉鞋的基础上配上松紧带，调节了开闭功能，另一种是在钎带式后空凉鞋的里怀添加一段松紧布，省去开闭钎带的麻烦。

以封闭式后空凉鞋为例，可以在后帮条的鞋里部件上缝上一条松紧带，松紧带可以在鞋腔内直接看到。松紧带比较薄软，与松紧布不同，可以用于鞋的内腔。松紧带的长度在25mm左右，距离Q点依然要收进5mm，见图2-24。封闭式后空凉鞋配合松紧带的使用就增加了开闭功能。

以钎带式后空凉鞋为例，可以把松紧布添加在里怀一侧，鞋帮的后端位置同样要控制在Q点之前5mm，这样可以使穿脱变得简单，见图2-25。里怀添加了松紧布，穿脱就不用再开闭鞋钎。

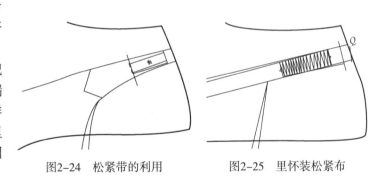

图2-24 松紧带的利用 　　图2-25 里怀装松紧布

思考与练习

1. 设计一款女浅口前空凉鞋，画出成品图和结构图，并制取三种生产用的样板。
2. 设计一款女浅口中空凉鞋，画出成品图和结构图，并制取三种生产用的样板。
3. 设计一款女浅口后空凉鞋，画出成品图和结构图，并制取三种生产用的样板。

第二节　男女满帮凉鞋的设计

满帮凉鞋是指在满帮鞋基础上设计出具有透空结构的一类鞋。这种鞋既具有满帮鞋丰满规整的特点，又具有凉鞋通透凉爽的特点，深受儒商雅士的喜爱，其中对男鞋需求要超过女鞋。

设计满帮凉鞋需要使用满帮鞋楦，需要进行跷度处理，这与女浅口凉鞋的设计是完全不同的。在满帮鞋的设计中已经学会了选取设计点、制备半面板和设计耳式、舌式、开口式等不同类型的满帮鞋。而设计满帮凉鞋只需要在满帮鞋基础上进行透空的变化。按照满帮凉鞋透空的特点划分，可以有网眼式满帮凉鞋、打孔式满帮凉鞋以及透空式满帮凉鞋。

一、网眼式满帮凉鞋的设计

网眼式满帮凉鞋是采用网皮替换满帮鞋的某些部件而形成的。较好的网皮是用狗皮编织的，通过三个不同方向的皮条交织成有规律的网眼，见图2-26。网皮的边沿是不整齐的，有许多断头，不能直接折边，所以使用网皮一定要用其他皮料把网皮边沿覆盖住。

1. 内耳式网眼男凉鞋的设计

满帮男凉鞋的典型代表就是内耳式网眼鞋，一般是在内耳三节头鞋的基础上把前中帮和后帮用网皮代替，中间用装饰条连接，见图2-27。鞋身的基础结构是内耳式三节头，其中的前中帮和后帮使用的是网皮材料。网皮的前端有前包头

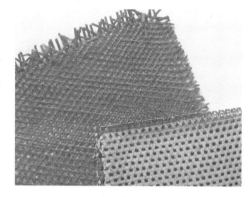

图2-26 网皮

覆盖，网皮的后端有后包跟覆盖，网皮的上端有鞋眼覆盖，在前后帮之间用装饰条覆盖，在鞋口由皮口条覆盖。底口的绷帮量相对比较宽，可以不用覆盖。

设计内耳式网眼男凉鞋要选用男式三节头楦，要使用满帮鞋的半面板。在半面板上是有跷度的，$\angle VOV'$ 是贴楦时产生的自然跷，其中的 V 点属于后帮，V' 属于前帮。设计前帮时取在 V' 点，设计后帮时取在 V' 点，多出的这个重叠量正是楦面展平时背中线出现的皱褶量，见图2-28。

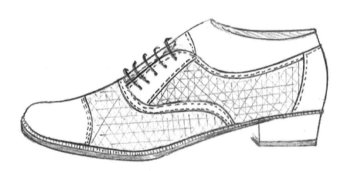

图2-27 内耳式网眼男凉鞋成品图

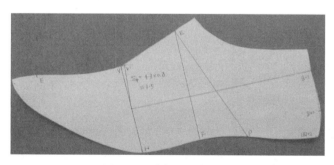

图2-28 满帮鞋的半面板

进行帮结构设计时首先按照三节头鞋的结构进行设计。在前帮 AV' 长度的2/3位置确定前包头的长度 V_1 点，过 V_1 点设计出前包头的弧形轮廓线。接着连接 V_1V' 为中帮背中线，过 V' 点作中帮背中线的垂线，然后设计出前中帮轮廓线。在前中帮轮廓线的前端，顺连出一条12~14mm宽的平行线，这是装饰

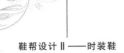

条部件。制取前中帮网皮部件样板时前后加放6～7mm压荏量,见图2-29。

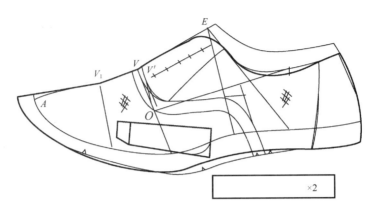

图2-29　内耳式网眼男凉鞋帮结构设计图

在设计后帮时,自V点开始设计先设计出完整的后帮轮廓线,鞋耳的长度控制在E点,鞋口取凹弧形。然后在后帮上分割出鞋耳和后包跟部件,剩余的部位即为后帮网皮部件。鞋耳上有5个眼位。鞋口部位用常规的包口条,宽度在18～20mm。把鞋舌设计在较大的部件上。经过修正后即得到内耳式网眼男凉鞋帮结构设计图。

制取样板的方法和要求不变,但由于网皮的存在,使得部件有所增加,见图2-30。共计有样板8种10件,其中的包口条里外怀共用一块样板,鞋耳的里外怀样板虽然相同,但打制刀模要区分里外怀,所以不能共用一块样板。

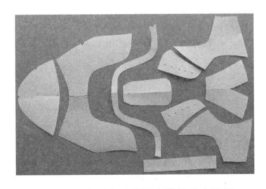

图2-30　内耳式网眼男凉鞋的基本样板

2. 外耳式网眼女凉鞋的设计

外耳式网眼女凉鞋是在外耳式女鞋的基础上,把前中帮和后帮用网皮代替而形成的,见图2-31。鞋身的基础结构是外耳式女三节头,其中的前中帮和后帮使用的是网皮材料。除去网皮部件的底口外,周边都要用其他皮料部件覆盖,以保证鞋帮的强度、外观以及加工顺畅。

设计外耳式网眼女凉鞋要选用女素头楦,要使用满帮鞋的半面板。在半面板上同样有自然跷度角。进行帮结构设计时首先按照外耳式鞋结构进行设计。在后帮VE'长度内设计出有3个眼位的外耳部件。鞋耳距离后帮背中线有

图2-31　外耳式网眼女凉鞋成品图

3mm左右，鞋耳后端自假线位置断开，一直顺延到底口。鞋耳前端自前尖点位置拐弯后也向下延伸到底口，利用鞋耳部件来覆盖前后帮的断帮线，见图2-32。

在完成外怀鞋耳部件设计之后再进行其他部件的设计。

设计前包头时，同样取前帮AV'长度的2/3位置确定前包头的长度V_1点，过V_1点设计出前包头的弧形轮廓线。

设计前中帮时要通过鞋耳前端轮廓线作出8mm的压茬量来确定前中帮的后轮廓线。在压茬线与OQ线相交的位置定取跷中心O'点。断舌的位置在第一个眼位之后适当位置定为V'''点，过V'''点作背中线的垂线后顺连到O'点。鞋舌长度超过鞋耳6~7mm，设计出轮廓线后也顺连到O'点。此时要以O'点为圆心、$O'V'''$长为半径作圆弧，截取与$\angle VOV'$相交的弧长为取跷角的大小，作出取跷角$\angle V''O'V'''$。连接V_1V'''为前中帮背中线。

顺着鞋耳轮廓线往后延伸设计弧形鞋口线，然后分割出后包跟部件和鞋口条部件。最后作出里外怀的区别，经过修正后即得到外耳式网眼女凉鞋帮结构设计图。

制取样板的方法和要求不变，见图2-33。

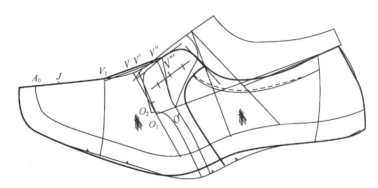

图2-32 外耳式网眼女凉鞋帮结构设计图

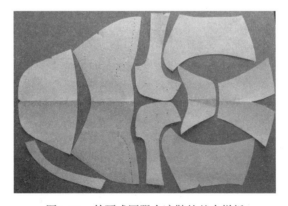

图2-33 外耳式网眼女凉鞋的基本样板

二、打孔式满帮凉鞋的设计

打孔式满帮凉鞋是在满帮鞋的基础上通过打孔的方式而形成的一类鞋。打孔的位置、打孔的多少和孔洞的大小都是有变化的。

1. 开胆式打孔男凉鞋的设计

开胆式打孔男凉鞋的主体结构属于舌式开胆鞋，见图2-34。鞋身的主体结构为舌式开胆鞋，要选用男舌式楦进行设计。在开胆鞋的基础上在鞋胆和半围条上打出孔洞。其中半围条压在鞋胆上。鞋舌为卷舌，翻转后包裹住松紧布，上面有切割线作为装饰。

在鞋胆和半围条上都有打孔的装饰，一个长条孔配上小圆孔。鞋胆上还有假线作为装饰。打孔的工具是冲刀，也叫小钺子。

设计开胆式打孔男凉鞋首先要设计开胆鞋，然后再在鞋胆和半围条上设计出打孔位置，制取样板时再把孔洞打出来。

图2-34　开胆式打孔男凉鞋成品图

设计开胆鞋时要先设计出半围条部件。过前头凸点位置 J 作背中线的垂线，在垂线上截取适当的宽度作为半围的控制点 J_0。通过 J_0 点设计外怀半围条的波浪形轮廓线，并且顺延到 Q 点。在后端分割出后包跟的位置。

由于鞋舌不断开，要采用整舌式鞋的处理办法。也就是延长 EV 线作为鞋胆背中线，然后再以 O 点为圆心、OJ 为半径作圆弧，与延长线交于 J_2 点，J_2 点是转换长度控制点。接着再以 V 点为圆心、JV' 长为半径作圆弧，交于延长线为 J_2' 点，J_2' 点是实际长度控制点。鞋胆宽度的控制点要取在 J_2J_2' 长度的2/3，定为 J_2'' 点。过 J_2'' 点作延长线的垂线，并截取鞋胆宽度 $J_2''J_0'=JJ_0'$。通过 J_0' 点设计出鞋胆轮廓线，以及后端的卷舌轮廓线和松紧布轮廓线，见图2-35。

打孔的位置设计在半围条和鞋胆部件上。在半围条的前端取一个工艺跷，鞋舌的外形为花边轮廓，鞋胆上有假线和穿锯条作为装饰。最后作出里外怀的区别，经过修正后即得到开胆式打孔男凉鞋帮结构设计图。

制取样板的方法和要求不变，鞋舌上的切割线做在基本样板上，见图2-36。

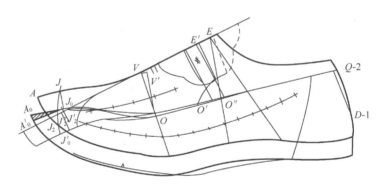

图2-35　开胆式打孔男凉鞋帮结构设计图

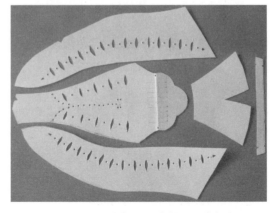

图2-36　开胆式打孔男凉鞋的基本样板

2. 元宝式打孔女凉鞋的设计

元宝式打孔女凉鞋的主体结构是元宝式女鞋，鞋脸比较长，鞋口上没有开闭功能。为了使穿脱便利，有意压低鞋口的位置，使鞋口造型成元宝式样，见图2-37。鞋身部件比较简单，只有T形包头、侧身和后包跟三种部件。T形包头是燕尾包头的变化，中心部位往后延长到口裆位置，形成类似丁带的造型。T形头压在侧帮部件上，打孔的位置设计在侧帮。后包跟的外形设计与T形包头相呼应。

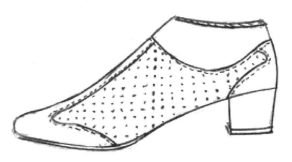

图2-37 元宝式打孔女凉鞋成品图

在设计元宝式打孔女凉鞋时，鞋帮侧身部件的里外怀是断开的，属于满帮鞋中的开中缝结构，因此可以通过半面板的降跷处理，简化设计过程。具体的操作步骤如下：

先描出半面板的轮廓线和控制线，然后以O点为圆心转动半面板，使V'点与V点重合，然后再描出前帮的轮廓线，即得到降跷板，见图2-38。

如图中虚线所示，这是前帮降跷后轮廓线，利用降跷板就可以直接设计帮部件，简化了设计过程，见图2-39。

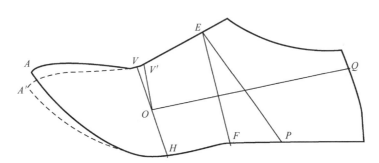

图2-38 半面板的降跷处理

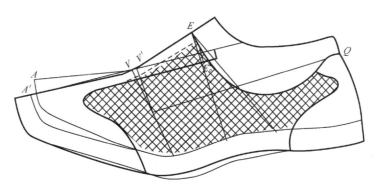

图2-39 元宝式打孔女凉鞋帮结构设计图

自E点开始设计T形包头的丁带部位，宽度取在10mm左右，往前延伸到前帮的1/2左右开始折返到底口，形成T形包头部件。自E点往后开始设计鞋口线，在踝骨位置有意降低到后帮高度的2/5附近，形成大弧线后顺连到Q点。在后端分割出后包跟部件。

T形包头部件设计完成后还不能直接制取样板，因为背中线是弯曲的，所以还需要进行转换处理。

这种转换处理的过程类似于女浅口丁带鞋。

首先连接前帮背中线A_0V并向后延长，然后以T形包头拐弯圆弧的中心点为圆心，到E点的长度为半径作圆弧，与背中线相交于E_0点，这就是取样板时前包头的控制长度，截取10mm宽度后顺连到原T形包头的轮廓线上。后端再加放一个折回量10mm，

侧身打孔的位置需要进行细致安排，使孔洞成有规律的变化。经过修正后即得到元宝式打孔女凉鞋帮结构设计图。制取样板的方法和要求不变，见图2-40。

由于T形包头是经过转换取跷处理的，绷帮时马鞍形曲面上会有些皱褶，但位置比较靠前，通过拉伸很容易被绷平。

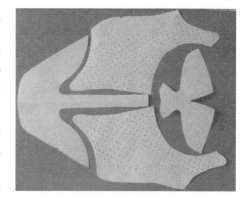

图2-40 元宝式打孔女凉鞋的基本样板

三、后空式满帮凉鞋的设计

透空式满帮凉鞋的变化类似于女浅口凉鞋，可以是后空或者中空，但不会有前空出现。一旦出现前空的造型，满帮鞋的特征就会被破坏殆尽，就不属于满帮凉鞋了。

1. 后空满帮男凉鞋的设计

后空式男凉鞋的透空部位要少，不能太夸张，要保留满帮鞋的稳重性，见图2-41。这是一款后空围子鞋，围条压在鞋盖上，鞋盖的后端和围条的后端都使用了松紧布，用来增

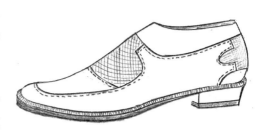

图2-41 后空式男凉鞋成品图

加鞋口的开闭功能。围条上端的"小马头"部位不是被掩盖住，而是一反常态地露在外面，作为一种特殊的装饰。围条后端的造型为中心凹陷，类似于出现两个"小马头"。

由于后空式男凉鞋的主体结构属于封闭式围盖鞋，所以要选用男素头楦进行设计。如果选用男舌式楦，围度偏小，橡筋会紧紧裹住脚背无法穿用。结构设计时要采用双线取跷进行处理，见图2-42。

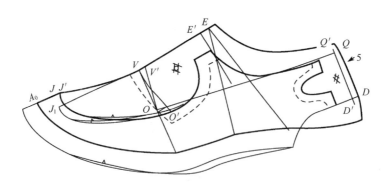

图3-42 后空式男凉鞋帮结构设计图

首先设计鞋盖。鞋盖在楦面上的位置是J点，设计的位置适当后移2~3mm定为J'点。先以O点为圆心、OJ'长为半径作圆弧，再以V点为圆心、$V'J'$长为半径作圆弧，两弧交于J_1点。连接J_1V为鞋盖背中线，自J_1点开始设计鞋盖外怀的轮廓线到O'点。

接着设计围条。自J'开始设计围条轮廓线，通过O'点后逐渐上升，在过E点的垂线上形成小马头的造型，然后顺连出凹弧形鞋口线，到距离Q点25mm位置止。直线下拐后设计后端双马头轮廓线和后空部位。后空部位的高度约占后帮高的1/4，长度接近外踝骨部位。

设计后端松紧布时，要距离后中缝有5mm的间隙，这样才能发挥松紧布的抱脚能力。设计上端松

紧布时不用留间隙，前端在 V 点与鞋盖顺接，后端与小马头顺接。松紧布的压茬量一般加放10mm，如图中虚线所示。最后作出里外怀的区别，经过修正后即得到后空式男凉鞋帮结构设计图。制取样板的方法和要求不变，见图2-43。

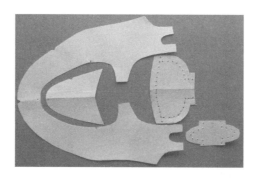

图2-43　后空式男凉鞋的基本样板

2. 后空满帮女凉鞋的设计

后空式女凉鞋的透空部位要稍大一些，见图2-44。这是一款前开口式后空凉鞋，前开口用松紧布连接，可以增加开闭功能。鞋口为封闭式，断帮位置设计在里怀一侧。后空的暴露部位比较大，高度上距离 Q 点10~12mm，长度上超过了 P 点。鞋帮比较丰满。配上了厚底和粗跟。

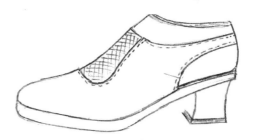

图2-44　后空式女凉鞋成品图

设计结构图时，利用松紧布与前帮的断开线进行定位取跷。前帮取在 V' 点之前10~15mm位置定为 V'' 点，自 V'' 点开始设计口门轮廓线，并向后上方延伸到后帮控制线上。然后向下顺连出鞋口轮廓线，见图2-45。

后帮条宽度在10~12mm，在后跟弧上取直线后向前设计出后空部位。断帮的位置设计在里怀适当位置。

设计松紧布时需要进行跷度处理。把口门轮廓线与前帮控制线相交的位置定为 V''' 点，然后以 O' 点为圆心、$O'V'''$ 长为半径作圆弧，圆弧与 $\angle VO'V'$ 相交后得到取跷角的大小，把取跷角设计在 $V'''O'$ 线的前端，顺连出取跷角 $\angle V'''O'V'''{}'$。连接 $EV''{}'$ 线即松紧布的背中线。松紧布的压茬量取10mm。

由于后空部位的内底被暴露出来，需要用包内底条包裹，包内底条的两端长度要超过内底暴露部位长度各10mm，宽度要考虑内底半内底的厚度，取在26mm左右。制取样板的方法和要求不变，见图2-46。

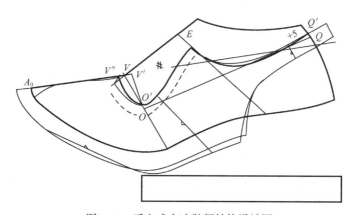

图2-45　后空式女凉鞋帮结构设计图

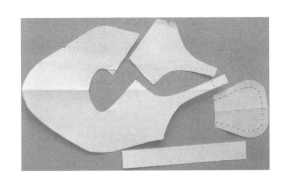

图2-46　后空式女凉鞋的基本样板

注意，女凉鞋一般使用的是齐边外底，所以需要包内底条，而男凉鞋一般使用的是盘式外底，内底是嵌在外底之内，边沿部位被遮挡，所以不用包内底条。

四、中空式满帮凉鞋的设计

中空式凉鞋的中腰部位是透空的，保留的前包头和后包跟，依然体现的是满帮鞋结构。由于中腰部位透空，可以不用考虑跷度，使设计变得比较简单。所以设计中空式男女凉鞋同样要采用前帮降跷后的降跷板进行设计，这样可以保留背中线和底口线的完整长度。

1. 中空男凉鞋的设计

（1）老三条中空男凉鞋　老三条中空凉鞋是一款典型的产品，在20世纪中期非常流行，老三条中空凉鞋来源于男式三节头鞋，保留了前包头和后跟的结构，把前中帮演变成三个条形部件，并用丁带的形式把前后帮连接起来，见图2-47。

老三条中空凉鞋的前包头与丁带连成一体，三个条形部件交错穿过丁带，丁带的长度到达E点，形成环套后横带从中间穿过。鞋钎直接搭接在后包跟上，其中的保险皮依然采用三节头鞋使用的曲线型保险皮。

设计结构图时要先把丁带、前包头的位置确定下来。在横带宽度取12mm时，丁带的总宽度取在18mm左右，单侧的设计宽度为9mm。自E点作一条垂线，截取宽度9mm后设计一条下滑线，底口到达前帮的2/3附近。然后自V点开始先设计出第三条带，底口到达HF之间的位置。然后计算一下底口的长度，确定三条带的底口位置，三条带之间要留有几毫米的间隙。

接着设计第一条带的位置。包头的弧线是向后弯曲的，第一条带的弧线要向前弯曲。在有了三条带前后位置以后，再在背中线确定三条带的具体位置，要使三条带穿过丁带时呈垂直状态。穿三条带的切口呈斜向交错排列，见图2-48。

前包头需要进行跷度处理。延长EV直线为后帮背中线，连接前帮背中线并确定A_0点，然后以O点为圆心、OA_0长度为半径截取A_2点。在包头弧线的拐弯位置定取跷中心O'点，$\angle A_0 O' A_2$为取跷角的大小。在后帮背中线的延长线上再确定出前帮实际长度A_2'点，并截取$A_2 A_2'$的1/3作为包头前端点，连接出底口轮廓线。

设计后包跟时要设计成里外怀分开的形式，不要设计成整后包跟，因为绷帮时两侧的拉伸力没有满帮鞋那样大，后跟的凸起位置就不容易被绷平。设计横带的宽度在12mm左右，里怀插接在后包

图2-47　老三条中空男凉鞋成品图

跟上。把保险皮设计成曲线的形式。在内底上也需要设计出帮脚开槽沟的位置，但不需要设计包内底条。

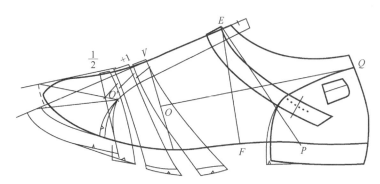

图2-48 老三条中空男凉鞋帮结构设计图

制取样板的方法和要求不变，见图2-49。

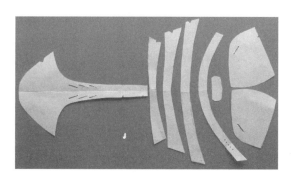

图2-49 老三条中空男凉鞋的基本样板

（2）满前帮中空男凉鞋 满前帮中空男凉鞋来源于老三条中空男凉鞋的变形设计，把前包头和三条部件合并成前帮，把丁带单独分离出来即成为满前帮中空凉鞋，见图2-50。丁带自鞋口一通到底，而且丁带压在前帮上，借此机会可以把前帮的里外怀断开，这样开料时会节省材料。为了增加通透性，在前帮上设计有两排切口。后帮依然是横带穿过丁带的环套与后包跟连接。后包跟采用凹形鞋口，前上方会出现一个台子，正好与横带衔接。

设计结构图仍需要使用前帮降跷板，见图2-51。设计前帮从V点开始，背中线使用半面板的曲线背中线，在前帮两侧设计有切口位置。丁带在设计图上是弯曲的，制取样板时要改为直条，自后向前延长EV线后，截取曲线的长度即可。由于丁带宽度相对比较窄，可以不用进行转换处理。前帮里外怀的底口长度是有区别的，里怀靠前、外怀靠后，差距4mm左右，这是为了与后帮里外怀长度的区别相呼应。

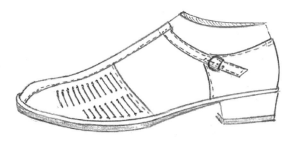

图2-50 满前帮中空男凉鞋成品图

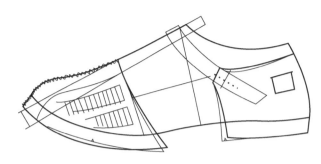

图2-51 满前帮中空男凉鞋帮结构设计图

丁带的后端设计宽度在10mm左右，前端控制在15mm左右，后端留出环套加工放量。

设计后包跟时也要设计成里外怀分开的形式，鞋口为凹弧线，底口长度有里外怀的区别，差距4mm左右。设计横带的宽度在12mm左右，里怀与后包跟的台子反车衔接。把保险皮设计成普通矩形保险皮即可。在内底上也需要设计出帮脚开槽沟的位置，但不需要设计包内底条。

制取样板的方法和要求不变，见图2-52。

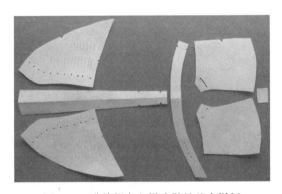

图2-52 满前帮中空男凉鞋的基本样板

2. 中空女凉鞋的设计

中空女凉鞋的变化比男凉鞋大，除了丁带式以外，还有侧开口式、前绊带式等。

（1）变型丁带中空女凉鞋 传统的丁带就是一条鞋带，通过变型设计可以把丁带与前帮紧密结合在一起，见图2-53。

变型丁带中空女凉鞋的设计图包括成品图和结构图两部分内容，有了成品图就可以知道设计的内容和所需要的样板，有了结构图就可以制取生产用的样板，随后就可以开料制作，完成样品鞋的初步设计工作。前面的分开设计是为了便于分析，把两图合在一起就具有了实际应用的意义。

图中的后帮已经很熟悉了，是后包跟部件。图中的横带也介绍过多次，是用鞋钎子来进行连接的。唯独前帮比较特殊，是由三部分组成变型的丁带。三片部件层层叠加，使前帮变得很丰满。取跷的位置在前帮的第一块部件上，后两片部件只需要按照常规来设计。

在绘制结构图时，先按照部件的前后顺序安排好每块部件的位置，然后再绘制出每块部件的轮廓线，由于前帮的第一款部件不能直接制取样板，需要进行转换取跷处理。转换取跷的步骤如下：

① 连接出A_0V'线为前帮背中线，延长EV线为变型丁带的背中线；

② 以第一块部件弯弧中心为取跷中心点O'；

③ 先以O点为圆心，到A_0点长度为半径作圆弧，交于丁带背中线为A_2点，连接出$\angle A_0O'A_2$即为转换取跷角的大小；

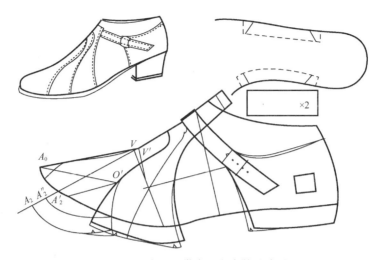

图2-53 变型丁带中空女凉鞋设计图

④ 再以V点为圆心，A_0V' 长度为半径作圆弧，交于丁带背中线为A_2'点，A_2A_2' 长度即为转换长度差；

⑤ 截取A_2A_2' 长度的2/3定为A_2''点，这才是第一块部件的前端点；

⑥ 接着以O'点为圆心，到底口长度为半径，在第一块部件后端作出取跷角；

⑦ 最后自A_2''点开始，用半面板描出鞋舌底口轮廓线。

加放绷帮量、作出里外怀区别，经过修整后即得到变型丁带中空女凉鞋帮结构设计图。对于女式中空凉鞋来说，还需要设计出内底的包边条。

制取样板的方法和要求不变，见图2-54。

（2）前绊带中空女凉鞋 前绊带是指横向绊带从前端拦住脚背的一类鞋，见图2-55。

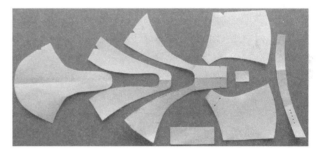

图2-54 变型丁带中空女凉鞋的基本样板

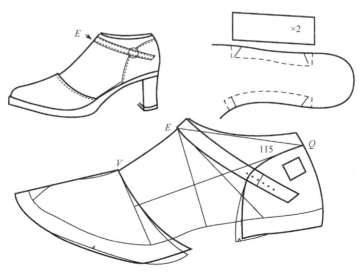

图2-55 前绊带中空女凉鞋结构设计图

从成品图中可以看到，前绊带中空女凉鞋与女浅口双侧断空凉鞋在外观上很相像，但在结构上却有区别。从后帮上看，都是鞋带拦住脚背，抱脚能力都很强，没有什么区别。但是观察前帮会发现，口门的位置是不同的。满帮凉鞋的口门位置在V点，比较靠后，抱脚能力强，可以使用素头楦来进行设计；而浅口凉鞋的口门位置在V_0点，比较靠前，抱脚能力弱，要使用较瘦的女浅口楦来进行设计。

如果选错鞋楦，就会造成穿着上的问题。比如设计前绊带中空女凉鞋选用女浅口楦，穿着时会感觉压脚、不舒服，这是因为浅口楦比较瘦。再比如设计女浅口双侧断空凉鞋选用素头楦，穿着时前掌会感觉空旷、不跟脚，虽然绊带可以防止鞋掉下来，但并不舒服，这是因为素头楦比较肥。

前绊带中空女凉鞋结构比较简单，无论是前帮、后包跟、还是横带都已经设计过，所以设计结构图并不难。需要注意的是鞋带的长度以脚长的1/2定E点，鞋带实际上是取在E点之后。这一点与丁带鞋不同，丁带鞋中横带的长度是取在E点之前。

对于中空的部位同样需要设计出包内底条。制取样板的要求不变，见图2-56。

图2-56 前绊带满帮中空女凉鞋的基本样板

五、中后空女凉鞋的设计

中后空凉鞋是满帮凉鞋的特例，把透空的设计发挥到了极点，但只限于女凉鞋。

1. 前绊带式中后空凉鞋

绊带式中后空女凉鞋可以看作是满前帮绊带中空女凉鞋的变型设计，见图2-57。

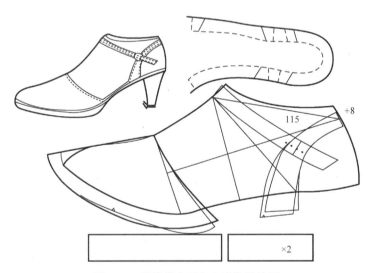

图2-57 前绊带中后空女凉鞋设计图

设计前绊带中后空女凉鞋并不难，可以仿照前绊带满帮中空女凉鞋进行设计。但是由于后帮条的出现，就带来了新的问题。在后帮的部件内部都有硬主跟支撑，成鞋后不会有变形。但是对于后帮条来说，缺少了主跟支撑，穿鞋时脚把鞋帮撑开，会使鞋帮高度降低，影响穿着。因此在设计后帮条时要将Q点上升8mm，弥补降低的损失。由于后帮条是一单独的条形部件，具有活动性，即使碰到了脚的后弯点也会自己调节，不会造成磨脚。

对于中后空的部位同样需要设计出包内底条。制取样板的要求不变，见图2-58。

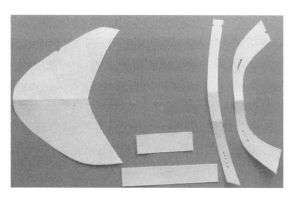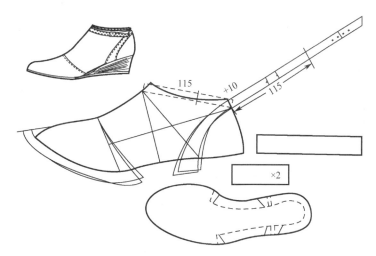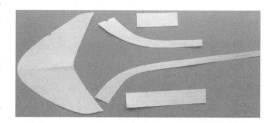

图2-58 前绊带式中后空女凉鞋的基本样板

2. 交叉带式中后空女凉鞋

交叉带是指里外怀的后帮条在后弯点交叉后再环绕到前端，并通过鞋钎连接的一种鞋带，里外怀的鞋带在交叉时并没有被固定住，见图2-59。

图2-59 交叉带式中后空女凉鞋设计图

观看成品图，前帮为满前帮，后帮类似前绊带中后空女凉鞋的后帮条，但其实不然，这是由里外怀两条后帮带环绕后再连接而成的，需要设计两条后帮带。由于交叉的位置没有固定死，后帮带交叉时就会依据脚的后弯部位自然搭接。为了使搭接顺畅，设计高度要在Q点之上提高10mm。其中脚的后弯点高度占脚长的32.61%，对于230号脚来说为75mm，而230号楦的Q点高度为55mm，加上10mm后才65mm，接近于脚的后弯点，便于后帮带的交叉。

在进行结构设计时，先连接QE线，确定出里怀鞋钎的位置，定出5个鞋钎孔位置。在鞋钎中心孔位置之前，留出12mm鞋钎包裹量，在中心孔之后加放35mm。

设计出外怀的后帮带后要顺势延长，延长量就是一个EQ长度再加上E点到35mm放量的长度。设计出里怀的后帮带后也顺势延长，延长量就是Q点到12mm包裹量的长度。

其他的设计内容如前所述，对于中后空的部位同样需要设计出包内底条。制取样板的要求不变，见图2-60。

满帮凉鞋与女浅口凉鞋是凉鞋中的两个不同品种，所选用的鞋楦不同，设计的要求也不尽相同。

图2-60 交叉带式中后空女凉鞋的基本样板

思考与练习

1. 设计网眼式和打孔式满帮凉鞋各一款（男女鞋不限），画出成品图和结构图，选择一款制取三种生产用的样板。

2. 设计后空式和中空式满帮凉鞋各一款（男女鞋不限），画出成品图和结构图，选择一款制取三种生产用的样板。

3. 设计一款中后空式满帮女凉鞋，画出成品图和结构图，并制取套样进行检验。

第三节　男女全空凉鞋的设计

全空凉鞋是指前端露脚趾、后端露脚跟、中间露腰窝的一类凉鞋。在凉鞋的产品中，全空凉鞋的投产量是最大的。由于脚被暴露的部位多，帮部件大多呈条形，所以也叫作条带凉鞋。设计全空凉鞋有自己的专用凉鞋楦，这与女浅口凉鞋和满帮凉鞋是完全不同的。

穿满帮凉鞋或浅口凉鞋时，鞋帮的大部分可以把脚包裹住，脚在鞋腔里不容易往前冲，也不容易往后退，走路时还不容易往下掉。在穿全空凉鞋时，只有少量的条带来包裹住脚，为了防止前冲、后退和下掉，所以必须找到合理的设计点，这与女浅口凉鞋和满帮凉鞋的设计也是完全不同的。

全空凉鞋的款式变化有很多，特别是帮部件的变化很随意，要想区分出不同的类别就比较困难。但是穿凉鞋不仅需要舒适、好看，还需要有安全感，而鞋帮的抱脚能力就与安全感有很大的关系。全空凉鞋的抱脚能力是通过前帮带、后帮带和具有开闭功能的鞋口钎带来完成的，虽然鞋带的外形变化比较多，但鞋口钎带的连接方式基本上只有几种类型。因此可以按照凉鞋的开闭功能划分出前绊带凉鞋、后绊带凉鞋、围带凉鞋、交叉带凉鞋、环绕带凉鞋以及丁带凉鞋。其中以丁带凉鞋的抱脚能力最强，以后绊带凉鞋的抱脚能力较差，前绊带凉鞋、围带凉鞋、交叉带凉鞋和环绕带凉鞋的抱脚能力较强，见图2-61。

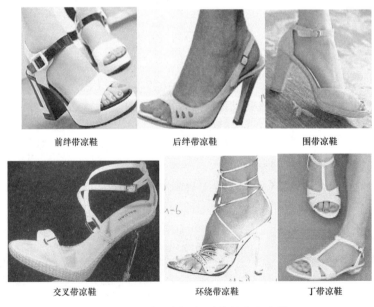

前绊带凉鞋　　　　　后绊带凉鞋　　　　　围带凉鞋

交叉带凉鞋　　　　　环绕带凉鞋　　　　　丁带凉鞋

图2-61　具有不同开闭功能的全空凉鞋

从图中可以看到，如果钎带能够把脚围住，鞋的抱脚能力就增强，而后绊带凉鞋的抱脚能力相对比较弱。

一、全空凉鞋的设计特点

全空凉鞋的设计特点可以从鞋楦、设计点、控制线以及半面板等方面进行分析。

1. 全空凉鞋楦的特点

全空凉鞋楦是设计全空凉鞋的专用楦，不能用其他鞋楦来代替。比如说用素头楦设计全空凉鞋，就会发现一些问题，如脚趾端之前的放余量过大，走路出现铲土的现象；前帮过于宽松，走路时脚会滑移往前冲，感觉不舒服；前嘴张口太大，外观不好看。正是因为出现诸多的毛病，才根据全空凉鞋的特点设计出了全空凉鞋楦，见表2-1和表2-2。

表2-1 　　　　　　　　　　全空女凉鞋楦中号尺寸节选 　　　　　　　　　单位：mm

	230号（一型半）全空凉鞋女楦尺寸						
跟高	20	30	40	50	60	70	80
楦底样长	237	237	237	237	237	237	237
放余量	10.5	10.5	10.5	10.5	10.5	10.5	10.5
后容差	3.5	3.5	3.5	3.5	3.5	3.5	3.5
跖围	213	213	215	215	217	217	217
跗围	221	219	218	216	216	214	212
基本宽度	78.9	78.9	76.3	76.3	75.1	75.1	75.1
头厚	15	15	15	15	15	15	15
统口长	90	90	90	90	90	90	90

表2-2 　　　　　　　　　　全空男凉鞋楦中号尺寸节选 　　　　　　　　　单位：mm

	250号（二型半）全空凉鞋男楦尺寸	
跟高	20	35
楦底样长	255	255
放余量	9	9
后容差	4.5	4.5
跖围	236	236
跗围	244	244
基本宽度	86.7	86.7
头厚	17	17
统口长	100	100

从楦体尺寸表中可以看出全空凉鞋楦有如下特点：

（1）楦底长度比较短　这是因为全空凉鞋楦放余量比较少。穿凉鞋脚趾外露时，对鞋底的长度不敏感，放余量过长往往会造成鞋底戗地铲土，缺少安全感。较短的鞋底会使走路方便灵活。

（2）后跟底盘加大　这是因为后容差变小，使得楦底后端周边增加了1mm，这有利于鞋底托住脚底。在穿鞋脚后跟外露时，如果底盘过窄会使脚的肉体外溢，既不舒服也不好看。

（3）跖围比较瘦　这是因为楦的跖趾围长度类似于女浅口楦或男舌式楦。凉鞋帮部件主要是由条带组成，较瘦的围度可以增加抱脚能力。

（4）跗围比较大　这是因为楦的跗围长度比同型号素头楦还要大0.5mm，这有利于鞋带的长度设计。楦跗围虽然比较大，但由于鞋口钎带有较好的开闭功能，并不会影响穿着。

（5）楦头厚度低　男女全空凉鞋楦的头厚都比较低，而且都低于同型号脚的拇趾高度，这是出于成品造型的需要。以女楦为例，230号楦的头厚是15mm，而脚的拇趾高度为19.64mm，比楦头厚度高出4.64mm，这表明不要用全空凉鞋楦设计带前包头的款式，否则会磨脚趾。

了解全空凉鞋楦的尺寸，就可以看出鞋楦的造型具有楦底短、前身瘦、后身肥的特点，见图2-62。

图2-62　男女全空凉鞋楦

2. 选取设计点

全空凉鞋的帮部件大都是条带，要想包裹住脚而且还不会前冲、往后退和往下掉，实际上就是要选取合理的受力点，而这些受力点主要是从楦底上来确定。

归结起来这些受力点可以分成5组，分别是跟口受力点、前嘴受力点、小趾受力点、跖趾受力点和中腰受力点，共计10个点，这就形成全空凉鞋的设计点。下面以女楦为例进行介绍，在楦底面上贴满美纹纸，画出底中线、斜宽线和分踵线，然后将5组受力点标在楦底面上，见图2-63。

图2-63　楦底上的受力点

（1）跟口受力点G_1、G_2　鞋跟的跟面前端叫作跟口，鞋跟的长度不同其跟口的装配位置也不同。作为凉鞋后帮来说，跟口位置很重要，设计在跟口位置的条带用来提起鞋的后身。跟口位置控制在脚踝骨位置的前后，所以一般把楦底样长度的1/4定为跟口位置。

操作时在楦底样中线的后1/4定G_0点，然后过G_0点作分踵线的垂线，交于外怀为G_1点，交于里怀为G_2点。连接G_1和G_2点即得到跟口控制线，见图2-64。

（2）前嘴受力点a_1、a_2　前嘴受力点是鞋帮前空位置的设计点，该点的位置在拇趾外突点之前，是防止脚往前冲的第一道防线。前嘴受力点控制在楦底样长的1/10位置，由于全空凉鞋的脚趾是外露的，而且大拇趾位置靠前，所以里怀的a_2点要比外怀的a_1点也靠前一些。起到防止脚趾往前冲的作用。

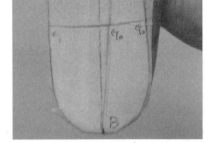

图2-64　跟口受力点

操作时在楦底样长度的前1/10定为a_0点，然后过a_0点作底中线的80°倾斜线，交于外怀为a_1点，交于里怀为a_2点。连接a_1和a_2点即得到跟口控制线，见图2-65。

如果不用量角器截取80°倾斜线，也可以用圆规来代替。先过a_0点作底中线的垂线，然后以a_0点为圆心、适当长度为半径在外怀一侧作圆弧，接着以同样半径截取60°角，然后将剩余30°角分成三等份，选择第二份皆可得到80°角。与a_0点连接后并延长即得到a_1a_2控制线。

（3）小趾受力点b_1、b_2　小趾比较短，位置靠后，所以在小趾端点设计部件时必须格外小心。因为行走时脚在鞋腔内会有移动，稍有不慎小趾就会顶到鞋帮或者窜出鞋帮以外。控制小趾受力点是出于对安全感的考虑。

小趾端的部位长度占脚长的82.5%，可以通过计算得到小趾端部位点A_3，也可以在第一跖趾部位点（72.5%脚长）往上移动10%脚长定A_3点。操作时过A_3点作a_1a_2控制线的平行线，交于外怀为b_1点，交于里怀为b_2点。连接b_1和b_2点即得到小趾控制线，见图2-66。

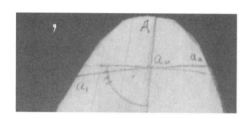

图2-65　前嘴受力点

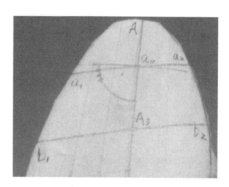

图2-66　小趾受力点

小趾受力点在小趾端点之后，如果把部件设计在该点之前或者之后，都不会出现顶脚和外窜问题。小趾受力点在小趾外突点位置之前，形成了防止脚往前冲的第二道防线。

（4）跖趾受力点c_1、c_2　跖趾关节是活动的关节，受力点不能直接选在跖趾关节部位，否则会引起脚的不适。操作时过前掌凸度点W作b_1b_2小趾控制线的平行线，交于外怀为c_1点，交于里怀为c_2点。连接c_1和c_2点即得到跖趾控制线，见图2-67。

跖趾受力点都错开了跖趾关节，c_1点在第五跖趾关节之前，形成防止脚往前冲的第三道防线。c_2点在第一跖趾关节之后，可以起到防止脚往后退的作用。

（5）中腰受力点d_1、d_2　中腰受力点在前掌凸度点和跟口位置之间。操作时在WG的1/2位置定d_0点，然后过d_0点作c_1c_2跖趾控制线的平行线，交于外怀为d_1点，交于里怀为d_2点。连接d_1和d_2点即得到中腰控制线，见图2-68。

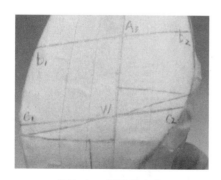

图2-67　跖趾受力点

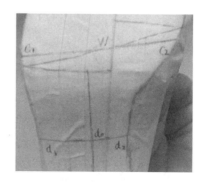

图2-68　中腰受力点

中腰受力点处在脚底最瘦的部位，在中腰受力点设计帮部件既可以防止脚往前冲，也可以防止脚往后退，具有双重作用。

在全空凉鞋的设计中，尽量选取5组10个控制点，既方便又合理，即使帮部件变得非常简洁，也一

点不会影响穿着，见图2-69。

这是一款高跟全空女凉鞋，对安全性要求很高，但是鞋帮的设计却很简洁，实际上只选择了两组受力点。一组是小趾受力点，另一组是跟口受力点。

小趾受力点可以防止脚往前冲，采用两种不同颜色的鞋帮条组合，不仅是为了好看，而且还增大了受力点的接触面积。小趾受力点的鞋帮条可以束缚前脚掌，不仅防止脚前冲，还可以提起鞋的前身。

跟口受力点起到提起鞋后身的作用，深色鞋帮条往后延伸兜住脚后跟，防止脚往后退。浅色鞋帮条往前延伸，利用鞋口钎带拦住脚背，防止鞋往下掉。其中的丁带看似可有可无，而实际上却起着至关重要的作用。由于前帮条很窄，稳定性差，跖趾关节弯曲时很容易把脚趾滑脱出来。丁带把前后帮连接起来，稳定了鞋腔的结构，使脚有了安全感。

图2-69 高跟丁带全空女凉鞋

对于男楦也同样选择5组受力位置点：在楦底面上贴满美纹纸，画出底中线、斜宽线和分踵线，然后将5组受力点标在楦底面上，见图2-70。

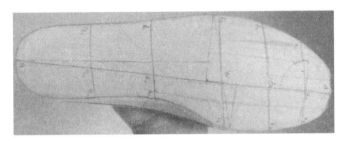

图2-70 男楦的受力线

图中5组受力控制线都是斜线，里怀靠前外怀靠后，这表示全空凉鞋的条带是有里外怀区别的。为了设计方便，也可以把里外怀的区别都标注在外怀一侧。操作时分别过里怀的受力点作底中线的垂线（如图中虚线所示），即可得到每组受力点的里外怀长度差异。在不同的受力点，里外怀的差异是不相同的，见图2-71和图2-72。

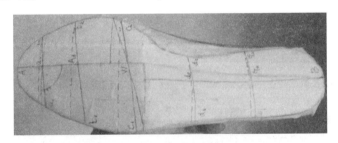

图2-71 女楦里外怀的受力点的长度差异

图2-72 男楦里外怀的受力点的长度差异

3. 楦面控制线的特点

受力点解决了凉鞋条带的设计位置，而条带部件的设计还需要在楦面上进行。为此要用美纹纸贴满楦面的外怀一侧，然后将受力点转移到楦面的底口线上，而后再连接楦面控制线。

进行帮部件设计还需要增加后帮高度控制点Q和口裆控制点E。先在后跟弧线上测量脚长的21.65%定出后跟骨上沿点C，然后再上升5mm定出后帮高度Q点。接着用带子尺自Q点起量取脚长的1/2，在背中线上定口裆位置E点。

楦面上的控制线需要借助带子尺画出：用带子尺分别从外怀的受力点绕过楦背量到里怀的受力点止，接着描画出两个受力点在楦面上的控制线，见图2-73。

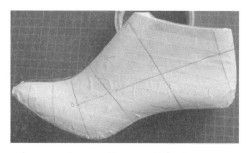

图2-73 楦面上的控制线

过5组受力点可以连接出5条控制线，其中最后一组控制线是连接外怀的EG_1线和里怀的EG_2线。此外还需要增加一条后帮高度控制线OQ。其中的O点在第三条控制线的1/2位置。

楦面上的控制线将楦面分割成几块面积，除去前空和后空部位以外，设计前帮的面积保留了4块，分别在2组控制线之间，而设计后帮则是利用EG线和OQ线。这样一来，全空凉鞋的设计就转化为有效面积的选择和外形轮廓搭配。

4. 制备半面板的特点

制备半面板的方法采用贴楦法，将外怀一侧贴满美纹纸，这一过程与制备满帮鞋、女浅口鞋半面帮板并无差异，其特点是在楦面展平上。

由于全空凉鞋具有透空结构，受力点的位置很重要，而取跷的作用变化微乎其微。因此在楦面展平时可以简化，除了需要在贴楦纸的前尖底口与后跟底口打剪口外，还要把第三条控制线割开，两端不要割断，这样就可以将贴楦纸顺利展平，见图2-74。

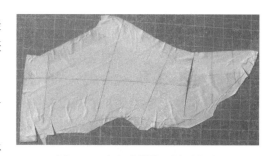

图2-74 全空凉鞋楦面展平方法

第三条受力线被割开后，可以把背中线部位和底口部位顺利抚平，中间会出现一条裂缝，相当于取了一个长跷。这样可以保证背中线的长度和底口的相对长度保持不变，使5组受力点的位置变得准确。

因为全空凉鞋的设计不仅是鞋帮条带的设计，还需要设计鞋垫、飞机板等一些辅助的部件，因此除了需要制备鞋楦的半面板以外，还要同时制备出楦底样板，见图2-75。

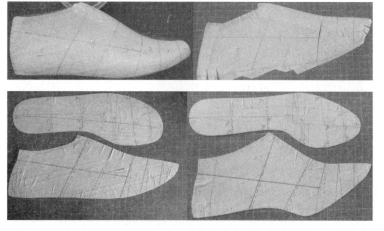

图2-75 制备男女全空凉鞋的半面板和楦底样板

二、全空凉鞋的前后帮设计

对于全空凉鞋的后帮来说,按照抱脚能力大小可以分出最弱的类型Ⅰ(后绊带)、较强的类型Ⅱ(前绊带、围带、交叉带、环绕带)和最强的类型Ⅲ(丁带)。而对于全空凉鞋的前帮来说,5组受力线把前帮分割成4块有效面积,由于选择的面积不同,抱脚能力也会出现差异,选择的面积越多,抱脚的能力越强。下面以全空女凉鞋来进行分析,首先要制备出半面板,见图2-76。

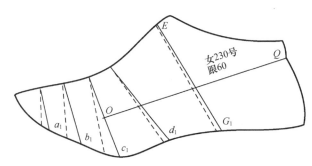

图2-76　全空女凉鞋半面板

设计凉鞋的前帮现在已转化为有效面积的选择。

(1)选择一块面积　如果只选择一块面积时不要选择第一块有效面积,由于跖趾关节与脚趾间的距离过大,脚趾很容易滑脱出来得不到保护,无法穿用。也不要选择第三或第四块面积,由于对跖趾关节的保护性太差,脚容易往前冲出来。只有第二块面积②才是最佳选择,见图2-77。

第二块面积控制在小趾部位,可以防止脚往前冲。不过由于受力面积小,其抱脚能力是较差的类型,应用时应该与后帮防护功能最强的Ⅰ类丁带结构来搭配。如图中虚线所示。

(2)选择两块面积　选择两块面积的变化几率比较大,可以是①+②、①+③或者是②+④。

如果选择①+②块有效面积时,前帮的有效面积加大,抱脚能力加强,但还没达到最强的状态,所以要与抱脚能力较强的Ⅱ类后帮相搭配,见图2-78。

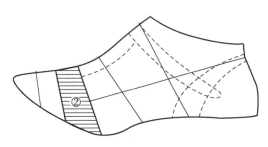

图2-77　选择第二块面积

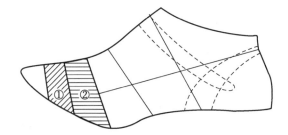

图2-78　选择①+②块面积

①+②块面积能防止脚往前冲,搭配的Ⅱ类前绊带后帮可以防止脚往后退和往下掉,使凉鞋具有了安全感。

如果选择①+③块有效面积时,前帮的有效面积又有增加,抱脚能力更强,但也还没达到最强的状态,所以还要与抱脚能力较强的Ⅱ类后帮相搭配,见图2-79。

①+③块面积能防止脚往前冲,也有助于防止脚往后退,抱脚能力会比①+②块面积强,搭配的Ⅱ类围带后帮可以防止脚往后退和往下掉,使凉鞋具有了安全感。

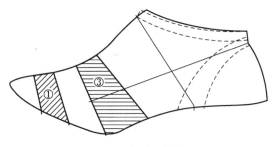

图2-79　选择①+③块面积

如果选择②+④块有效面积时，前帮的有效面积增加的更多，抱脚能力也更强，所以能够与抱脚能力较弱的Ⅲ类后绊带后帮相搭配，见图2-80。

②+④块面积能防止脚往前冲，也能防止脚往后退，还有助于防止鞋往下掉，所以抱脚能力达到最强状态，此时搭配Ⅲ类后绊带后帮才会有安全感。后绊带具有防止脚往后退的作用，但防止鞋往下掉的能力比较差，正好利用前帮加以补充。

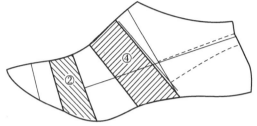

图2-80 选择②+④块面积

为何选择两块不同的面积会有不同的结果呢？其实这是一种"网兜效应"。比如用提袋装东西，只要能装得进去，可以装各种大大小小的物件。如果改用网兜呢？就要根据物件的大小来选择网兜的网眼大小。比如在市场上可以见到用小网眼的网兜装龙眼干，用较大网眼的网兜装苹果，还会见到用更大网眼的网兜装西瓜。

如果是"装脚"，那么提袋就好比是满帮鞋，而网兜就好比是凉鞋。所以条带的多少和条带的间距，就决定了抱脚能力的大小。之所以强调"有效面积"，就是强调能够起作用的面积。如果选择①+③块面积时，它的有效面积是①+②+③，它的功能自然会比①+②块面积大；如果选择②+④块面积时，它的有效面积是②+③+④，它的功能自然会比①+③块面积还要大。这就是一种网兜效应，部件之间的距离就如同网眼，分析凉鞋的受力作用，是为了能设计出安全舒适的全空凉鞋。

（3）选择三块面积 选择三块面积的抱脚能力肯定优于选择两块面积。选择三块面积也会有多种变化，可以是①+②+③、①+②+④或者是②+③+④。

前帮如果选择①+②+③块有效面积时，前帮具有防止脚往前冲和往后退的作用，但还不具有防止鞋往下掉的作用，所以除了后绊带以外，可以选择Ⅱ类的后帮搭配，见图2-81。

如图所示，前帮选择①+②+③面积与围带相配，前后帮的抱脚能力都很强，使凉鞋的防护功能变得完善。

前帮如果选择①+②+④块有效面积时，前帮不仅具有防止脚往前冲和往后退的作用，还具有防止鞋往下掉的辅助作用，具有很强的抱脚能力，所以常用Ⅲ类的后绊带相搭配，见图2-82。

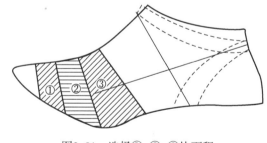

图2-81 选择①+②+③块面积

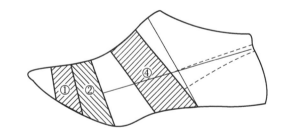

图2-82 选择①+②+④块面积

使用后绊带的最大优点是穿脱方便，但不能为了方便而失去安全性，所以要选择抱脚能力很强的前帮搭配。

前帮如果选择②+③+④块有效面积时，抱脚能力同样很强，也与Ⅲ类的后绊带相搭配。见图2-83。

（4）选择四块面积 见图2-84，前帮选择①+②+③+④面积，覆盖面积最大，抱脚能力最强，与后绊带搭配相得益彰。其中的第四块部件相当于前绊带，只是没有开闭功能。

前帮面积的选择解决了受力的问题，前后帮的合理搭配又解决了结构的问题，在此基础上再进行部件的造型设计，就可以得到舒适、美观和安全的全空凉鞋。

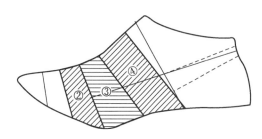

图2-83 选择②+③+④块面积

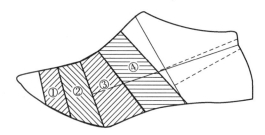

图2-84 选择①+②+③+④块面积

三、全空男式凉鞋的设计

设计全空男式凉鞋要选择全空男凉鞋楦，要复制楦底样板和半面板，也要通过楦底的受力点连接出楦面的受力线，见图2-85。

在使用凉鞋半面板时，跷度和长度不是问题，而宽度必须要准确，这与绷帮量的加放和飞机板的制作有关。确定宽度的方法依然是套样检验：首先制备出套样、然后套在鞋楦上检验，在外怀底口完全吻合楦底棱线的条件下，再确定出里外怀底口的差异，见图2-86。

图2-85 全空男式凉鞋半面板

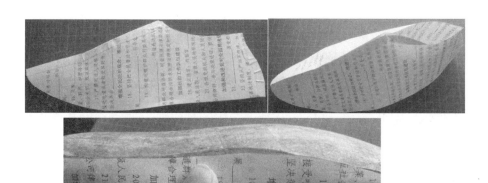

图2-86 确定楦面里外怀底口差异

通过套楦检验会发现，全空男凉鞋楦的里外怀楦面底口差异与其他品种鞋楦相似。

全空男凉鞋的品种相对比较少，主要有大十字带凉鞋、沙滩凉鞋、插帮凉鞋、凉拖两用鞋等类型。

1. 大十字带凉鞋的设计

大十字带凉鞋的前帮条比较宽，里外怀的帮条在脚背处斜向交叉，故叫作大十字带凉鞋，见图2-87。

大十字带凉鞋的前帮也有多种变化，但其条带都比较宽和比较长。宽条带是男凉鞋的特征，平均宽度在50mm左右。其长度是从前嘴位置一直延续到跟口，虽然十字交叉的范围并不太大，但前帮确实覆盖了①+②+③+④块的有效面积，因此该品种凉鞋的前帮抱脚能力很强，常常配置Ⅲ类后绊带。大十字带凉鞋的外底为出边的盘式底，内

图2-87 大十字带凉鞋成品图

底卧在外底之内。

（1）帮结构的设计 在进行帮结构设计时，由于后绊带并非是独立的部件而是与前帮相连，成鞋后变形就比较小，所以Q点只需要升高5mm。里外怀帮条部件比较宽，交叉后口门位置会后移，注意不要让口门位置超过前跗骨凸点。

前帮条的外形可以有多种变化，本款鞋为里外怀不对称结构，因此进行帮结构设计要连接出一条对称中线，然后再分别进行里外怀的部件设计，见图2-88。

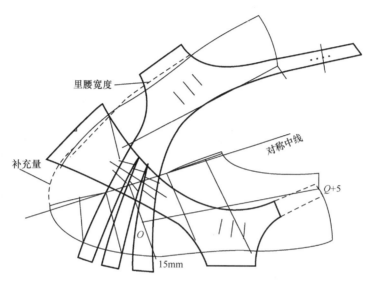

图2-88 大十字带凉鞋结构设计图

首先要设计外怀一侧部件，在外怀的半面板上把Q点提升5mm后设计鞋口线。鞋口线前端在里怀一侧的距趾受力点，以弧线的形式顺连到外怀一侧，要在前跗骨之前穿过背中线，在踝骨位置要低于OQ线，然后顺延到Q点。外怀后端要装配鞋钎，在鞋口线上截取长度位置，其长度以错过踝骨位置为宜，宽度18mm左右。外怀后端底口的长度取在跟口受力点附近，前端取在中腰受力点附近。自底口前端顺连出外怀帮条前控制线，在背中线位置控制宽度在50mm左右，前段顺延到底口。

然后外怀背中线的长度连成直线，作为里外怀的对称中线。以对称中线为基准描出里怀一侧的半面板。里外怀的底口有差异，用虚线表示出来。半面板的后身会有位置上的变化，不会改变面积的大小，而对称中线的前端，里怀的面积会有损失，需要将损失量弥补回来。然后按照外怀的设计方法设计出里怀一侧部件。

里怀的Q点也同样提升5mm，鞋口线搭在OQ线上，往后延伸设计出鞋钎带。钎带宽14mm，配16mm孔径的鞋钎。钎带的长度超过Q点后先弥补外怀一侧到装配鞋钎位置的长度，然后再加放35mm，并确定出5个钎孔位置。

里怀部件的底口长度位置与外怀相同，顺着底口线和鞋口线分别向前延伸，并在背中线位置与外怀部件交叉，继续延伸到里怀的底口。由于里怀部件前端被分割成三条，底口的宽度会大于外怀。被分割成的三条可以等分也可以不等分，以实际效果好看为准。

接下来是加放底口绷帮量。全空凉鞋的绷帮量取在15mm，其中的折回量为12mm。比满帮鞋的绷帮量大2mm，再加上内底厚度和帮脚厚度3mm，共计是15mm。

制取样板的要求不变，见图2-89。

图2-89 大十字带凉鞋的基本样板

（2）飞机板的设计 设计全空凉鞋不能忽视底部件，常规的底部件可以在设计系列底部件时完成，而与鞋帮相关的底部件则要在帮设计的同时完成，其中就包括飞机板。

飞机板实际上是一种复合内底样板，在复合内底的周边切割出帮脚的空隙，伸出的枝杈好像飞机的翅膀，故俗称飞机板。见图2-90。

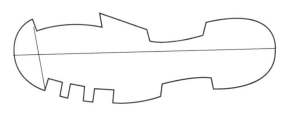

图2-90 飞机板设计图

加工时飞机板复合在内底的下面，留出的凹进空隙叫容帮槽，正好用帮脚填补。在设计满帮凉鞋时，都是在内底上打磨出槽口，这种加工方法比较麻烦，而且费时费工，质量也不好控制。在生产全空凉鞋时，帮部件大都是条状的帮脚，因此改用飞机板就可以大大提高生产效率。飞机板是用刀模冲裁而成的，设计飞机板就是设计刀模样板。设计过程如下：

①复制出楦底样板，并贴合在楦底面上，见图2-91。

②制取帮部件样板并粘成套样，见图2-92。

图2-91 粘贴楦底样板

图2-92 帮部件粘成套样

③把套样套在鞋楦上，并把帮脚粘住，见图2-93。

④描出帮脚的轮廓线，见图2-94。

图2-93 把套样帮脚粘在鞋楦上

图2-94 描出帮脚的轮廓线

⑤修改帮脚轮廓线，并把楦底样板剪成飞机板，见图2-95。

由于套样中没有内底和帮脚的厚度参与，描出的帮脚会比实际的帮脚长，所以要进行修改。描帮脚轮廓线主要是控制帮脚的方位，而帮脚的长度都用折回量12mm控制。经过修整后剪出的样板即飞机板。在试帮时如果出现帮脚过长或过短，应该修改帮部件样板。

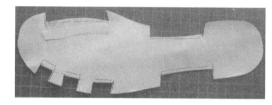

图2-95 剪成飞机板

2. 沙滩凉鞋的设计

沙滩凉鞋是一种具有运动风格的休闲凉鞋，这种凉鞋外底比较厚，有着很好的隔热作用。夏天的沙滩被烤得很烫，赤脚无法行走，穿满帮鞋会进沙子，而穿沙滩凉鞋可以解决隔热和清除沙粒，因此沙滩凉鞋就大受欢迎，见图2-96。

沙滩凉鞋外底使用的是EVA发泡底，虽然很厚但是很轻便，隔热性能好。内底卧在外底之内，内底上包裹住鞋垫。为了穿脱方便，沙滩凉鞋大多采用尼龙搭扣进行连接。脚背上的三道尼龙搭扣可以调节不同部位的松紧肥瘦，后帮条上的尼龙搭扣可以调节鞋身的长短。沙滩凉鞋的帮部件也会有多种变化，本款鞋的前帮占用了②+③+④块面积，抱脚能力比较强，所以后帮条采用的是后绊带。鞋帮的里外怀分成两部分，三道搭扣之间设计有孔洞，里怀的3条部件延长到外怀形成绊带。

图2-96 沙滩凉鞋成品图

在进行结构设计时，先设计出外怀一侧的部件。侧帮的高度取在距离背中线20mm左右的位置，前端取在第二条受力线附近，后端取在第五条受力线，在部件的上下各设计出透空的孔洞，孔洞以均匀为宜。上孔洞把鞋帮分割出三部分，借以形成三条搭扣，见图2-97。

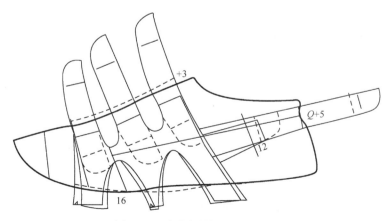

图2-97 沙滩凉鞋帮结构设计图

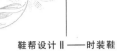

后帮的Q点提升5mm后设计后帮条。外怀后帮条长度控制在后帮范围的2/3左右，宽度在20mm左右，并留出包裹鞋环的加工量12mm。

在外怀部件设计完成后再设计里怀部件，首先设计出三条搭扣搭接在外怀的位置，作出车缝尼龙搭扣的标记。考虑到搭扣的厚度，此时的背中线应该提升3mm，如图中虚线所示。接着借用拷贝的方法，把外怀搭扣的外形转移到里怀一侧，并与分割出三条搭扣的位置顺接，形成里怀的前帮部件。

设计里怀后帮条时，宽度与外怀相似，位置略高于外怀，长度要在弥补外怀长度之后加放35mm，并确定出5个钎孔位置。

底口绷帮量加放16mm，包括帮加折回量12mm，内底、鞋垫、帮脚厚度4mm，共计16mm。

同样需要设计出飞机板，见图2-98。制取样板的要求不变，见图2-99。

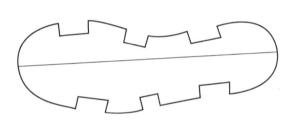

图2-98 沙滩凉鞋的飞机板

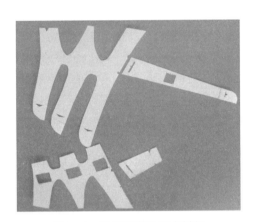

图2-99 沙滩凉鞋的基本样板

3. 插帮凉鞋的设计

插帮凉鞋是指帮脚插入内底并粘合而成的凉鞋，比绷帮凉鞋的加工操作简单。插帮凉鞋的内底应该是出边内底，边沿留出8~10mm的出边量，在内底上根据帮脚的位置开出槽口，帮脚插入内底后在底层与内底粘合，然后再粘合外底，见图2-100。

插帮凉鞋的内底应该使用较好的天然内底革材料，既保证强度又保证外观效果，鞋垫也由内底革代替。鞋帮分成前后两片，鞋条也比较宽，前片占用了①+②块面积，后片占用了第④块面积，使得有效面积增大，抱脚能力增强，所以后帮采用的是后绊带。为了穿脱方便，后绊带的前端使用的是松紧布。

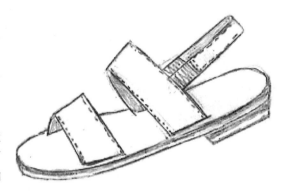

图2-100 插帮凉鞋成品图

在进行结构设计时，也是先设计外怀一侧。自第三条受力线开始向前量出前片的宽度在50mm左右，以直线条的形式设计出外怀轮廓线。然后自第五条受力线开始向前量出后片的宽度在40mm左右，也以直线条的形式设计出外怀轮廓线，见图2-101。

里怀的轮廓线都要适当前移几毫米，以保证成品鞋显现里怀靠前而外怀靠后。底口绷帮量用15mm，作出里外怀的区别。

设计后帮条时，使用的松紧布宽度为24mm，长度为30mm，条带后中线的位置要在Q点收进10mm，以便发挥松紧布的作用。

配合帮部件需要设计出内底以及开槽口的位置，见图2-102。

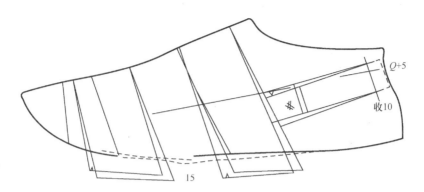

图2-101 插帮凉鞋帮结构设计图

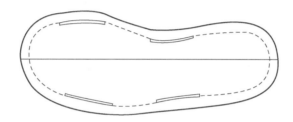

图2-102 设计内底及开槽口位置

内底的外形是在楦底样板的基础上周边增加8~10mm，开槽口的位置同样需要通过套样来确定。槽口的宽度与帮脚的厚度相同，不要过宽或过窄。

制取样板的要求不变，见图2-103。

四、全空女凉鞋的设计

设计全空女凉鞋要比男凉鞋复杂一些、变化多一些，但设计的思路是相同的，可以从前帮应用面积的大小入手分析。设计全空女凉鞋之前同样需要做好准备，选择全空女凉鞋楦、复制楦底样板和半面板，也需要通过楦底的受力点连接出楦面的受力线，见图2-104。

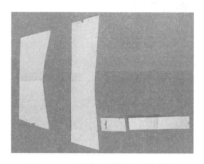

图2-103 插帮凉鞋的基本样板

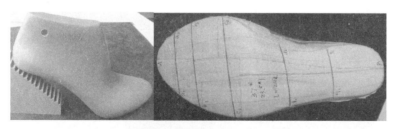

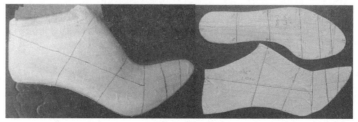

图2-104 设计前的准备

1. 前帮一块面积的应用

有些女性穿凉鞋，总是希望把脚大面积的暴露出来，凉鞋前帮使用一块面积时，其暴露部位是最多的，但是其抱脚能力也是较差的，因此改善穿着功能的最好办法就是采用丁带结构。丁带结构的实质是属于满帮鞋范畴，利用丁字带可以把前后帮有效地连接起来，提高了抱脚能力。

以小前帮丁带凉鞋的设计为例。

小前帮是指前帮所占用的面积很小，所处的位置应该在前帮的第二块面积上，见图2-105。

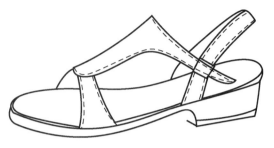

图2-105　小前帮丁带凉鞋成品图

前帮的面积很小，有时还可以用两条细带代替前帮，这样的前帮可以暴露出脚大部分，特别是把脚趾暴露到极限位置，希望展示自己脚趾美的女性是不会错过选择机会的。常见的丁带后端结构是由横向带与纵向带搭配组成的，本案例采用的是横向纵向带连成一体的形式，开闭功能采用的是装配鞋钎。

在设计结构图时，应该先设计出前帮部件，然后设计后帮部件，最后再设计丁带部件。

前帮部件选择在第二块面积上，采用上窄下宽的造型，可以增加部件的稳定感。还需要作出里外怀的区别，这种区别主要表现在底口前后位置的差异上，里怀的位置略靠前几毫米，如图中虚线所示，见图2-106。

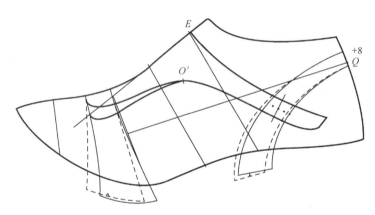

图2-106　小前帮丁带凉鞋帮结构设计图

设计后帮时，底口选择在跟口位置的前后，后帮条的宽度要与前帮相协调，后弧位置控制宽度在12mm左右，也是上窄下宽的造型。需要注意的是后帮条的高度要提升8mm，这是因为后帮条是个独立型部件，穿鞋时撑开后帮条，会使高度有所下降。

在设计丁带部件时，先设计出原形轮廓线，然后再进行跷度处理。丁带的前端重叠在小前帮上，后端到达E点位置，然后自E点设计一条鞋口线与后帮条相交。相交的位置设计鞋钎，继续延长形成钎带。接着设计出丁带的宽度，也要与小前帮协调搭配。

图中丁带的背中线是一条曲线，这样无法制取样板，所谓跷度处理就是把背中曲线转换成一条直线。具体操作是自E点沿着背中线连一条直线，然后将丁带背中曲线的长度截取在直线上，并在直线上拷贝中丁带的宽度外形，并往后顺连到后端拐弯位置，与钎带重合。

最后加放绷帮量15mm左右，经过修正后即得到小前帮丁带凉鞋的帮结构设计图。

设计男女凉鞋时要注意有一个重要的区别：男凉鞋一般都是用盘式外底，内底可以卧在外底内，把边沿掩藏起来；此外男凉鞋的内底材料的外观都比较好，也兼具鞋垫的功能。但是女凉鞋大多使用的是齐边外底，内底边沿就会外露，这就需要进行包边修饰。修饰后的内底表面依然存在缺陷，所以还需要用鞋垫进行掩饰。观看女凉鞋时，除了鞋帮以外，鞋垫也会成为视觉焦点，而且鞋垫还要与鞋帮相搭配。因此设计女凉鞋除了需要设计出飞机板以外，还要设计出鞋垫，见图2-107。

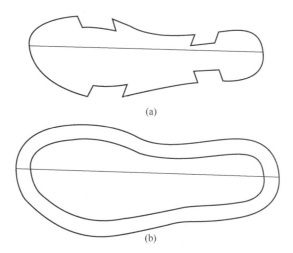

(a)

(b)

图2-107 小前帮丁带凉鞋的内底设计

（a）飞机板 （b）包内底鞋垫

飞机板设计同样是通过帮部件套楦后确定槽口的方位和长度，槽口的宽度也就是帮脚的折回量，控制在12mm左右。

包内底鞋垫在内底样板外形轮廓的基础上，增加内底厚度、飞机板厚度、材料本身厚度以及折回量，控制在15~16mm。

制取样板的要求不变，见图2-108。基本样板上有中点的标记、钎孔标记。装配鞋钎的标记。

2. 前帮两块面积的应用

随着前帮面积增加，抱脚能力也在增加。两块面积的使用位置可以是①+②块面积连用，也可以是②+③块面积连用，或者是①+③块面积分开使用。

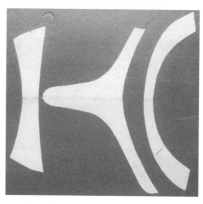

图2-108 小前帮丁带凉鞋的基本样板

（1）短前帮后绊带凉鞋的设计 使用两块面积的前帮还是比较小，但是比小前帮大，所以叫作短前帮，见图2-109。前帮连用了①+②块面积，帮面上用车假线进行装饰。后帮采用的是后绊带结构，使用的鞋钎设计在后帮条上。后帮条是一个独立型部件，设计后帮高度时依然要增加8mm。单独一个后帮条抱脚能力极差，因此后帮条的前端配有围条。围条固定在后帮条上，围条与后帮条协同作用，可以防止脚前冲和后退，还具有提鞋的功能。

设计结构图时，先设计前帮部件，然后再设计后帮部件，见图2-110。在①+②块面积上直接设计前帮部件，并作出里外怀的区别。假线位置可以标记在基本样板上。后帮条的高度在Q点之上8mm位置，宽度10mm左右，下端控制在跟口前后，设计成上窄下宽的弧线形式，有里外怀的区别。鞋钎装配在距Q点70mm左右位置，安排5个钎孔。围条自E点下滑到后帮条上，宽度取20mm左右。

图2-109 短前帮后绊带凉鞋成品图

加放底口绷帮量，作出里外怀的区别，经过修整后即得到帮结构设计图。

同样需要制备飞机板和鞋垫样板，见图2-111。

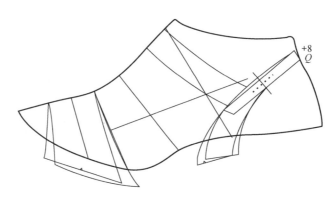

图2-110　短前帮后绊带凉鞋帮结构设计图

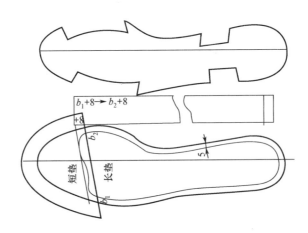

图2-111　短前帮后绊带凉鞋的飞机板与鞋垫

飞机板同样是通过帮部件套楦后确定槽口的方位和长度，槽口的宽度也就是帮脚的折回量，控制在12mm左右。

鞋垫是长短垫，在内底样板外形轮廓的基础上，连接出小趾受力线作为短垫的长度，外围增加15mm包边量。长垫的设计会有多种变化，增加鞋腔的美观性。本案例的长垫是在内底周边收进5mm，特意与包边条的颜色岔开。在长垫的前端设计成弯曲线，与短垫搭接10mm左右。包边条的长度环绕内底边沿测量，与短垫里外怀之间加放8mm压茬量。包边条宽度包括内底厚度、飞机板厚度、材料本身厚度以及上下折回量，控制在30mm。

制取样板的要求不变，见图2-112。短前帮的假线位置标记在基本样板上。

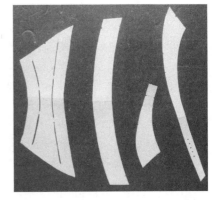

图2-112　短前帮后绊带凉鞋的基本样板

前帮的造型是可以变化的。例如可以把短前帮分割成条状，然后再车缝成整块前帮。也可以在分割的基础上用曲线缝纫机拼缝，以曲线作为装饰。也可以把短前帮里外怀断开，然后把里怀一侧搭接在外怀上。还可以在短前帮上进行透空设计，以使帮部件形成丰富多彩的变化，见图2-113。

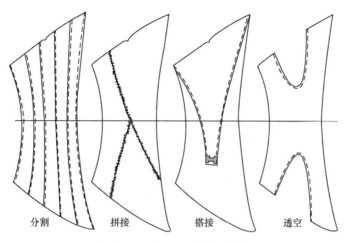

图2-113　短前帮的多种变化

（2）短前帮围带凉鞋的设计　围带是指环绕脚脖子一周后自身连接的钎带，见图2-114。前帮占用①+②块面积比较短，后帮为后包跟，后包跟上口设计成环套，钎带从环套内穿过，然后自身连接。

结构设计时，先把前帮①+②块面积的两个端点连成直线。由于第一和第二块面积通过楦背的起弯点，直线与曲线之间会有间隙。为了取样板的准确，可以在间隙的一半位置作直线的平行线，以此线作为前帮的背中线，这是一条折中背中线。然后前帮利用第一和第三条控制线设计出前后轮廓线，作出里外怀的区别。

设计后帮时，钎带的宽度取8mm，长度取2个QE长度，再加放包裹鞋钎量12mm、穿钎带的放量35mm，并确定出5个钎子孔，见图2-115。

图2-114　短前帮围带凉鞋成品图

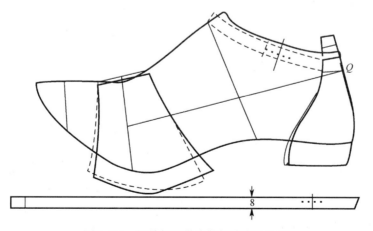

图2-115　短前帮围带凉鞋帮结构设计图

在成鞋的后包跟内有主跟的支撑，后帮不容易变形，所以后包跟的设计高度取在Q点。后弧连出

*QD*直线后要加放2个钎带宽16mm、宽松量2mm以及压茬量8mm。

制取飞机板的方法不变，同样需要制取长短垫，见图2-116。飞机板同样是通过帮部件套楦后确定槽口的方位和长度，槽口的宽度也就是帮脚的折回量，控制在12mm左右。

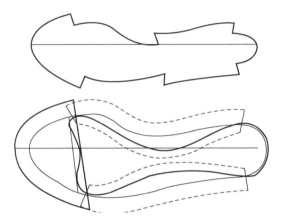

图2-116　短前帮围带凉鞋的飞机板与鞋垫

短垫的长度依然在小趾受力线上，外围增加15mm包边量。长垫设计成小蛮腰的外形，前端为弯曲线，与短垫的搭接在10mm左右。后端由于有后包跟，所以要加放2mm。环绕内底边沿测量包边条的长度，与短垫里外怀之间加放8mm压茬量。包边条宽度除了包括内底厚度、飞机板厚度、材料本身厚度、上下折回量以外，还要填补小蛮腰造成的亏损量。这无法用数据说明，所以要用图形来表示。

制取样板的要求不变，见图2-117。

对于短前帮来说，同样可以进行透空或者分割成窄条等形式的变化，见图2-118。

图2-117　短前帮围带凉鞋的基本样板

图2-118　短前帮的变化

（3）双前帮后交叉带凉鞋的设计　双前帮是指前帮由两条部件组成。后交叉带是指里外怀的后帮条在后端交叉后再返回到前面进行连接。后交叉带在后端是自然交叉，并非固定住，见图2-119。前帮双带分别占据着①和③两块面积，抱脚能力比短前帮有所提高。后帮交叉带安排在跟口位置，向后自然交叉，然后返回，绕过脚背后自身用鞋钎连接。

在进行帮结构设计时，可以分别连接①和③块面积的背中线，然后以各自的两条控制线设计出轮廓线，上窄下宽，作出里外怀的区别，见图2-120。

图2-119　双前帮后交叉带凉鞋成品图

在设计交叉带时，下端宽度取25mm。自跟口位置往后安排。Q点位置要升高8mm，宽度在15mm左右，在尾端穿鞋钎的部位宽度在10mm。

交叉带的长度需要进行计算。把中心鞋钎孔指定为X，里怀交叉带的长度自Q点起要增加$EX+12mm$，外怀交叉带的长度自Q点起要增加$EQ+EX+35mm$。

最后加放底口绷帮量，作出里外怀的区别，经过修整后即得到帮结构设计图。

制取飞机板的方法不变，同样需要制取长短垫，见图2-121。飞机板同样是通过帮部件套楦后确定槽口的方位和长度，槽口的宽度也就是帮脚的折回量，控制在12mm左右。

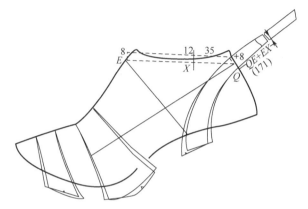

图2-120 双前帮后交叉带凉鞋帮结构设计图

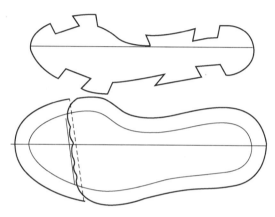

图2-121 双前帮后交叉带凉鞋的飞机板与鞋垫

设计短垫的长度依然在小趾受力线上，外围增加15mm包边量。长垫设计成包内底的形式，周边也加放量15mm左右。在前端设计呈波浪形，前后搭接10mm左右。

制取样板的要求不变，见图2-122。

女士们穿凉鞋，有时会很关心能够露出多少脚趾。如果前空部位设计在前嘴控制线，大约露出两个半脚趾，如果前空部位设计在小趾控制线，大约露出4个半脚趾，如果在前嘴控制线与小趾控制线之间作等分线，每后退7mm左右便会多露出半个脚趾。这样一来，想设计露出几个脚趾的凉鞋就变得很容易，见图2-123。

图2-122 双前帮后交叉带凉鞋的基本样板

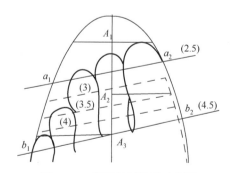

图2-123 脚趾外露数目示意图

3. 前帮三块面积的应用

前帮占用三块面积，可以是①+②+③块面积连用，也可以是①+②+④块面积间隔用。

（1）宽前帮前交叉带凉鞋的设计 前帮占用一块面积比较小，叫作小前帮；占用两块面积的前帮依然较短，就叫作短前帮；占用四块面积时前帮在加宽，所以叫作宽前帮，见图2-124。前帮占用三块面积显得比较宽，可以通过车假线分割出三等份，减少视觉上的长度，增加花色变化。前帮抱脚能力也比较强，与后帮的交叉带配合。交叉点装配在跟口位置，在脚背自然交叉后绕向脚脖子并用鞋钎自身连接，所以叫作前交叉带。注意鞋垫的变化，本款鞋采用的是包内底鞋垫，鞋垫上有线迹用来固定与内底的连接，也起着装饰作用。

设计结构图时，前帮把①+②+③块面积的背中线连成一条直线。三块面积连用，背中直线和背中曲线之间也会有间隙，所以还要作平行线取折中背中线。然后利用第一和第四条控制线设计轮廓线，作出里外怀的区别，见图2-125。

图2-124　宽前帮前交叉带凉鞋成品图

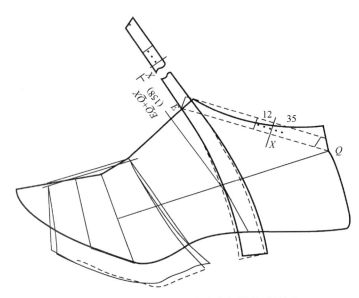

图2-125　宽前帮前交叉带凉鞋帮结构设计图

交叉带的基准长度是跟口到E点的长度，需要增加的长度用EQ线来控制。在EQ长度上先确定钎孔的中心眼位定为X，外怀一侧在X之前加放12mm包裹鞋钎量，里怀一侧要加放35mm穿入鞋钎量。

在设计交叉带时，以跟口位置为中心点，前后各取10mm作为基础宽度。前端轮廓线自然向上延伸到E点，然后再延长。外怀延长量为$EQ+QX+12mm$。后端轮廓线模仿前端也自然向上延伸，在E点控制在10mm，然后也继续延长。里怀延长量为$EX+35mm$，并确定出5个钎孔位置。

加放底口绷帮量，作出里外怀的区别，经过修整后即得到帮结构设计图。

制取飞机板的方法不变，需要制取包内底垫。设计鞋垫要在内底周边加放包边量15mm左右，中间设计有车线的图案，见图2-126。

制取基本样板的要求不变，见图2-127。前帮样板上作出车假线的标记。

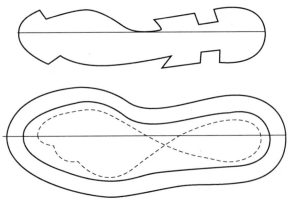

图2-126　宽前帮前交叉带凉鞋的飞机板与鞋垫

（2）飞鸟前帮前绊带凉鞋的设计 宽前帮的面积比较大，进行花色变化的机会就会多。例如可以把前帮设计成象形图案，见图2-128。在前帮外怀一侧可以看到鸟头的图形，散开的条带象征飞翔的翅膀。后帮采用前绊带结构，也被称为马鞍式。前帮底口部位占用着①+②+③块面积，而在鸟头部位却只有一小段。前帮的里外怀不对称，所以在设计结构图时需要展开里怀一侧前帮的半面板。

设计前帮时，要在前帮里外怀展开的半面板上进行。口门位置定在第三条控制线的上端点，往前连出一小段直线作为背中线，依据背中线描出里怀一侧前帮半面板轮廓。

前帮虽然有造型的变化，但在着手设计时先确定出前帮里外怀的大轮廓，然后再细分各个部件。也就是利用里外怀第四条控制线的下端点和口门控制点设计鞋

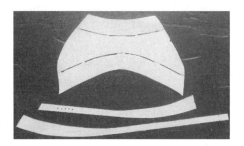

图2-127 宽前帮前交叉带凉鞋的基本样板

口轮廓线，口门为尖圆形。然后自里怀第一条控制线的下端点斜向后上方设计出鸟头的造型，超出中线在15mm左右，在鸟头的中心位置确定出眼睛的位置，成鞋用饰扣表现。

在鸟头与背中线相交的位置开始设计外怀前端弧形轮廓线。有了翅膀的前后轮廓线以后，把外怀细分出6条部件，部件线条随着前后轮廓线移动。在里怀的也是模仿前后轮廓线，形成上下有序排列的假线，见图2-129。

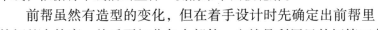

图2-128 飞鸟前帮前绊带凉鞋成品图

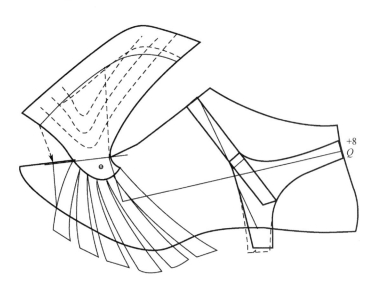

图2-129 飞鸟前帮前绊带凉鞋帮结构设计图

后帮设计成前绊带结构。在E点位置直线连接前绊带宽度10mm，并作背中线的垂线。在前绊带的中线上，距离OQ线10mm位置定位中心钎孔，往下端延长35mm确定钎带长度，并确定出5个钎孔位置。

在Q点位置上升8mm，然后直线连接出后条带宽度12mm。后条带的立柱位置控制下跟口位置前后，首先自后条带宽度下端点设计出立柱的后轮廓线。然后自后条带宽度上端点设计弧形鞋口线。在

鞋口线与钎带相交的位置设计鞋台子，高度在15mm左右，宽度与钎带相似。然后顺着鞋台子前端设计出立柱的前轮廓线，作出里外怀的区别。

加放底口绷帮量，作出里外怀的区别，经过修整后即得到帮结构设计图。

制取飞机板的方法不变，需要制取长短垫。由于前帮比较宽，短垫的位置可以设计得长些，取在跖趾控制线位置。前后垫搭接10mm左右，后垫边沿距离内底2mm左右，鞋跟部位车假线。设计内底包边条宽度在27mm左右，长度要包括两端的压茬量各8mm，见图2-130。

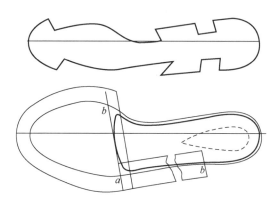

图2-130 飞鸟前帮前绊带凉鞋的飞机板和鞋垫

制取基本样板的要求不变。前帮部件比较零散，应该制备一块整前帮的基本样板，作为小部件镶接的标准，见图2-131。

（3）双前帮后绊带凉鞋的设计 使用第一第二块面积设计前帮和使用第四块面积也设计前帮就形成双前帮。由于第四块面积比较靠后，抱脚能力很强，而且有着帮助提鞋的功能，所以可以和后绊带搭配，见图2-132。第一块前帮部件占用了①+②的面积，第二块前帮部件占用了④的面积。通过网兜效应，增加了有效面积，提高了抱脚能力。其中的面积④，既有前帮的作

图2-131 飞鸟前帮前绊带凉鞋的基本样板

用，又有后帮的作用，所以配合后绊带并不会影响穿着。

设计前帮时，可以直接在面积①+②和④上进行。在第一和第二块面积上直线连接出背中线，利用第一和第三条控制线设计出两侧的轮廓线，作出里外怀的区别，即得到前一块前帮部件。同样在第四面积上直线连接出背中线，在第五条控制线前端设计出向后突起的弧形轮廓线，宽度取在25mm左右，然后模仿后轮廓线设计出前轮廓线。也作出里外怀的区别，见图2-133。

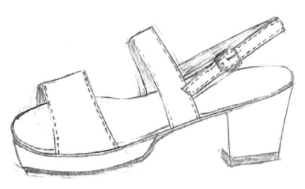

图2-132 双前帮后绊带凉鞋成品图

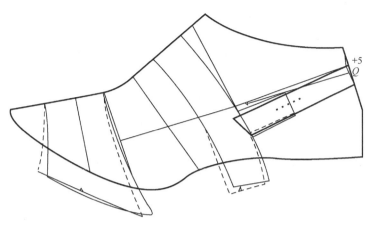

图2-133 双前帮后绊带凉帮结构设计图

设计后绊带时，由于后条带有后前帮的支撑，变型比较小，所以Q点只需要上升5mm，然后利用OQ线设计出后条带。里怀的条带高于外怀3mm左右。与前帮衔接的部位的宽度取20mm左右，后弧线部位的宽度取15mm左右。外怀一侧长度取30mm左右，这也是中心钎孔的位置。里怀一侧的长度环绕到外怀穿入鞋钎后再延长35mm。

安排好5个钎孔位置，加放底口绷帮量，作出里外怀的区别，经过修整后即得到帮结构设计图。

制取飞机板的方法不变，需要制取长短垫。短垫取在小趾控制线位置，周边加放15mm左右的包内底量。前后垫搭接10mm左右，后垫边沿与内底边沿相同。设计内底包边条宽度在25mm左右，长度要包括两端的压茬量各8mm，见图2-134。

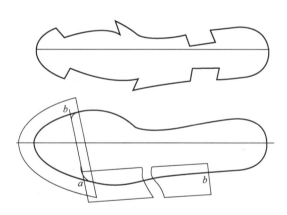

图2-134 双前帮后绊带凉帮的飞机板和鞋垫

制取样板的要求不变，见图2-135。

4. 前帮四块面积的应用

前帮联合使用①+②+③+④块面积，已经达到满负荷。由于帮样板的不同组合关系，也会出现多种变化。

（1）长前帮封闭带凉鞋的设计　前帮使用4块面积，使得鞋帮长度达到最大值，故叫作长前帮。后帮条没有开闭功能属于封闭式条带，见图2-136。一整块长前帮占据了①+②+③+④块面积，后帮条带也是一整条。鞋帮很简洁，由于前帮的抱脚能力很强，所以后帮也可以不设计开闭功能。

设计前帮时，自E点在楦背上连接出一条直线作为前帮背

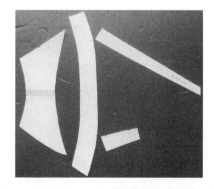

图2-135 双前帮后绊带凉帮的基本样板

中线。在 E 点附近作背中线的垂线，借用垂线设计后轮廓线。鞋帮的原型设计在第一条控制线附近，前端点位置定为 X。设计样板的前轮廓线需要进行跷度处理。

把后轮廓线与 OQ 线的交点定为取跷中心 O' 点。取跷时以 O' 点为圆心，到 X 点的长度为半径作圆弧，与背中线相交于 X_1 点。然后在背中直线上量出背中曲线的长度定为 X_2 点。截取 X_1X_2 长度的 1/3 定为 X_3 点，这是样板上前帮的前端点。自 X_3 点描出前轮廓线，注意底口的宽度不要有亏损。连接 $\angle XO'X_1$ 得到取跷角的大小，在后轮廓线的 O' 点位置作出取跷角 $\angle aO'b$，并且使 $\angle aO'b$ 等于 $\angle XO'X_1$，连接出底口轮廓线到 b 点，加放绷帮量，作出里外怀的区别，见图2-137。

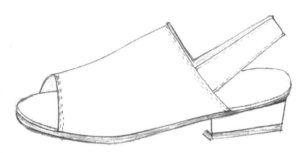

图2-136　长前帮封闭带凉鞋成品图

设计后条带时借用 OQ 线。里怀的位置高于外怀3mm，使 Q 点上升5mm，然后直线连接。与前帮连接部位宽度在25mm左右，后弧线部位宽度在15mm左右。经过修整后即得到帮结构设计图。

制取飞机板的方法不变，需要制取长短垫。短垫取在小趾控制线位置，周边加放15mm左右的包内底量。长垫周边与内底样板相同，前后垫搭接10mm左右，只需要在后跟边沿使用包内底条。量一量帮脚里外怀之间的长度，两端各加压茬量8mm，宽度在25mm左右，见图2-138。

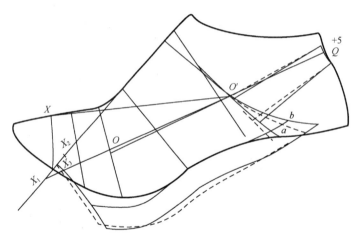

图2-137　长前帮封闭带凉鞋帮结构设计图

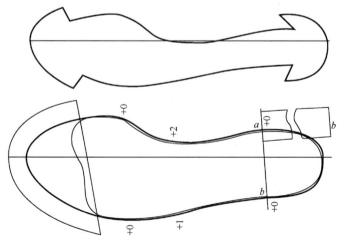

图2-138　长前帮封闭带凉鞋的飞机板和鞋垫

制取基本样板的要求不变，见图2-139。

这样一整块前帮样板是如何伏楦的呢？首先是取跷，把背中线转换成一条直线；然后是增加取跷角，适当补充了底口的长度；接下来就是绷帮操作时要拉伸底口长度。在底口长度被拉伸时，背中线会自然弯曲，最终贴伏在楦面上。可以做一个直观的实验来验证，见图2-140。

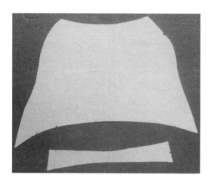

图2-139 长前帮封闭带凉鞋的基本样板

图2-140 伏楦演示图

按照前帮部件剪出带有韧性的纸样板，然后把底口剪开，相当于拉伸底口会变长。接着把纸样板的前后端固定在鞋楦的背中线上，然后把底口也固定在楦底棱线上。此时就会发现纸样板的背中线自然弯曲，会吻合在楦背上。绷帮操作利用的就是弹性材料的网状结点连动原理。

长前帮的变化比较多，因为面积越大机会就越多。例如设计成透空部件或者分割成条形部件，见图2-141。

图2-141 长前帮的外形变化

（2）开中缝配松紧布凉鞋的设计 前帮一旦变成开中缝的结构，设计过程就变得比较简单，见图2-142。这也是一款长前帮凉鞋，不过前帮背中线是断开的，上面有一条形部件掩盖断帮线。在后帮条带的后端有松紧布起着开闭功能作用。由于前帮背中线断开，所以不用进行转换取跷处理。

设计前帮时，背中线就利用原曲线。在E点附近作背中线的垂线，借用垂线设计后轮廓线。在第一条控制线附近设计前轮廓线。作出里外怀的区别。

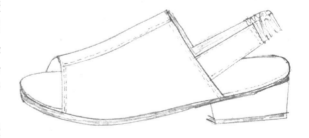

图2-142 开中缝配松紧布凉鞋成品图

在背中线上有一弯曲的条形部件，宽度在10mm。取样板时可以直接设计成直条部件，总宽度20mm，基准长度与曲线背中线长度相同，两端各加放10mm的折回量。

设计后条带时借用OQ线。里怀的位置高于外怀3mm，使Q点上升5mm，然后直线连接。与前帮连接部位宽度在25mm左右，后弧线部位宽度在15mm左右。在距离后弧5mm位置开始计松紧布，长度取25mm，宽度15mm。在底口加放绷帮量，作出里外怀的区别，经过修整后即得到帮结构设计图，见图2-143。

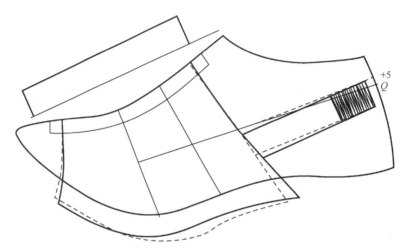

图2-143 开中缝配松紧布凉鞋帮结构设计图

制取飞机板的方法不变，需要制取长短垫。短垫取在小趾控制线位置，周边加放15mm左右的包内底量，前后垫搭接10mm左右。长垫里怀周边加放1mm，外怀腰窝加放2mm，按满帮鞋垫处理。只需要在后跟边沿使用包内底条。量一量帮脚里外怀之间的长度，两端各加压茬量8mm，宽度在25mm左右，见图2-144。

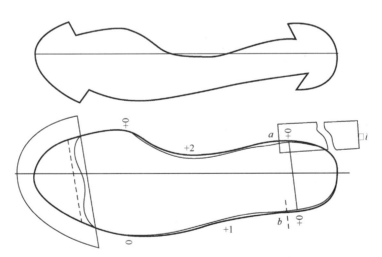

图2-144 开中缝配松紧布凉鞋的飞机板和鞋垫

制取样板的要求不变，见图2-145。

（3）丁带配后绊带凉鞋的设计 丁带的抱脚能力强，与后绊带搭配可以相得益彰，见图2-146。这也是一款长前帮凉鞋，经过变形后长前帮被分割成5条部件，其中的第一条部件以丁带的形式出现。这样一来，其余4条横带就可以从背中线断开，以压差的形式与丁带衔接。这样处理可以节约材料。后帮是一整条部件，在里怀与前帮衔接，环绕到外怀后用鞋钎与前帮相连。鞋钎直接装配在前帮上。

设计结构图时，先设计前帮丁带的原型。前端利用第一条控制线设计前嘴轮廓线。在 E 点附近作背中线的垂线，借用垂线设计前帮后端轮廓线。丁带的宽度取10mm，后端超出后轮廓线10mm作折回量，然后沿着背中曲线前行。丁带在底口长度取25mm左右，然后上行以圆弧的形式与丁带宽度顺接。

接下来是在丁带的长度上分割出其余4条横带的位置，横带的上宽在10mm左右，下宽顺连，宽度之间保留适当的间距，见图2-147。

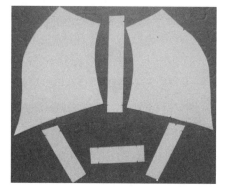

图2-145 开中缝配松紧布凉鞋的基本样板

丁带弯曲的背中线不能取样板，需要取跷处理。在丁带前端连一条直线作为背中线，并向后延长，然后把丁带宽度拐弯的位置定为取跷中心 O' 点。接着以 O' 点为圆心，到丁带后端点长度为半径作圆弧，与延长线相交。该点就是取样板的丁带长度控制点，作出宽度10mm后顺连到 O' 点。在制取样板时要标出4条横带的衔接标记。

设计后绊带时，借用 OQ 线，其中 Q 点上升5mm。控制里怀的宽度在25mm左右、后弧的宽度在15mm，在尾端略有收缩。在最后一横条的中心位置装配鞋钎，确定出5个钎孔位置，增加35mm钎带出入量。

加放底口绷帮量，作出里外怀的区别，经过修整后即得到帮结构设计图。

制取飞机板的方法不变。在横带比较密集的时候，可以看作是一整块部件，减少开槽的麻烦。本款鞋的长短垫都采用包内底的形式。短垫取在小趾控制线位置，周边加放15mm左右的包内底量。长垫周边也加放15mm，前后垫搭接10mm左右。在鞋底垫的后跟部位有一添加商标的位置。商标可以是印刷，也可以是车丝带，或者是烫金等，见图2-148。

制取样板的要求不变，见图2-149。

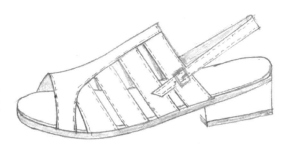

图2-146 丁带配后绊带凉鞋成品图

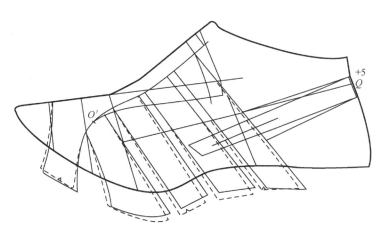

图2-147 丁带配后绊带凉鞋帮结构设计图

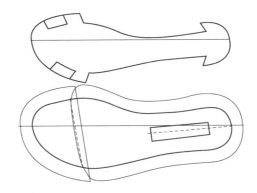

图2-148　丁带配后绊带凉鞋的飞机板和鞋垫

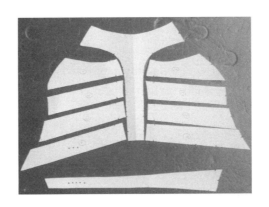

图2-149　丁带配后绊带凉鞋的基本样板

全空凉鞋的花色品种虽然变化繁多，但是有了前后帮控制线，就可以大大简化设计过程。

思考与练习

1. 制备男女全空凉鞋楦的半面板并标出前后帮控制线。

2. 设计一组三款全空男凉鞋，画出成品图和结构图，并选择其中一款制取三种生产用的样板以及飞机板。

3. 设计一组三款全空女凉鞋，画出成品图和结构图，并选择其中一款制取三种生产用的样板以及飞机板和鞋垫样板。

第四节　男女拖鞋的设计

拖鞋是指没有后帮而只有前帮的一类鞋。由于没有后帮，走路时就依靠脚背拖起鞋帮前行，故叫作拖鞋。

一、拖鞋设计的特点

分析拖鞋设计的特点可以从结构、鞋楦、制备半面板等方面入手。

1. 结构特点

拖鞋有家居拖鞋和时装拖鞋两大类型。家居拖鞋主要是室内穿用，皮拖鞋、布拖鞋用于休闲、放

松、缓解疲劳，而橡胶拖鞋、塑料拖鞋不怕水，主要用于洗浴。穿时装拖鞋可以穿街走巷，步入宾馆商场，要求合脚的功能比家居拖鞋要高，见图2-150。

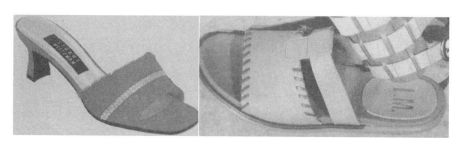

图2-150 男女时装拖鞋

从结构上看，拖鞋可分为满帮拖鞋和前空拖鞋两种类型。在家居拖鞋中，许多冬季穿的布拖鞋都设计成满帮结构，可以增加保暖性。橡胶和塑料拖鞋大多是前空结构，通透性好，不容易存水。对于时装鞋来说，穿着美观占据着首要地位，所以两种结构都很常见。前空拖鞋的前帮有多种造型变化形式，满帮也有不同长度的变化，见图2-151。

图2-151 前空拖鞋与满帮拖鞋

前空拖鞋可以是单带、双带、集合带或者交叉带，满帮拖鞋的鞋帮可以是短前帮、中长前帮或者是长前帮。

对于橡胶和塑料拖鞋，在生产时离不开模具加工，这类拖鞋的设计主要是模具设计，因此在帮结构设计中不进行分析，把设计重点放在时装拖鞋上。

2. 鞋楦的特点

生产拖鞋也有专用的鞋楦，不过这种鞋楦比较特殊。从长度上看，后容差与全空凉鞋相同，使得各个特征部位长度数值也就与凉鞋相同。但放余量却比较大，与素头楦相同，所以楦底样长度也与素头楦相同。其跗围的大小、统口的长度又与高腰楦相同，而跖围却很大，比脚型大出两个型。所以这是一种"四不像"的鞋楦，但对于穿着来说又是必要的，见表2-3。

表2-3 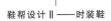 男女满帮拖鞋楦尺寸表 单位：mm

男250号（二型半）、女23号（一型半）部位名称		男满帮拖鞋楦（跟30）		女满帮拖鞋楦（跟20）		女满帮拖鞋楦（跟40）		女满帮拖鞋楦（跟60）	
		尺寸	等差	尺寸	等差	尺寸	等差	尺寸	等差
长度	楦底样长	265	±5	242	±5	242	±5	242	±5
	放余量	19	±0.36	15.5	±0.32	15.5	±0.32	15.5	±0.32
	脚趾端点部位	246	±4.64	226.5	±4.68	226.6	±4.68	226.5	±4.68
	拇趾外突部位	221	±4.17	203.5	±4.20	203.5	±4.20	203.5	±4.20
	小趾外突部位	191	±3.60	175.9	±3.63	175.9	±3.63	175.9	±3.63
	第一跖趾部位	177.3	±3.35	163.3	±3.37	163.3	±3.37	163.3	±3.37
	第五跖趾部位	154.8	±2.92	142.6	±2.95	142.6	±2.95	142.6	±2.95
	腰窝部位	98.5	±1.86	90.8	±1.88	90.8	±1.88	90.8	±1.88
	踵心部位	41	±0.77	37.9	±0.75	37.9	±0.75	37.9	±0.75
	后容差	4	±0.08	3.5	±0.07	3.5	±0.07	3.5	±0.07
	统口长	110	±2.08	100	±2.07	100	±2.07	100	±2.07
	楦斜长	262.8	±4.96	240	±4.96	237.2	±4.90	234.4	±4.84
围度	跖围	243	±3.5	220	±3.5	222	±3.5	224	±3.5
	跗围	255	±3.7	232	±3.7	229	±3.6	227	±3.5
宽度	基本宽度	88	±1.3	80.2	±1.3	77.6	±1.2	76.4	±1.2
	拇趾里宽	33.6	±0.5	30.6	±0.5	28.6	±0.44	28.2	±0.44
	小趾外宽	49.3	±0.73	44.9	±0.71	44.5	±0.69	43.8	±0.69
	第一跖趾里宽	36	±0.53	33.3	±0.54	32.3	±0.5	31.8	±0.5
	第五跖趾外宽	52	±0.77	46.9	±0.76	45.3	±0.70	44.6	±0.70
	腰窝外宽	40.1	±0.59	36	±0.58	34.3	±0.53	33.8	±0.53
	踵心全宽	60.5	±0.89	54.3	±0.88	52.4	±0.80	51.7	±0.80
	统口宽	30	±0.43	25	±0.40	25	±0.39	25	±0.39
高度	总前跷	32	±0.46	26.5	±0.42	37.5	±0.59	48.5	±0.76
	前跷	17	±0.24	16	±0.25	14	±0.22	12	±0.19
	后跷	50	±0.43	20	±0.32	40	±0.63	60	±0.94
	头厚	21	±0.3	17	±0.27	17	±0.27	17	±0.27
	后跟突点高	22.4	±0.32	20.3	±0.32	20.3	±0.32	20.3	±0.32
	后身高	70	±1.01	66	±1.03	66	±1.03	66	±1.03
高度	前掌凸度	6	±0.09	5.5	±0.09	5	±0.08	5	±0.08
	底心凹度	6.5	±0.09	5	±0.08	6	±0.09	7	±0.11
	踵心凸度	4	±0.06	3.5	±0.06	3	±0.05	3	±0.05
	统口宽	30	±0.43	25	±0.40	25	±0.39	25	±0.39
	统口长	110	±2.08	100	±2.07	100	±2.07	100	±2.07
	楦斜长	262.8	±4.96	240	±4.96	237.2	±4.90	234.4	±4.84

表中的数据体现了拖鞋的特点。穿拖鞋是为了使脚放松，所以跖围跗围自然就比较大，跗围比脚围度大两型，不会对脚产生压迫感，而走路时又不影响拖动鞋帮。统口加长是为了与大跗围相搭配。后容差同凉鞋楦是为了增加拖住脚底的面积，放余量加大适应满帮拖鞋的需求。

在生产家居鞋时采用的就是这种四不像拖鞋楦，但市场上比较少见，在进行设计练习时可以用大一个号的全空凉鞋楦来代替。由于拖鞋楦的跗围过大，不适合逛街穿着，所以目前生产时装拖鞋是用素头楦和凉鞋楦来代替的。素头楦的头厚比脚趾要高，楦跗围略大于脚跗围，适于生产满帮拖鞋。凉鞋楦头厚比较低，适于生产前空拖鞋。

在用素头楦设计满帮凉鞋时，如果去掉后帮，就成为满帮拖鞋。同样在用全空凉鞋楦设计全空凉鞋时，去掉后帮也就成为前空拖鞋。

3. 制备半面板

如果是生产满帮时装拖鞋，就用男女素头楦半面板代替，如果是生产前空时装拖鞋，就用全空凉鞋楦半面板代替。如果是生产室内拖鞋，由于穿着的环境不同、功能不同，就需要使用四不像的满帮拖鞋楦，重新选取设计点和制备半面板。具体操作如下。

（1）复制楦底样板　复制楦底样板的方法都相同，但需要在底中线上找到脚趾端部位点 A_1、小趾端部位点 A_3、第一跖趾部位点 A_5、第五跖趾部位点 A_6、外腰窝部位点 A_8、踵心部位点 M_0。

然后过各个部位点作底中线的垂线，可以得到一组边沿点，见图2-152。

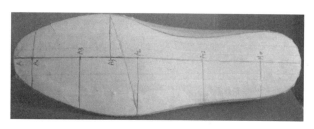

图2-152　楦底面上的控制点

（2）复制半面板　复制半面板时的贴楦方法都相同，但楦面展平的方法不同。

在贴楦纸外怀一侧找到脚趾端边沿点 A_1'、小趾端边沿点 A_3'、第五跖趾边沿点 H、外腰窝边沿点 F、踵心边沿点 M_0'。

还要在楦背上确定脚趾端标志点 A_1''、浅口门控制点 V_0、口门控制点 V、口裆控制点 E。并连接出前嘴控制线 $A_1'' A_1'$、短前帮控制线 $V_0 H$、中长前帮控制线 VF、长前帮控制线 EM_0'，见图2-153。

图2-153　连接鞋帮的4条控制线

图中的 A_1'' 点是通过 A_1' 点在鞋楦底中线上垂直测量得到的，V_0 点是通过跖围线与背中线的交点得到的。测量 V 点时，要先在后弧上确定后跟骨上沿点 C，然后自 C 点直线测量脚长的68.8%，在背中线上确定 V 点。自 V 点往后测量脚长的27%确定出 E 点。

楦面展平时，要把 $V_0 H$ 线切割开取长跷，注意上下两端不要断开。前后两端底口部位同样需要打剪口，设计拖鞋主要是在前帮部位，后跟弧不用特意处理，见图2-154。

几条控制线勾勒出鞋帮的大体位置。$A_1''A_1'$线控制着前空的最前端位置，可以往后移动，但不能超过小趾端点。V_0H线控制着短前帮的位置，VF线控制着中长前帮的位置，EM_0'线控制着长前帮的位置。

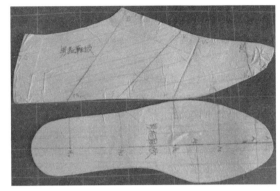

图2-154 制备半面板和楦底样板

二、家居拖鞋的设计

下面分别介绍满帮和前空家居拖鞋的设计。

1. 满帮家居拖鞋的设计

男拖鞋楦的头厚是21mm，女拖鞋楦的头厚是17mm，满帮拖鞋不会造成磨脚趾。满帮拖鞋的长度是以鞋帮背中线的长度来区分的。背中线长度控制在楦背起弯点附近属于短前帮，以V_0点作标记。背中线长度控制在楦背起弯点与前跗骨之间属于中长前帮，以V点作标记。背中线长度控制在舟上弯点之前属于长前帮，以E点作标记。

下面以一组满帮男拖鞋为例进行说明。

（1）短帮男拖鞋的设计 鞋帮的长度在V_0点，侧帮略向后倾斜，见图2-155。鞋帮覆盖住脚趾背部，可以起到拖动的作用。由于脚的跖趾关节没有被束缚，所以穿短帮拖鞋活动自如，由此也会带来走路鞋底打脚板的现象。

图2-155 短帮男拖鞋成品图

设计短帮男拖鞋要使用满帮拖鞋楦的半面板，见图2-156。

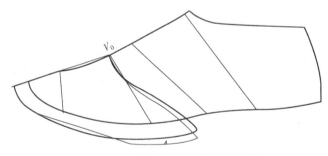

V_0

图2-156 短帮男拖鞋帮结构设计图

自V_0点先连接出背中线，然后利用过V_0点的小垂线设计出鞋口轮廓线，长度到跖趾关节与腰窝部位之间即可。加放底口绷帮量15mm左右，作出里外怀的区别，经过修整后即得到帮结构设计图。

制取拖鞋帮样板的要求不变，由于部件比较简单，所以一系列的样板图示从略。

（2）中长帮男拖鞋的设计 中长帮拖鞋的前脸位置在楦背起弯点之后，不超过前跗骨凸点，见图2-157。鞋帮覆盖住脚背一半的位置，拖动鞋帮行走的作用增强。由于脚的跖趾关节被束缚住，鞋底打脚板现象减弱。

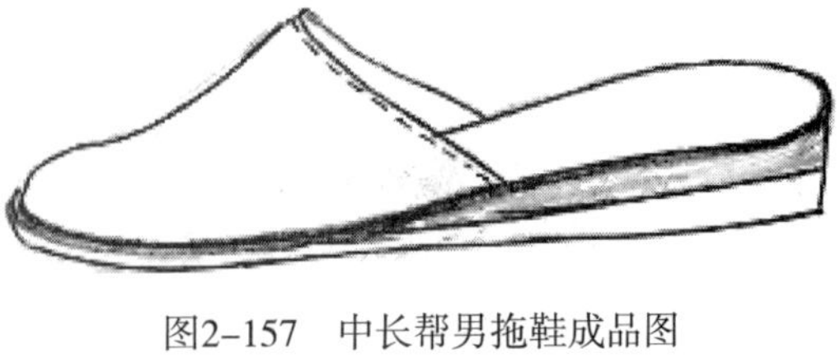

设计中长帮男拖鞋与设计短帮拖鞋要求基本相同。

图2-157 中长帮男拖鞋成品图

自V_0点先连接出背中线，然后利用过V_0点的小垂线设计出鞋口轮廓线，长度到达腰窝部位附近即可。加放底口绷帮量15mm左右，作出里外怀的区别，经过修整后即得到帮结构设计图，见图2-158。

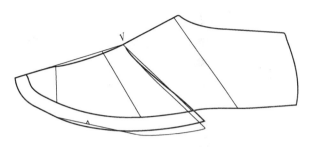

图2-158　中长帮男拖鞋帮结构设计图

（3）长帮男拖鞋的设计　长帮拖鞋的前脸位置接近舟上弯点，底口在踵心部位前后，见图2-159。鞋帮覆盖住脚背，拖动鞋帮行走的作用增强。由于脚的绝大部分被束缚住，鞋底打脚板现象基本消失。设计长帮男拖鞋与设计其他拖鞋要求基本相同，但是由于鞋帮过长，需要进行转换取跷处理，见图2-160。

图2-159　长前帮拖鞋成品图

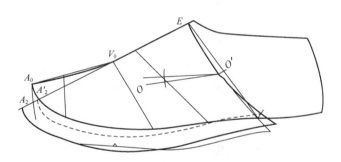

图2-160　长前帮拖鞋帮结构设计图

先把EV_0连接成后帮背中线并延长，然后过V_0点连接出前帮背中线到A_0，并以V_0H的中点O为圆心、到A_0点长度为半径作圆弧，与后帮背中线的延长线交于A_2点。

过E点作小垂线并顺势设计出鞋口轮廓线，把取跷中心O'点定在鞋口轮廓线的一半位置，连接$\angle A_0O'A_2$即得到取跷角的大小，在鞋口轮廓线上截出取跷角的大小，可以得到样板的轮廓线。

在延长线的前端，要截取前帮的实际长度点A_2'，并取A_2A_2'长度的1/3作为底口的前端点A_2''，接着自A_2''点描出底口轮廓线到取跷角的后端点。如图中虚线所示。接下来是加放底口绷帮量15mm左右，作出里外怀的区别，经过修整后即得到帮结构设计图。

比较三种不同长度的拖鞋会发现，鞋帮越长，其束脚能力越强，穿着越舒适，但灵活性相对变差。

2. 前空家居拖鞋的设计

前空拖鞋与满帮拖鞋的主要区别在于脚趾是否外露。有些人穿鞋不愿意露出脚趾，而有些人则喜欢把脚趾露出来。特别是一些时髦女性，把脚趾甲染成五颜六色，就希望通过前空结构展示美丽的脚趾。

男拖鞋楦的跖围是243mm，女拖鞋中跟楦的跖围是222mm，这与脚的跖围相同，设计前空拖鞋不会造成脚往前冲。前空的设计位置在脚趾端与小趾端之间，如果再往前延伸，就与满帮拖鞋没有大的区别，如果往后超过小趾端，就会失去安全感。

前空拖鞋的长度是以鞋帮抱脚的部位来区分的。如果鞋帮以抱住脚趾为主则属于短前帮，背中线长度在楦背起弯点附近，底口控制在跖趾关节附近。如果前帮以抱住跖趾关节为主则属于中长前帮，背中线长度控制可到达前跗骨位置，底口可以延伸到腰窝位置前后。如果鞋帮以抱住脚背为主则属于长前帮，背中线长度可达到E点，底口控制可以达到踵心部位前后。下面以一组前空中跟女拖鞋为例进行说明。

（1）前空短帮女拖鞋的设计 前空短前帮的开口位置在脚趾端点附近，还可以往后延伸，但是不要超过脚趾端位置，见图2-161。前空短前帮的宽度比较窄，前端在脚趾端附近，后端在楦背起弯点附近，鞋帮主要是包裹着脚趾。跖趾关节有一半是外露的，依靠着小趾和跖趾两道防线来防止脚往前冲，但是没有防止后退的功能。所以穿着的感觉是悠闲自得，但不能做剧烈的活动。

图2-161 前空短帮女拖鞋成品图

在进行结构设计时，直接把V_0A_1'连成背中线，分别设计出前后轮廓线即可。在前轮廓线上，要有里外怀的区别，里怀长于外怀3mm左右，这是为了与脚趾协调关系，在后轮廓线上也要作出里外怀的区别，这是为了里外怀的鞋帮长度统一。

加放底口绷帮量15~16mm。并作出里外怀的区别。经过修整后即得到帮结构设计图，见图2-162。

需要强调的是前空女拖鞋除了欣赏鞋帮外还要欣赏鞋垫，所以需要设计出长短垫，在底前端和底后身以不同颜色的鞋垫来区别，以此来衬托鞋帮，此外女拖鞋往往使用齐边外底，内底边沿会外露，所以还需要包裹住内底边沿，这些设计

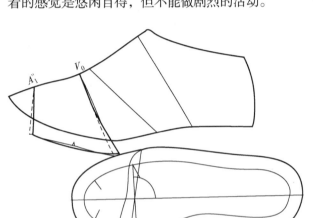

图2-162 前空短帮女拖鞋帮结构设计图

内容与全空凉鞋是相同的。在设计男拖鞋时，使用的是出边外底，内底是卧在外底的边墙内，所以不需要包裹内底边。

如图2-162所示，长短垫的分界位置在小趾端，过小趾端点作一条80°倾斜线。里怀高外怀低。短垫周围加放15mm折回量，长垫与短垫重合量在10mm左右，长点周边也加放15mm折回量。图中短线表示的是刻线槽位置，是根据帮部件的底口在楦底面上的折回位置作出的标记，长度控制在12mm。

（2）前空中长帮女拖鞋的设计 前空中长帮与前空短前帮的设计模式是相同的。开口位置在脚趾端点附近，鞋帮长度延伸到接近前跗骨，底口把跖趾关节完全包裹住，见图2-163。前空中长前帮的宽度略宽，前空的位置可以适当后移。鞋帮把脚趾和跖趾关节完全包裹住，提鞋能力增强。底口长度延伸到腰窝位置，对于防止后退有一定的作用。所以穿拖鞋的感觉是行动自由。结构设计过程与前空短帮女拖鞋相似，见图2-164。

图2-163 前空中长帮女拖鞋成品图

在进行结构设计时，直接把前后上端点连成背中线，在楦背起弯点位置会有些空隙，不过绷帮时很容易绷平。分别设计出前后轮廓线，在前后轮廓线上都作出里外怀的区别。

加放底口绷帮量15~16mm。并作出里外怀的区别。经过修整后即得到帮结构设计图。

同样需要设计出长短垫和包裹内底边。

如图2-164所示，长短垫的分界位置在小趾端，过小趾端点作一条80°倾斜线。里怀高外怀低。短垫周围加放15mm折回量，长垫与短垫重合量在10mm左右，长垫周边也加放15mm折回量。图中刻线槽位置用短线表示，是根据帮部件的底口在楦底面上的折回位置作出的标记，长度控制在12mm。

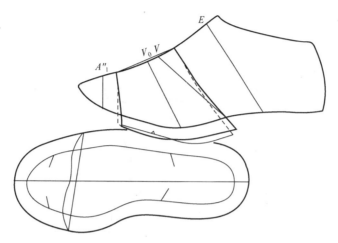

图2-164 前空中长帮女拖鞋帮结构设计图

（3）前空长帮女拖鞋的设计 前空女拖鞋的设计模式是相同的。开口位置在脚趾端点附近，长前帮的鞋帮延伸到E点，底口把脚底的绝大部分都包裹住，见图2-165。前空长前帮的宽度很宽，前空的位置可以适当后移。鞋帮把脚背脚底的绝大部分都包裹住，提鞋能力大大增加，而且舒适感也大大增加。

在进行结构设计时，同样由于鞋帮比较长，也需要进行转换取跷处理。不过由于前空部位不需要和其他部件镶

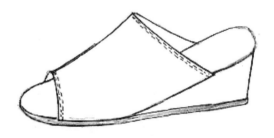

图2-165 前空长帮女拖鞋成品图

接，也不需要在底口直接绷帮，因此长度上1/3长度差可以被忽略，减轻设计的负担。

操作时过E点连接出后帮背中线并延长，在延长线上直接截取鞋帮的长度。然后在前端点直接设计前空的轮廓线，注意背中直线与背中曲线之间会有宽度的差距，要把这个差距补充到底口位置。然后过E点设计出后轮廓线，并以后轮廓线一半位置为取跷中心O'点。O'点与背中曲线的前端点和背中直线的前端点相连，即得到取跷角的大小，把这个取跷角设计在后轮廓线上，即为转换取跷角。顺连出底口轮廓线，在前后轮廓线上都作出里外怀的区别。加放绷帮量14、15、16mm，也作出里外怀的区别。经过修整后即得到帮结构设计图，见图2-166。

同样需要设计出长短垫和包裹内底边。如图所示，由于鞋帮比较长，长短垫的分界位置安排在跖趾关节之后，后身设计成半垫，前后重叠在10mm左右，周边加放15mm。图中刻线槽位置用短线表示，是根据帮部件的底口在楦底面上的折回位置作出的标记，长度控制在12mm。

穿拖鞋长时间走路会很累，在脚的什么部位感觉最明显呢？不是脚趾，也不是脚背，而是脚腕，因为行走的每一步都需要脚腕带动脚背托起鞋帮。如果试穿三种不同长度的拖鞋，会发现穿短帮拖鞋最累，而穿长帮拖鞋有所缓解。这是因为穿长帮拖鞋脚腕可以直接托起鞋帮，只需要一个动作来完成，而穿短帮拖鞋脚腕需要做出抬起脚跟、跖趾关节弯折、拖动鞋帮三个动作才能托起鞋帮。耗力比较多自然就比较累，这也是长帮拖鞋最受欢迎的原因。

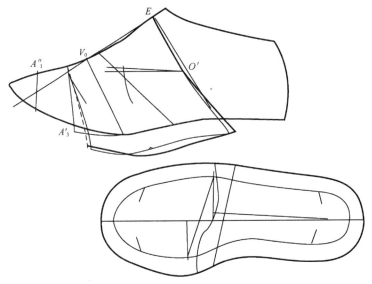

图2-166　前空长帮女拖鞋帮结构设计图

三、满帮时装拖鞋的设计

1. 满帮时装男拖鞋的设计

运动风现在很流行，例如运动衫、运动裤、运动袜、运动帽等已成为人们穿着的主体，与之相搭配的自然是运动鞋。运动拖鞋作为放松休闲时的穿着用品，也能成为运动风中的一个新品类。

（1）慢跑拖鞋　把慢跑鞋的风格设计在拖鞋上就形成慢跑拖鞋，见图2-167。穿慢跑拖鞋并不是去跑步，而是在穿跑动的感觉。

鞋眼盖上有6个眼位，这是运动鞋的共性，而小包头、

图2-167　慢跑拖鞋成品图

斜向三道杠是慢跑鞋的特征，外底直接使用慢跑鞋外底，内底被嵌在外底盘内。

在进行帮结构设计时，使用的是素头楦，楦跖围比脚跖围小半型，穿着很合脚。如果真的使用运动鞋楦，跖围会比脚大半型，太松垮。在使用素头楦的半面板时，应该采用前帮降跷处理，见图2-168。

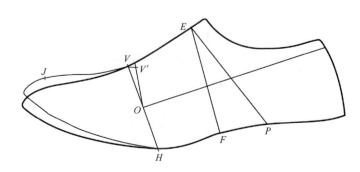

图2-168　半面板降跷处理

把半面板复在半面板的图形上，固定O点不动，然后旋转半面板，使V'点与V点重合。此时前帮会

下降，描出前帮下降后的图形，就形成降跷板图形。在以后的设计中使用降跷板就不再需要对自然跷进行处理了。

　　直接在降跷板上进行结构图设计，见图2-169。口门位置取在V点之前20mm左右定为V_1点。鞋盖前宽取在V_1点之前15mm左右，连接鞋盖背中线并向后延长。然后过V_1点设计前开口位置，开口宽度取在10mm左右，不要超过鞋盖背中线的延长线，这样就不会影响开料。开口长度到达EP线，顺势设计出后轮廓线。眼位线的边距取10mm，作前开口的平行线。第一个眼位要取半个鞋眼间距，剩余的5个眼位间距进行等分。鞋眼盖的基础宽度取10mm，前端顺连成圆弧状，后端顺连成小曲线。

　　在眼盖的前端设计出小包头，后端宽度不要超过前开口宽，前端的宽度取在前帮底口的前1/3位置。在鞋眼盖的侧面均匀安排三道杠，宽度在10～12mm，长度超过底口8mm即可。

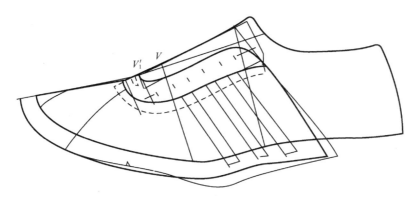

图2-169　慢跑拖鞋帮结构设计图

　　需要特别注意的是鞋舌部件。因为是拖鞋，不需要鞋眼的开闭功能。所以鞋眼盖是一种装饰，鞋眼位上可以系鞋带，但不能打开，也不需要打开，因为鞋舌与鞋眼盖是车缝在一起的。所以设计鞋舌时，要超过鞋眼盖周边8mm作为压茬量。鞋舌后段加10mm放量。在鞋眼盖上要作出车鞋舌位置的标记。

图2-170　篮球拖鞋成品图

　　加放底口绷帮量14、15、16mm，作出里外怀的区别，经过修整后即得到帮结构设计图。

　　加工时，鞋眼盖下面贴衬，打鞋眼孔，车缝开口线，然后系好鞋带。在与鞋帮缝合时，要把鞋舌贴合在下面一起缝合住。最后用鞋里衬在整体鞋帮下面。

　　运动鞋属于粗放型风格。部件边沿很少折边。但在鞋舌后端与侧帮后端属于鞋口部位，应该进行折边工艺处理。

　　（2）篮球拖鞋　把篮球运动鞋的风格设计在拖鞋上就成为篮球拖鞋，见图2-170。突出的脚山造型给踝骨以有力的支撑，宽厚的鞋头显现防守的功力，这些都是篮球鞋的特征，外底直接使用篮球鞋外底，内底被嵌在外底盘内。

　　在进行帮结构设计时，同样使用素头楦，也要进行前帮降跷处理。然后直接在降跷板上进行设计，见图2-171。口门位置取在V点之前20mm左右定为V_1点。没有用鞋盖，而是过V_1点直接设计前开口。开口呈葫芦造型，前宽后窄，最窄部位的宽度为10mm左右。脚山的造型比较突出，大圆弧直接滑向鞋口。由于篮球运动需要经常跳起，所以脚踝部位需要增加补强件，预防脚踝扭伤，所以篮球鞋的脚山设计就显得霸气。

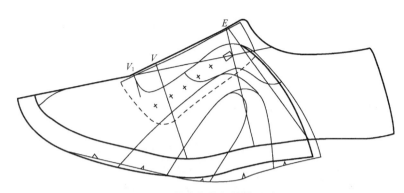

图2-171 篮球拖鞋帮结构设计图

过V_1点连接前帮背中线并向后延长，会发现脚山的高度穿过了延长线，这会影响部件开料。为此，要在脚山的位置设计一弯折的小鞋眼盖。设计小鞋眼盖也是一种断帮的形式，只不过是把断帮与装饰融合在一起了。眼位线的边距取10mm，作前开口的平行线。第一个眼位要取半个鞋眼间距，剩余的5个眼位间距等分。在最后一个眼位上装配了滴塑片，有意加大鞋眼孔。小鞋眼盖的基础宽度依然取10mm。

鞋帮侧身比较宽大，可以进行各种装饰，不过装饰的风格要求显得大气。本款鞋采用旋转式部件层层叠加，产生投篮的纵深感。

由于前开口依然是装饰性结构，鞋舌部件要被车缝住，所以设计鞋舌部件时，侧边要增加8mm压茬量，前端在装配鞋舌标记线之前增加8mm压茬量。鞋舌后段加10mm放量。

加放底口绷帮量14、15、16mm，作出里外怀的区别，经过修整后即得到帮结构设计图。

加工时先缝合侧帮，然后在前开口下面贴衬、打鞋眼孔、车缝开口线，系好鞋带后再把鞋舌车缝住。

（3）足球拖鞋 足球运动很剧烈，但足球鞋却很精巧，前头部位多以大素头的形式出现，足球拖鞋见图2-172。足球拖鞋的前帮下面往往增加一层薄薄的泡棉，这对脚有防护作用，所以在大素头鞋帮上面车有假线，除了起装饰作用外，更主要的是固定内层的泡棉。其中的鞋眼开在外怀一侧，属于侧开口形式。侧开口可以避开脚背位置，消除鞋眼对脚背触球的影响。没有用鞋眼盖，鞋眼直接打在侧开口边沿，有5个眼位，周边用假线车住。在鞋眼的下面有一个logo，可以根据需要进行不同的设计。

图2-172 足球拖鞋成品图

在进行帮结构设计时，同样使用素头楦，并采用前帮降跷处理。直接在抢撬棒上进行设计，见图2-173。大素头部件取在V点之前20mm左右的V_1点。过V_1点先连接背中线，然后直接设计出弧形轮廓线，并设计出车假线位置。

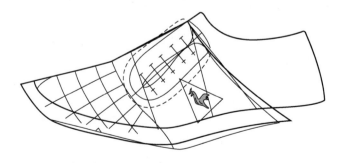

图2-173 足球拖鞋

前脸总长度在E点，过E点也直接设计出后轮廓线，然后在外怀一侧设计出侧开口位置。开口前端取在1/2VH位置，后端取在距E点25mm左右位置。先连接中线，然后设计开口外形轮廓线，上端取圆弧角。眼位边距取在10mm左右，确定处5个眼位。假线边距也在10mm左右。把logo设计在侧开口下面适当位置。

由于侧开口依然是装饰性结构，也需要鞋舌部件要被车缝住，所以设计鞋舌部件时，侧边要增加8mm压茬量，如图中虚线所示。鞋舌后段加10mm放量。

加放底口绷帮量14、15、16mm，作出里外怀的区别，经过修整后即得到帮结构设计图。

加工时先在侧开口下面贴衬、打鞋眼孔、车缝开口线，系好鞋带后再把鞋舌车缝住。

2. 满帮时装女拖鞋的设计

在设计时装女拖鞋时，要使用女素头楦，楦跗围比脚跗围小半型，穿着很合脚。如果改用女浅口楦，其跗围比脚小很多，会造成无法穿用。而素头楦的跗围比较大0.5mm，不会松也不会紧。应用女素头楦半面板时也应该采用前帮降跷处理，见图2-174。

把半面板复在半面板的图形上，固定O点不动，然后旋转半面板，使V'点与V点重合。此时前帮会下降，描出前帮下降后的图形，就形成降跷板图形。按照降跷的图形制取出降跷板，在以后的设计中使用降跷板就不再需要对自然跷进行处理了。

下面以淑女风格拖鞋为例进行说明。

淑女是对美好女子的尊称，淑女在着装上趋于传统但又不失文雅，女浅口鞋是最受女性欢迎的产品，因此淑女拖鞋就是在女浅口鞋基础上进行的演变。风格可以理解为艺术特征，浅口门就是女鞋的一种艺术造型特征，把这种特征嫁接到拖鞋上就形成了淑女拖鞋。

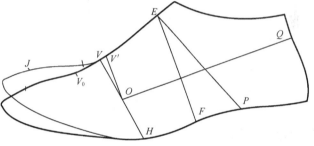

图2-174 半面板的降跷处理

（1）方口横带女拖鞋的设计 方口是女浅口鞋的一种口门造型，方口门与横带配合就形成方口横带女拖鞋，见图2-175。鞋口门为小方口，比较瘦，口门位置取在V_0点之前10mm，两翼的长度在HF之间。后面的横带在EP线上。虽然口门的位置很靠前，但横带的位置却比较靠后，穿起来如同穿长帮拖鞋，感觉比较舒适。横带是封闭的，没有开闭功能，所以不能用女浅口楦来代替，否则脚背会穿不进去。帮结构设计直接在降跷板上进行，见图2-176。

图2-175 方口横带女拖鞋成品图

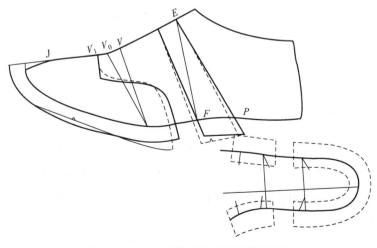

图2-176 方口横带女拖鞋帮结构设计图

过V_1点先连接背中线，然后直接设计小方口门的轮廓线，两翼造型方中取圆，长度在HF之间。要作出口门宽度和两翼长度的里外怀区别。以EP线为横带的后轮廓线，上端宽度取20mm左右，下端宽度取40mm左右，设计出前轮廓线。也作出里外怀的区别。

加放底口绷帮量14、15、16mm，作出里外怀的区别。经过修整后即得到帮结构设计图。

鞋垫可以按照常规要求设计，由于是满帮结构，取整垫即可。内底包边条需要设计。图中给出了包边条的长度和宽度，制取样板时需要制备出长条形部件。图中的短线是刻线槽的位置标记。

（2）圆口一带女拖鞋的设计　圆口一带鞋是女浅口鞋的典型产品，去掉后帮就形成圆口一带拖鞋，见图2-177。口门位置在V_0点，是普通的女圆口门结构，两翼的长度到达P点，上面固定着一条钎带。由于设计的是拖鞋，钎带的开闭功能已失去意义，所以鞋钎子只是一种装饰。

结构图设计直接在降跷板上进行，见图2-178。

图2-177　圆口一带女拖鞋成品图

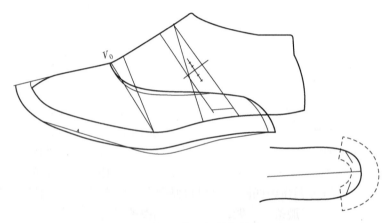

图2-178　圆口一带女拖鞋帮结构设计图

过V_0点先连接背中线，然后直接设计圆口门的轮廓线，两翼造型方中取圆，长度在HF之间。要作出口门宽度和两翼长度的里外怀区别。以EP线为钎带的后轮廓线，宽度取16mm左右，下端超过鞋口线14mm。鞋钎装配在钎带的黄金分割位置，只起装饰作用，鞋钎孔只是一种模拟。

加放底口绷帮量14、15、16、17mm，作出里外怀的区别。经过修整后即得到帮结构设计图。

鞋垫可以按照常规要求设计，取整垫即可。内底包边条需要设计。图中给出了包边条的长度和宽度，制取样板时需要制备出长条形部件。图中的短线为刻线槽标记。

（3）尖口斜带女拖鞋的设计　尖口门配长斜带可以使鞋款变得很秀气，见图2-179。鞋口门为尖口门，比较瘦，口门位置取在V_0点之前10mm，两翼的长度在FP之间。钎带自里怀鞋口斜向外怀跟口位置，直接落在底口上。斜带起着拦截脚背的作用，相当于穿中长帮拖鞋。帮结构设计直接在降跷板上进行，见图2-180。

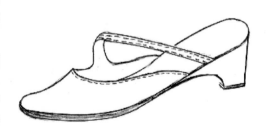

图2-179　尖口斜带女拖鞋成品图

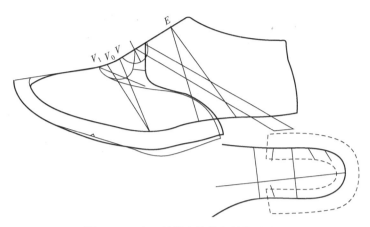

图2-180 尖口斜带女拖鞋帮结构设计图

过V_1点先连接背中线，然后直接设计尖口门的轮廓线，两翼长度落在FP之间。要作出口门宽度和两翼长度的里外怀区别。其中在里怀一侧鞋口位置设计一个鞋台子，上端宽度去10mm。然后在鞋台子上设计斜带。斜带与背中线相交后，以"入射角等于反射角"的方式折返到外怀一侧，自然到达跟口位置。鞋带宽为10mm。

加放底口绷帮量14、15、16mm，作出里外怀的区别。经过修整后即得到帮结构设计图。

鞋垫可以按照常规要求设计，取整垫即可。内底包边条需要设计。图中给出了包边条的长度和宽度，制取样板时需要制备出长条形部件。图中的短线为刻线槽标记。

四、前空时装拖鞋的设计

前空时装拖鞋的设计与满帮时装拖鞋的设计有所区别。由于前空拖鞋的脚趾是外露的，如果使用素头楦，楦头部位比较高，前空的嘴就张开的比较大，不好看，所以要改用男女全空凉鞋楦进行设计。

1. 前空时装男拖鞋的设计

男士拖鞋的风格以休闲为主，很容易搭配各种休闲装，一般都出现在非正式场合。

（1）穿条时装男拖鞋的设计 穿条时装男拖鞋的鞋帮由三条带子支撑起来，见图2-181。鞋帮为一整块部件，上面有切割口，三条横带穿过切割口到达底口起着支撑作用。鞋帮可以活动，但不能松动。鞋帮受力的位置是三条横条，帮面与脚背接触面积大，穿着就比较舒适。

在进行帮结构设计时，要使用全空凉鞋楦的半面板。半面板上有5条控制线，把前帮分割成4块面积。设计鞋帮时自第二条控制线开始，量取鞋帮长度80mm左右，并连接背中线。在背中直线与背中曲线之间会有空隙，这将由三条横带绷紧时使帮面伏贴。在背中线的前后端分别设计出前后轮廓线，轮廓线的长度控制在侧身宽度的3/4左右，要有凉棚的感觉，见图2-182。

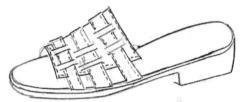

图2-181 穿条时装男拖鞋

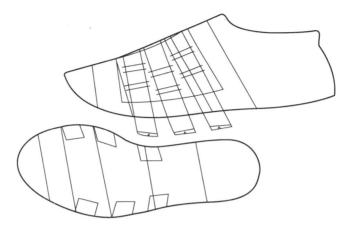

图2-182　穿条时装男拖鞋帮结构设计图

在帮面上设计出三条横带的位置。横条宽20mm左右，上端间距在5mm左右。横条取直条。底口加放绷帮量，作出里外怀的区别。

固定横条位置依靠的是切口。两道切口为一组，横条从中间穿过。切口的长度宽于横条2mm，左右各1mm分配，注意不要造成横条松动。每组切口之间保持一定的距离，左右切口要注意错开，不要影响帮面的强度。加放底口绷帮量，作出里外怀的区别，经过修整后即得到帮结构设计图。

帮脚的前后两端也是有里外怀区别的，由于部件比较简单，里外怀都取相同的直条部件，只需要在绷帮时把里外怀的前后位置错开，就会形成里外怀的区别。所以图中并没有画里外怀的区别。

加工时如何控制帮脚的位置呢？那就需要使用飞机板。利用复合内底容纳帮脚的特性来固定里外怀区别。如图2-182所示，半面板上的控制线位置来源于内底的受力线，由于受力线与底中线有80°倾斜角，所以每个受力点都会有里外怀区别。观察外怀帮脚与受力线的相对位置，作出开槽方位和开槽宽度12mm。然后以同样方法确定里怀的开槽方位和宽度。绷帮时外怀帮脚容入外怀槽口，里怀帮脚容入里怀槽口，鞋帮就会区分出里外怀。

（2）搭接时装男拖鞋的设计　这款鞋的凉棚由前后两条部件组成，前条宽后条窄，前后条之间由另一条横向部件搭接起来，凉棚被支撑的很稳固，见图2-183。鞋帮的前条部件宽度大约是后条宽度的2倍，中间相隔着一个后条的宽度。搭接条的宽度与前条相似。在前宽条部件的前端有粗线串成的"黄瓜架"作为装饰。

图2-183　搭接时装男拖鞋成品图

在进行帮结构设计时，同样要使用全空凉鞋楦的半面板。半面板上有5条控制线，把前帮分割出4块面积。设计前宽条部件在第二块面积的前后进行，背中线长度取在40mm左右，两侧轮廓线略显平直。设计后窄条部件时背中线宽度取20mm左右，与前宽条间隔20mm。两侧轮廓线也比较平直。

搭接条的设计宽度取20mm，前端搭接量在12mm左右。后端要包裹住后窄条10mm。后窄条部件不断帮，这样鞋帮比较挺括。

加放底口绷帮量，作出里外怀的区别。经过修整后即得到帮结构设计图，见图2-184。

前宽条上的"黄瓜架"需要打孔串缝，打孔位置要标记在基本样板上。

鞋帮的前后端依然需要作出里外怀的区别。制取样板时可以不分里外怀前后的差异，而把里外怀的长度差异刻在飞机板上。所以要进行飞机板的设计，依据帮脚与受力点的前后关系，分别刻出里外怀帮脚的绷帮走向和12mm宽度。

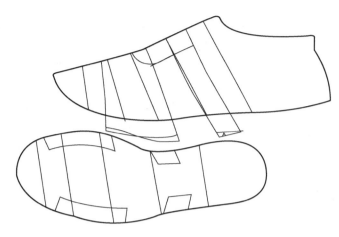

图2-184 搭接时装男拖鞋帮结构设计图

（3）六爪时装男拖鞋的设计 所谓六爪是指支撑凉棚的六个支撑脚，见图2-185。鞋帮由4个脚支撑起来后，在中间部位又增加了两个脚做辅助"支撑"，这两个脚的真正作用是把帮面绷平。帮面取一整块部件，不用进行转换取跷处理，要想贴伏在楦面上就需要借助外力，这外力就来自两个辅助支撑脚。注意：在满帮拖鞋的设计中不要出现这种状况，这种方法只用于前空的拖鞋。

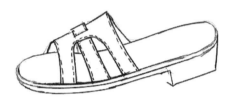

图2-185 六爪时装男拖鞋成品图

在进行帮结构设计时，同样要使用全空凉鞋楦的半面板。半面板上有5条控制线，把前帮分割出4块面积。设计鞋帮时占用了第二、第三和第四块面积。先连接背中线，背中直线与背中曲线之间有空隙，这要借助中间的横条在绷紧时使帮面平伏。

设计出帮面两端的轮廓线，略呈弧形。在帮面的中间设计出露空部位。上端距离背中线20mm左右，长度在50mm左右，底口长度在80mm左右，以圆弧形式连接。

在帮面中间部位设计横条部件，宽度在28mm。在帮面剩余宽度的中间位置作一切口，容纳横条穿过，切口长度取30mm。

加放底口绷帮量，作出里外怀的区别。经过修整后即得到帮结构设计图，见图2-186。鞋帮前后端里外怀的区别要依靠飞机板来固定，所以要进行飞机板的设计。依据帮脚与受力点的前后关系，分别刻出里外怀帮脚的绷帮走向和12mm宽度，绷帮操作时即完成帮脚的里外怀前后区别。

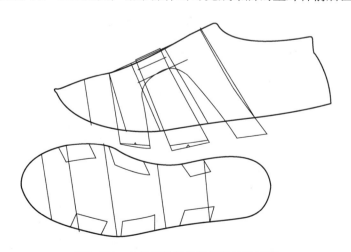

图2-186 六爪时装男拖鞋帮结构设计图

2. 前空时装女拖鞋的设计

　　时装女鞋总是走在男鞋的前面。在20世纪50年代的西方，露脚成为一种时尚，于是拖鞋第一次迈出家门，走在大街上，成为一种时髦的晚装，家居鞋也就演变成时装鞋。国内出现时装拖鞋比较晚，改革开放加大了中外的交流，时装拖鞋也就悄然呈现。

　　女性的时装是丰富多彩的，其中有一种黑白纹饰的装束，或是条纹、或是方格、或是斑点，利用黑白两种颜色的强烈反差来吸引人的眼球。黑白两色是两种对立的极色，在纯度高、光泽亮时，两种颜色同时出现时会给人以清爽、振奋的感觉。与黑白装束相搭配的拖鞋自然也是黑白纹饰。下面是一组利用黑白两种漆光革来生产的"黑与白"前空时装女拖鞋。

　　（1）黑白格时装女拖鞋的设计　把鞋帮分割成若干块，并以黑白相间进行搭配即形成黑白格时装女拖鞋，见图2-187。黑白两组部件通过反车缝的方法连接，然后再车缝上双道明线，强调格与格的分界。相配的长短垫也采用黑白撞色，短垫用黑色，长垫用白色。长垫的白色面积太大，后跟部位增加一个纺槌形装饰部件，以达到黑白均衡的效果。

图2-187　黑白格时装女拖鞋成品图

　　进行帮结构设计时，前空女拖鞋也要使用全空凉鞋楦的半面板。半面板上有5条控制线，把前帮分割出4块面积。

　　鞋帮的背中线是断开的。自第二块面积开始设计前轮廓线，然后截取背中线的长度60mm左右，进行后轮廓线的设计。接着在前后轮廓线的1/2位置设计一条宽度分割线，与背中线平行。再在背中线上分成三等分，在分割线上也分成三等分，把每等分上下顺连，就形成6块面积。设计部件时把黑白两色间隔排列，就能形成黑白格。每格的大小虽不是相等的，但量感是均衡的，黑白两种颜色直接撞击，就能展现强烈的对比。

　　加放底口绷帮量，作出里外怀的区别。经过修整后即得到帮结构设计图，见图2-188。

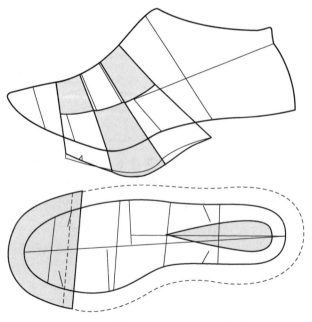

图2-188　黑白格时装女拖鞋帮结构设计图

　　设计时装凉鞋或者拖鞋，鞋垫是必不可少的内容，因为帮部件少，鞋垫就处于抢眼的位置。长短垫的分界位置在小趾受力线，前后垫搭接10mm左右。长短垫的周边都加放15mm的包边量，长垫后身设计一纺锤形部件。

鞋帮的前后没有作出里外怀的区别，制取样板时也没有里外怀的区别，但是在设计帮脚的刻线槽时，要像前空男拖鞋的飞机板那样，内底上标记出刻槽口的位置，只要刻线槽有里外怀的区别，绷帮时帮脚自然会有里外怀的长度区别。标记刻线槽和设计飞机板的道理是相通的，选择刻线槽还是飞机板，要比较综合成本，选择成本较低的方法进行。

（2）黑白条时装女拖鞋的设计　把鞋帮设计成黑白条部件并列并穿插的形式就成为黑白条时装女拖鞋，见图2-189。鞋帮的里外怀都是由4条带子组成，各自独立，使用时黑白两色相间搭配。鞋垫也设计成长短垫，短垫用黑色，长垫用白色。为了减弱后身白色的强度，内底周边用黑色包边条包裹。

在进行帮结构设计时，要使用全空凉鞋楦的半面板。半面板上有5条控制线，把前帮分割出4块面积。鞋帮的4条部件是并行排列的，自第二条控制线开始设计第一条部件，宽度在10mm左右。调节部件的入射角，利用入射角等于反射角的原理可以设计出折返后的位置。然后依次设计出其余的3条部件，见图2-190。

图2-189　黑白条时装女拖鞋成品图

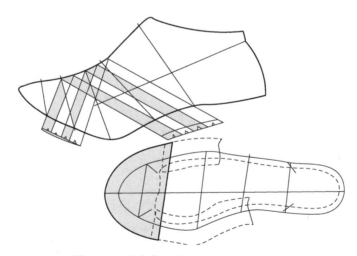

图2-190　黑白条时装女拖鞋帮结构设计图

里怀与外怀部件是相同的，里外怀的长度区别依然是用刻线槽来控制。设计部件时把黑白两色间隔排列。加放底口绷帮量，作出里外怀的区别。经过修整后即得到帮结构设计图。

如图2-190所示，长短垫的分界位置在小趾受力线，前后垫搭接10mm左右。长短垫的周边收进5mm，增加内底包边条部件。包边条部件长度围绕后身再增加两个压茬量，宽度取在25mm。图中有设计的位置，制取样板时取成直条。安排好里外怀帮脚位置的刻线槽，绷帮时就会出现里外怀前后的区别。

（3）黑白配时装女拖鞋的设计　黑白配是指把黑白两色材料结合在一起，当作一块部件使用，见图2-191。鞋帮的前长条部件、前短条部件以及后横条部件，都是把黑白两色材料结合在一起，当作一块部件使用的。黑

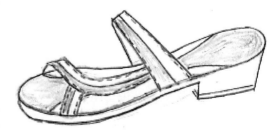

图2-191　黑白配时装女拖鞋成品图

白配给人的感觉是不离不弃，在色彩强烈对比的同时又是形影相随。黑白配的方法是反车。从图中可以看到，前条部件是不对称结构，在结构设计时应该展开前帮里怀一侧半面板，见图2-192。先设计后横条，位置在E点之前适当位置，上宽20mm左右，下宽23.5mm左右，黑白两色等分。

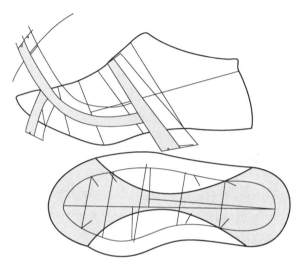

图2-192　黑白双合时装女拖鞋帮结构设计图

设计前长条时从前嘴控制线开始，设计一条弯弧线与后横条相接，到达后帮高度控制线的一半左右。前长条的宽度取20mm左右，作弯弧线的平行线。在背中线位置，连接出前长条的背中直线，然后把半面板相同的位置与背中直线对齐，在另一侧画出里怀的前帮半面板。接着把前长条顺势延长到里怀底口，画出里怀一侧的部件图形。

设计前短条也是从前嘴控制线开始，设计成弧线，宽度与前长条相同。长短条都是黑白两色平分。鞋帮可以不用作出里外怀长度上的区别，而是利用刻线槽在绷帮时达到里外怀前后区别的效果。

设计鞋垫时，黑白两色从里外怀中间部位分开，黑色部件成哑铃状。图中短线为刻线槽标记。

思考与练习

1. 设计一组三款家居拖鞋（男女不限），画出成品图与结构图，选择一款制取基样。
2. 设计一组三款满帮时装拖鞋（男女不限），画出成品图与结构图，选择一款制取基样。
3. 设计一组三款前空时装拖鞋（男女不限），画出成品图与结构图，选择一款制取基样。

第五节　分趾楦的应用

分趾楦是指在鞋楦前端有开叉，把拇趾与其余脚趾分开的一种鞋楦，见图2-193。

图2-193　分趾鞋楦

　　分趾楦是在全空凉鞋楦的基础上改进的，利用分趾鞋楦可以设计插趾、套趾拖鞋，也可以设计插趾、套趾凉鞋，见图2-194。

插趾男拖鞋

中跟插趾女凉鞋

套趾男拖鞋

高跟套趾女凉鞋

图2-194　插趾拖鞋凉鞋和套趾拖鞋凉鞋

　　有实物记载的插趾拖鞋最早见于公元前2000年的古埃及，那是用莎草编制的。由于是编织工艺，很容易在鞋底编织出一个立柱，然后再编织出拦住脚的条带，见图2-195。

　　插趾拖鞋实现工业化生产首先是橡胶拖鞋，在立柱上分出两条带子把脚背拦住，俗称人字拖。这种人字拖采用的是帮底插接工艺，也就是分别生产鞋底和鞋帮，在鞋底上预留插接孔，然后利用橡胶的弹性把鞋帮条插进鞋底内，见图2-196。

　　现代的插趾拖鞋都是时装鞋，需要使用分趾鞋楦进行生产。较早的记载是20世纪20年代设计的一款沙滩拖鞋，内底上印着脚印、鞋带上装饰着一把小沙滩伞，见图2-197。

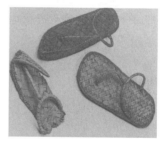
图2-195　莎草编织的拖鞋

　　插趾拖鞋是依靠脚趾夹住立柱、托起鞋帮来行走的，因此跟脚能力强，脚腕也不需额外受力，以此在穿着上优于其他类型的拖鞋，即使是长时间走路，也不会感觉特别疲劳。在我国南方几乎一年四季都有人穿插趾拖鞋，甚至许多人在工作时也是穿插趾拖鞋。现在穿插趾拖鞋已经成为一种时尚，在插趾拖鞋的基础上，又衍生出套趾拖鞋，进而派生出插趾、套趾凉鞋。其中以插趾拖鞋最具代表性。

图2-196　橡胶插帮人字拖

图2-197　早期的沙滩拖鞋

一、分趾楦的特点

　　分趾鞋楦是全空凉鞋的一种变形。在设计前空时装拖鞋时利用的是全空凉鞋楦，把此种鞋楦的前端锯出一个缺口，再修整一下楦底样长度，就形成分趾鞋楦。

由于插趾拖鞋防止脚往前冲的能力强，放余量可以适当减少5mm左右，其中230号女分趾楦的底样长232mm，放余量为5.5mm；250号男分趾楦的底样长250mm，放余量为4mm。男拖鞋使用的是出边外底，加上出边量4~5mm，脚趾距鞋底前端有8~9mm裕度。

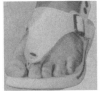

拇趾外溢　　　　放余量过大

图2-198　缺口长度位置不合理出现问题

1. 缺口的位置

生产插趾拖鞋时，内底上需要装配一根立柱，以供拇趾与二趾的趾缝夹住立柱。设计缺口的位置实际上就是要确定立柱的装配位置。

立柱的装配位置应该是脚的第一、二趾根叉点位置。根据脚型规律测量的结果，男子250号脚的第一、二趾根叉点位置占脚长的83.26%，女子230号脚的第一、二趾根叉点位置占脚长的83.47%。由此可知，缺口的平均长度位置在脚长的83.4%。其中230号女楦的缺口部位长度近似为：230×83.4%≈190（mm）

缺口的宽度也就是立柱的粗细程度，由于立柱是要被脚趾夹住的，要考虑脚趾的缝隙，不能太粗，但它又是受力最强部件，所以也不能太细。一般控制缺口的宽度7~8mm。

缺口的左右宽度位置与脚底的受力有关。立柱本身必须在脚的第一和第二趾根之间，而脚前掌受力的中线是通过第二趾根中心位置，7~8mm的宽度相当于半个第二趾宽，所以缺口的外侧边沿利用的是楦底中线。

根据上述的长度位置、左右宽度位置和缺口宽度，就可以确定缺口在楦底的位置。按照这个位置把全空凉鞋楦锯开就可以得到分趾鞋楦。缺口的长度过短或者过长都不太好，如果是过短，脚趾就有可能溢出鞋外，这样既不好看还会带来安全隐患。如缺口过长，脚趾前端的放余量就会加大，显得笨拙不灵便，见图2-198。

2. 制备半面板

制备分趾楦半面板的方法与全空凉鞋楦相同。需要在楦底面上确定5组受力线，在楦面上确定5条控制线以及后帮高度控制线，见图2-199。

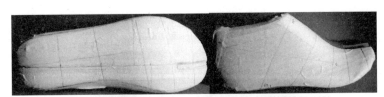

贴楦复制楦底样板　　　　　　贴楦复制半面板

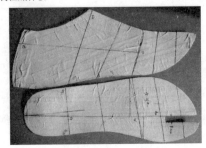

图2-199　制备半面板和楦底样板

3. 特别注意

由于分趾鞋楦不同于普通鞋楦，所以有三点需要特别注意。

第一，缺口的高度。缺口的高度是指缺口后端的高度，这是设计立柱的基础高数据，应该像测量楦底样长、楦跖围长那样测量出来。不同鞋楦的缺口高度是有差异的，见图2-200。

测量出缺口高度后，再加上内底厚度和绷帮量，就成为立柱的设计尺寸。

第二，拖鞋的内底。加工时立柱要穿过内底，所以在内底上要打孔，见图2-201。内底上打孔的位置要与缺口的后端相对应。

第三，立柱的设计。立柱是脚趾所要夹住的部件，也是受力最集中的部位，所以不管设计何种形式的立柱，都要注意它的强度和舒适度。立柱的强度不够，容易损坏；立柱的舒适度差，脚感难受。

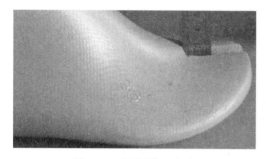

图2-200　测量缺口高度

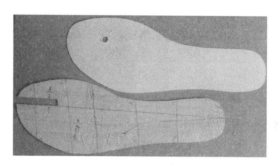

图2-201　内底上打孔

二、插趾拖鞋与凉鞋的设计

插趾拖鞋和凉鞋有很多品种，但设计的大体模式是相同的。下面分别以平跟和中跟女鞋以及男鞋为例进行说明。

1. 插趾拖鞋的设计

插趾是指鞋帮的立柱插进脚趾缝内，分趾是指鞋楦前头造型把大拇趾与其余脚趾分开，两者所指的对象不同。

（1）平跟插趾女拖鞋的设计　测得230号一型半平跟分趾楦的楦底样长232mm，楦跖围213mm，缺口高度27mm。设计前需要制备半面板和楦底样板，以及测定出里外怀的区别，见图2-199。

图2-202　平跟插趾女拖鞋成品图

插趾拖鞋最常见的是人字拖，结构简捷、穿着舒适。在普通的人字形帮带上还可以进行各种装饰。例如装配上不具有开闭功能的钎带，见图2-202。

在鞋帮的后端有一条钎带，没有开闭功能，只是作为一种装饰。鞋钎装配在鞋帮高度的黄金分割位置，鞋钎下面有切口套住钎带下脚。鞋帮部件的里外怀在背中线是断开的，里怀压外怀。立柱是由里怀鞋帮前端形成，加工时立柱穿入内底孔洞内，帮脚折回粘合在内底上，见图2-203。

在进行帮结构设计时，要使用分趾楦半面板，见图2-204。在缺口位置作一标记，鞋帮的基本长度到达前跗骨位置附近。背中线虽然断开，但样板的背中线依然取直线，这便于加工，而拖鞋的绷帮伏楦是不成问题的。自鞋帮后端设计后轮廓线到跟口位置附近，前端自缺口位置继续延长成为立柱。设计立柱长度时需要增加一个缺口，高度27mm，内底和鞋垫厚度3mm，帮脚弯折厚度2mm，以及绷帮量16mm。

图2-203　立柱装配示意图

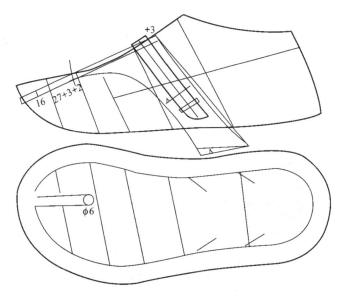

图2-204　平跟插趾女拖鞋帮结构设计图

前端立柱的设计宽度为4mm左右，开料样板上有8mm左右。帮面加鞋里为立柱厚度，强度和宽度都符合要求。

在立柱宽度后端，顺连出鞋帮前轮廓线。在鞋帮上设计一条钎带，宽度取12mm左右，鞋钎装配在高度的2/3位置，只有一个中心钎孔。钎带上端高出背中线3mm，下端加放35mm，并设计两道切口，宽度大于钎带2mm。

底口加放绷帮量，作出里外怀的区别，经过修整后即得到帮结构设计图。

帮脚没有做里外怀前后的区别，这要通过绷帮来实现。因此在内底上要有刻线槽标记。鞋垫为包内底垫，周边加放15mm。鞋垫在穿立柱的位置要打孔，直径6mm左右，这与内底上的孔洞是相同的。立柱有一定的宽度，穿入孔洞时向前弯曲成圆弧状，把光滑的一面对准脚趾缝隙。

（2）中跟插趾女拖鞋的设计　鞋跟高度发生变化，楦跖围也会变化，需要重新制备帮面板和楦底样板，见图2-205。这是240号一型半中跟分趾楦的半面板和楦底样板，楦底样长242mm，楦跖围222mm，缺口高度25mm。

鞋帮的人字拖的部件也经常以组合的形式出现，见图2-206。鞋帮由前后两部分组成，前部分是细条人字形，后部分是横条，

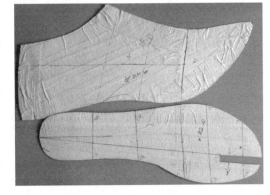

图2-205　中跟分趾女楦半面板

在横条的中间有孔洞，人字条从孔洞穿出，把前后两部分合成一体。由于人字条比较细，用横条来增加鞋帮的强度。其中人字条是由里外怀两条构成，直接在背中线的位置缝合。立柱是由另一条形部件担当，直接缝在人字条的下面。

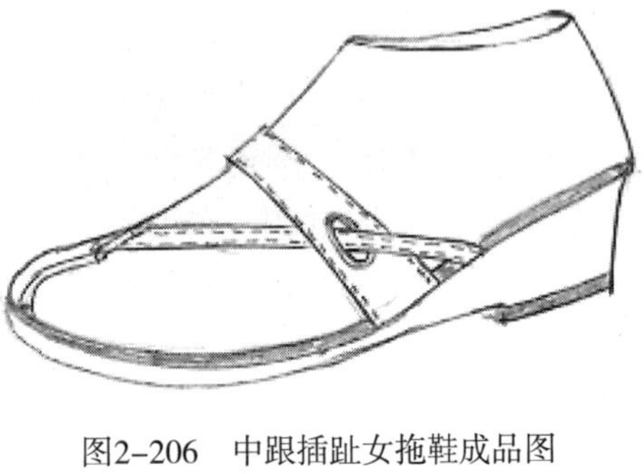

在进行帮结构设计时，先从人字条开始。在缺口位置作一标记，鞋帮的基本长度在25mm左右，连接背中直线。过背中线的两端分别设计人字条的前后轮廓线，长度到达跟口位置附近，控制宽度在12mm左右。在背中线的上端，增加4mm

图2-206　中跟插趾女拖鞋成品图

缝合量。

设计立柱的条形部件，宽度为8mm，长度要保证缺口高度25mm、内底和鞋垫厚度3mm、帮脚弯折厚度2mm，以及绷帮量16mm。注意不同鞋楦之间的缺口高度会有差异，要以实际测量数据为准。立柱缝合在鞋帮下面，包括皮里有两层厚度，见图2-207。

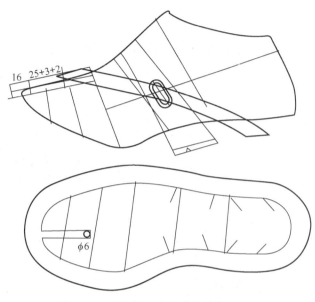

图2-207 中跟插趾女拖鞋帮结构设计图

横条的设计位置在前跗骨位置附近，要控制人字条穿出的位置在后帮高度线附近。横条的上宽在20mm左右，下宽在30mm左右。中间的孔洞为椭圆形，周边用金属环包裹。底口加放绷帮量，作出里外怀的区别，经过修整后即得到帮结构设计图。

配备的鞋垫为包内底鞋垫，周边加放15mm包边量，上面有打孔的位置，直径6mm左右。其中的短线为内底的刻线槽标记，有里外怀的区别，帮脚按照标记绷帮后就会自然出现里外怀的前后区别。

（3）插趾男拖鞋的设计 设计男插趾拖鞋与设计插趾女拖鞋的模式是相同的，首先也需要用分趾楦来制备半面板，见图2-208。这是250号二型半分趾男楦的半面板和楦底样板，楦底样长250mm，楦跗围236mm，缺口高度30mm。立柱的挡脚能力很强，行走时脚的前后移动范围减小，放余量也适当减少。

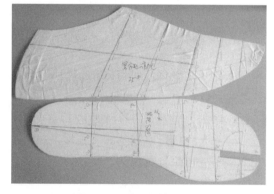

图2-208 分趾男楦半面板

男拖鞋的帮结构比女鞋要复杂一些，虽然是拖鞋也要有庄重感，见图2-209。鞋帮脚背上有一直条部件，在直条部件上有两条钎带，钎带从直条的切口中穿过，与两侧的鞋台子连接，外怀用鞋钎来固定。两个鞋钎都有开闭功能，穿鞋时可以根据不同人脚的肥瘦进行调节。立柱也是一块独立的条形部件，由于直条的前端超过了缺口位置，而立柱要缝合在缺口位置，所以立柱是先缝合在帮面上，然后再从鞋里穿出形成立柱。

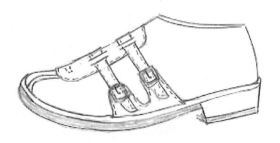

图2-209 插趾男拖鞋成品图

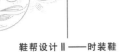
男插趾拖鞋采用出边外底，无形之中就增加了放余量。鞋垫也采用包内底鞋垫，加工时内底卧在外底盘内。

男插趾拖鞋的结构设计模式与女鞋是相同的，见图2-210。在缺口位置作一标记，直条长度取在E点。然后自E点与缺口连成一条直线为背中线。不用考虑转换取跷，钎带会帮助解决伏楦问题。

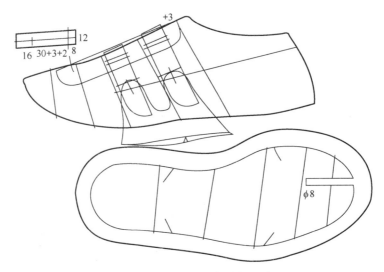

图2-210　插趾男拖鞋帮结构设计图

向前延长背中线15mm作为直条的前端点。直条设计宽度在20mm左右，两端轮廓线呈圆弧状。在缺口位置有缝合立柱车线标记。在E点之前15mm位置设计后钎带，宽度在20mm左右。间隔20mm后再设计前钎带，前后两钎带的宽度相等。钎带穿过直条的切口在宽度的1/2位置，切口为两道刀口，长度大于钎带宽度2mm。

钎带的下端为鞋台子，鞋台子承接着钎带，中间部位下凹。里怀的鞋台子往上延伸形成钎带，钎带在超出原背中线3mm后折返到外怀。由于钎带是压在直条部件之上的，考虑到材料的厚度量，所以要超出3mm。

外怀装配鞋钎位置取在OQ线上，钎带长度往下端延伸35mm。外怀的鞋台子略宽于钎带，中间凹下位置与钎带尾端一致，上端取圆弧形。

立柱需要单独设计。立柱的总宽度取在12mm，基础长度为30mm缺口高度加上3mm内底和鞋垫厚度、加上立柱折返厚度2mm、绷帮量16mm。立柱是缝在直条帮部件下面，然后从皮里穿出，所以需要在皮里的缺口位置做切口，使立柱穿出来。立柱上端要另外增加10mm缝合量。男鞋的立柱要比女鞋粗一些，内底上的孔洞也要大一些，直径在8mm。

同样需要设计包内底鞋垫，周边加放15mm包裹量，上面有立柱穿过的打孔位置。在内底上作出帮脚绷帮时的里外怀区别，用短线表示刻线槽。

2. 插趾凉鞋的设计

把插趾拖鞋设计出后帮就形成插趾凉鞋。下面同样以平跟和中跟女鞋以及男鞋为例进行说明。

（1）平跟插趾女凉鞋的设计　在插趾拖鞋上设计后帮是有讲究的，在前帮设计时要留有增加后帮的余地。插趾拖鞋为浅口门形式，这样延伸出后帮就顺理成章，见图2-211。前面的立柱是由帮脚折回直接形成的。由于前帮

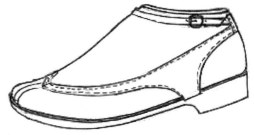

图2-211　平跟插趾女凉鞋成品图

比较窄，缺乏安全感，所以在后帮上增加了围带来提高抱脚能力。后跟弧部位是利用环套来连接围带的。

进行结构设计时要使用平跟分趾楦的半面板，见图2-212。前帮设计自缺口位置开始，相当于设计一条尖口门鞋的鞋口线。在后端按照凉鞋的设计特点，需要把Q点抬升5mm。鞋口线不用作出里外怀的区别，因为没有帮脚牵扯，穿鞋时会按照脚的肉体自然区分出里外怀。

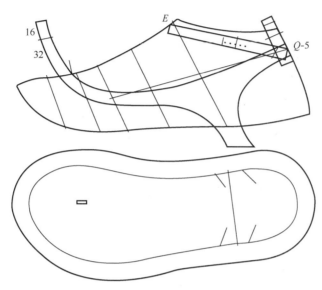

图2-212　平跟插趾女凉鞋成品图

前帮条的宽度取在10mm左右，顺着鞋口线顺连到跟口前端位置。后帮条的宽度也取在10mm左右，自Q点之下顺连到跟口后端位置。控制跟口部位宽度在20mm左右。

在缺口位置自然延长前帮轮廓线，超出背中线的部位就是立柱。立柱基础长度为32mm。另加放绷帮量16mm。

设计围带的基础长度是2倍的EQ长度，另外加放包裹鞋钎量12mm、中心孔后端延长量35mm。围带宽度取8mm。

在后跟部位设计环套，可以把后帮中缝包裹住。环套宽度取10mm，以后帮中缝为基准，下端加放6mm包裹量，上端加放2个围带宽度和宽松量18mm以及4mm压茬量。

加放底口绷帮量，该部位不用做里外怀的区别。经过修整后即得到帮结构设计图。

同样设计包内底鞋垫、作出打孔位置标记。由于帮脚折回后形成立柱，帮脚为扁平状，所以打孔为长条形状，宽2mm、长10mm，要把帮脚直接穿进孔内。图中的短线为刻线槽标记。

（2）中跟插趾女凉鞋的设计　由于设计的是插趾凉鞋，所以鞋帮的变化就比较灵活，可以借用满帮鞋的部件进行设计。鞋的前帮外形类似于鞋盖，只是在前端收缩后形成立柱，见图2-213。鞋盖由两短横条支撑，后帮条上使用松紧布来增加抱脚能力。

进行结构设计要使用中跟分趾楦半面板，见图2-214。

首先标出缺口位置，鞋盖长度取在前跗骨位置前后，后端宽度取在OQ线之上的2/3左右，然后设计出鞋盖的外形轮廓，前端如虚线所示。然后自鞋盖后端点作

图2-213　中跟插趾女凉鞋成品图

一条直线为背中线、并向前延伸。接着截取鞋盖背中曲线的长度，把缺口位置转移到延长线上。在缺口位置之前增加30mm立柱长度，再增加16mm绷帮量。

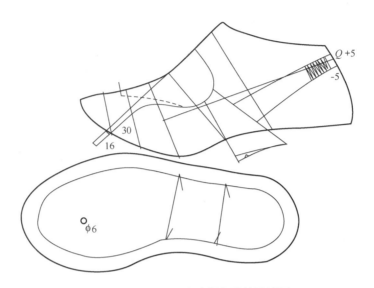

图2-214　中跟插趾女凉鞋帮结构设计图

立柱的宽度取在4~5mm，然后模仿虚线轮廓顺连到鞋盖后端。

在鞋盖的两侧设计短横条，上端宽度在15mm左右，下段宽度在30~35mm。

在Q点抬升5mm设计后帮条。后帮条的前端在OQ线之下10mm，宽度取20mm左右。后端的宽度控制在12mm左右，前后顺连成弧线。由于松紧布的存在，设计后帮时要在Q点收进5mm，穿鞋时可以延伸到Q点。

加放底口绷帮量，作出里外怀的区别。经过修整后即得到帮结构设计图。

同样设计包内底鞋垫、作出打孔位置标记。图中的短线为刻线槽标记。

（3）插趾男凉鞋的设计　插趾男凉鞋要求也复杂一些，增加庄重感，见图2-215。鞋帮上最抢眼的就是几颗金属饰扣。前帮的主体也是鞋盖，鞋盖的下脚延伸到鞋台子上，上面有两颗饰扣。鞋盖前端超过缺口位置，也是用另一小部件穿过鞋盖形成立柱，小部件上也有两颗饰扣。后帮条自鞋台子向斜上方延伸，上面有断帮位置，在断帮位置之前也有两颗饰扣。

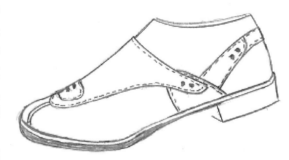

图2-215　插趾男凉鞋成品图

进行结构设计时要使用男分趾楦半面板，见图2-216。鞋盖的长度取在E点之前20mm左右位置，设计出弧形后轮廓线，到达OQ线之下的一半位置。鞋盖前端在缺口位置之前15mm左右，先设计出鞋盖的轮廓线，在距离后轮廓线30mm左右时下行，形成凸起与后轮廓线衔接。线条要饱满流畅，在凸起的部位安排两颗饰扣位置。

取样板时要把背中线调直。自鞋盖后端连接一条直线为背中线，并把缺口位置和鞋盖长度转移到背中线上来。自鞋盖长度位置模仿虚线轮廓设计样板的鞋盖轮廓线，在后端与凸起轮廓线顺连。在缺口位置设计切口，宽度2mm，总长度10~12mm。

立柱小部件上端车缝在鞋盖上，长度在30mm左右，后宽在12mm左右，呈纺锤形轮廓，前端宽度取在5~6mm。前端立柱的基准长度为35mm，另加放绷帮量16mm。在小部件上面安排两颗饰扣位置。

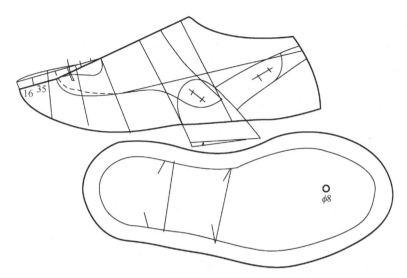

图2-216 插趾男凉鞋帮结构设计图

鞋盖凸起部位的下面是鞋台子,高度略高于上面的饰扣,宽度略宽于鞋盖凸起。

在鞋台子上直接设计后帮条。后帮条前宽30mm左右,上端距离OQ线20mm左右。在后弧部位,Q点要抬升5mm高度,后宽取在15mm左右,并以弧线形式前后顺连。在后帮条的后1/4位置设计弧形断帮线,在断帮线之间安排两颗饰扣位置。

加放底口绷帮量,作出里外怀的区别。经过修整后即得到帮结构设计图。

同样需要设计包内底鞋垫,周边加放15mm包裹量,上面有立柱穿过的打孔位置。在内底上作出帮脚绷帮时的里外怀区别,用短线表示刻线槽。

三、套趾拖鞋与凉鞋的设计

套趾是在插趾立柱的基础上形成环套把拇趾套住。由于拇趾被环套稳固住,所以套趾鞋的抱脚能力大于插趾鞋,但由于脚背没有遮拦住,所以提鞋能力差,还需要配合其他部件使用。下面仍以平跟、中跟女分趾楦和男分趾楦来进行说明。

1. 套趾拖鞋的设计

(1)平跟套趾拖鞋的设计 套趾拖鞋的环套常常单独使用,后面再配上简单的横条部件,见图2-217。拇趾环套很简单,为一小横条部件,立柱一端插入内底孔,另一端采用绷帮与内底连接,形成环套把拇趾稳固住。脚趾虽然也可以夹住鞋帮,但拇趾上的环套对脚背不起作用,所以后面配备了一大横条部件,有着提鞋的作用。

结构设计要使用平跟分趾楦半面板,见图2-218。分

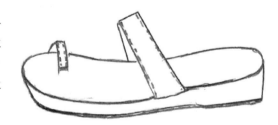

图2-217 平跟套趾拖鞋

趾楦的缺口在里怀一侧,因此要按照不对称结构要求把里怀一侧的半面板画出来。也就是用半面板前段与背中线对齐,然后描出缺口部位和里怀轮廓线。

设计环套部件的中线是缺口里怀一侧的边沿线。过缺口位置作中线的垂线,然后量取环套的宽度20mm左右也作一条垂线,两条垂线与底口相交后形成环套的里怀一侧轮廓线。

设计立柱时要延长两条垂线,加放基础高度32mm和绷帮量16mm。

大横条部件设计在前跖骨位置附近,上宽取30mm左右,下宽取50mm左右。加放底口绷帮量,作出里外怀的区别。经过修整后即得到帮结构设计图。

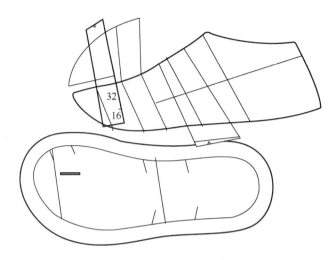

图2-218　平跟套趾拖鞋帮结构设计图

鞋垫的设计类似插趾拖鞋，也设计成包内底鞋垫。由于立柱成扁平状，所以开孔为矩形，宽2mm、长20mm，长宽尺寸以容纳立柱帮脚为基准。图中短线为刻线槽位置，控制着里外怀的帮脚位置。

（2）中跟套趾拖鞋的设计　设计中跟套趾拖鞋与设计平跟拖鞋的模式是相同的。环套除了单独使用外，还可以与后面的部件搭接，见图2-219。环套的立柱部位比较直，里怀部位往下逐渐变宽。后面配备了一变形的丁带，丁带的前端逐渐变窄，并以压茬的形式被固定在环套上。从正面看，丁带是偏向里怀一侧的，但由于衔接的位置在环套的中间部位，所以并不觉得歪斜，而是形成一种不对称结构。

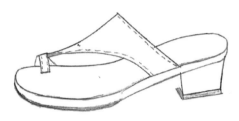

图2-219　中跟套趾拖鞋成品图

结构设计要使用中跟分趾楦半面板。

首先要设计环套部件。环套部件的中线是缺口里怀一侧的边沿线，过缺口位置作略向后倾斜的弧线，然后量取环套的宽度18mm左右作一条略向前倾斜的弧线，两条弧线与底口相交后形成环套的里怀一侧轮廓线。设计立柱时要过环套两端作中线的垂线，加放基础高度30mm和绷帮量16mm，见图2-220。

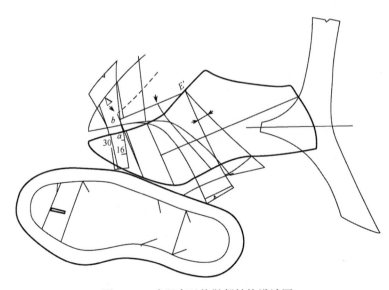

图2-220　中跟套趾拖鞋帮结构设计图

设计丁带的关键是背中线的位置。图中a点是正常中心点位置，但不是丁带的中心点。丁带前端的宽度取在12mm，要从环套的缺口位置往外量取，然后取6mm作为前中心点b。丁带的长度取在E点，连接bE线为丁带的中线。

先设计外怀一侧轮廓线。自E点开始设计出往后倾斜的弧形轮廓线。再自缺口位置设计出外怀的侧身轮廓线，控制下端宽度在30mm左右。

由于丁带的中线向里怀偏移，如果按照外怀轮廓线制取样板，势必会造成里怀往后偏移。bE线与过E点的背中直线间的夹角就是偏移角度。因此设计里怀的轮廓线是将外怀的轮廓线前移一个偏移角，然后模仿外怀画出轮廓线。在图中附有变形丁带的样板，展开后的里外怀是协调的。

偏移角为何是在过E点的背中直线上呢？先看外怀部件，变形丁带的中线是架空的，与楦面背中线只有两个点接触。绷帮时要使E点之前的一段能够伏楦，就必须使bE线下降，此时轮廓线后端就会多出一个大角，这个大角就是将中线弯曲并且伏楦的转换跷。转换跷逐步还原、丁带中线逐步弯曲，最后到达b点位置。

再来看里怀部件，首先也是让E点之前的一段能够伏楦，也是让bE线下降。但是被还原的最终位置并没有超过楦背中线，所以并不需要多出一个角。所以里怀一侧轮廓线是要收进一个偏移角后再进行设计。从表面上看，偏移角取在aE线和bE线之间比较合适，但因为aE线也是架空的，要想贴楦还需要一个转换跷，而这个转换跷就是aE线与过E点的背中直线的夹角。

如果采用经验操作会简单一些，直接在楦背上画出完整的变型丁带轮廓线，按图取下样板即可。

加放底口绷帮量，作出里外怀的区别。经过修整后即得到帮结构设计图。鞋垫设计成包内底垫类型。也作出矩形开孔标记。图中短线为刻线槽位置，控制着里外怀的帮脚位置。

（3）套趾男拖鞋的设计 男士拖鞋需要新颖大气，其中环套部件也可以和辅助部件重叠使用，见图2-221。拇趾上的环套向后倾斜，而且比较大，能够包裹住第一跖趾关节。而匹配的部件比较长、比较宽，从前嘴位置一直延伸到跟口位置，占据了4块有效面积。鞋垫上有logo进行装饰。

图2-221 套趾男拖鞋成品图

结构设计要使用分趾男楦半面板。

首先要设计环套部件。环套部件的中线是缺口里怀一侧的边沿线，过缺口位置作向后倾斜的弧线，超过第三条控制线。然后量取环套的宽度25mm左右，也作一条略向前倾斜的弧线，两条弧线与底口相交后形成环套的里怀一侧轮廓线。设计立柱时要过环套两端作中线的垂线，加放基础高度35mm和绷帮量16mm，见图2-222。

设计匹配的长条部件时，前轮廓线自里怀前嘴位置开始，然后绕过缺口位置往后斜拉到腰窝位置附近。长条部件的宽度取在30~40mm，后轮廓线自前向后延伸到跟口位置附近。注意，环套部件压在长条部件之上，所以长条部件会受到缺口的制约，一定要设计在缺口位置之后。

加放底口绷帮量，作出里外怀的区别。经过修整后即得到帮结构设计图。鞋垫设计成包内底垫类型，上面有logo作为装饰。也作出矩形开孔标记。图中短线为刻线槽位置，控制着里外怀的帮脚位置。

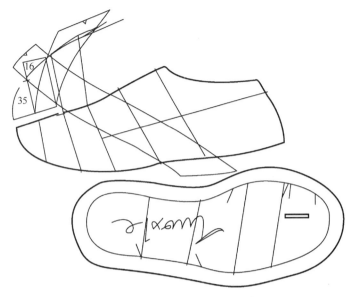

图2-222　套趾男拖鞋帮结构设计图

2. 套趾凉鞋的设计

把套趾拖鞋装配上后帮就成为套趾凉鞋。

（1）平跟套趾凉鞋的设计　前帮的环套部件也可以进行分割，一半做立柱，另一半做前帮条，用来增加穿着的功能，见图2-223。环套部件的立柱一分为二，被分割出的部分形成前帮条，可以拦截脚背，增加了提鞋能力。后帮采用前绊带形式，抱脚能力强。

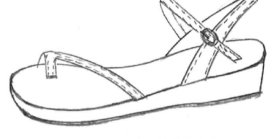

图2-223　平跟套趾凉鞋成品图

结构设计要使用平跟分趾女楦半面板。

首先要设计环套部件。环套部件的中线是缺口里怀一侧的边沿线，宽度取在24mm。过宽度的两端作中线的垂线，与底口相交后形成环套的里怀一侧轮廓线。设计立柱时，取环套宽度的一半作垂线，前端延长垂线，加放基础高度32mm和绷帮量16mm形成立柱轮廓线。在立柱的后面，利用后半段宽度设计前帮条曲线，宽度控制在12mm，到达腰窝位置附近，见图2-224。

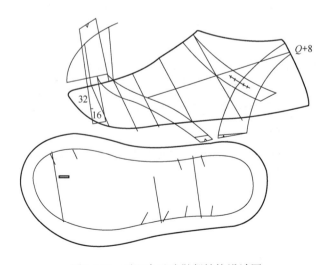

图2-224　平跟套趾凉鞋帮结构设计图

设计后帮时按照凉鞋的设计要求，后帮条为独立性部件，在Q点位置提升8mm。后端宽度12mm左右，下端控制在跟口位置前后，宽度30mm左右。钎带设计在E点位置，宽度12mm左右。鞋钎直接装配在后帮条上。

加放底口绷帮量，作出里外怀的区别。经过修整后即得到帮结构设计图。鞋垫设计成包内底垫类型，作出矩形开孔标记。图中短线为刻线槽位置，控制着里外怀的帮脚位置。

（2）中跟套趾凉鞋的设计　设计中跟套趾凉鞋与设计平跟鞋相似，不过在环套的外侧还可以设计出类似环套的部件，内外环套共用一个内底孔，见图2-225。前帮的里环套包裹拇指，外环套包裹小趾，两个环套共用一个插孔。为了穿鞋方便，两个换套之间要有部分缝合，形成一个立柱。后帮采用后交叉带类型。

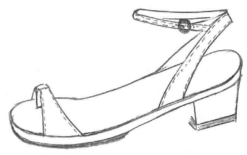

图2-225　中跟套趾凉鞋成品图

结构设计要使用中跟分趾女楦半面板。

首先要设计里外怀环套部件。里怀环套部件的中线是缺口里怀一侧的边沿线，宽度取在15mm左右。过宽度的两端作弧线，与底口相交后形成里怀环套的轮廓线。在同一侧设计立柱，加放基础高度30mm和绷帮量16mm形成立柱轮廓线。

设计外怀环套的中线也取在缺口里怀一侧的边沿线，宽度也取在15mm左右。过宽度的两端作弧线，与底口相交后形成外怀环套的轮廓线。注意外怀的部件要比里怀略大。在同一侧设计立柱，加放基础高度30mm和绷帮量16mm形成立柱轮廓线。里外怀的立柱在加工时下段部分缝合在一起，形成一个立柱，这样穿鞋比较方便。由于两个立柱共用一个插孔，所以设计的中线也是共用的，见图2-226。

设计后帮时按照凉鞋的设计要求，后帮条为交叉带，在Q点位置提升10mm。下脚位置在跟口部位的前后，宽度在30mm左右，往上逐渐变窄，在后弧位置控制在10mm左右，这也是钎带的宽度。

装配鞋钎位置在外踝骨之后。里怀钎带要延长到外怀装配鞋钎的位置，另加放12mm鞋钎包裹量。外怀钎带眼延长一个QE长度绕回外怀，也到达装配鞋钎的位置，另加35mm放量。加放底口绷帮量，作出里外怀的区别。经过修整后即得到帮结构设计图。鞋垫设计成包内底垫类型，作出矩形开孔标记，两层部件比较厚，开孔也比较宽。图中短线为刻线槽位置，控制着里外怀的帮脚位置。

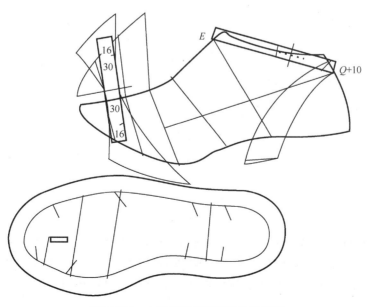

图2-226　中跟套趾凉鞋帮结构设计图

（3）套趾男凉鞋的设计　男士穿凉鞋除了有庄重感之外，还希望简单省事，所以设计一脚蹬的凉鞋就受欢迎，见图2-227。鞋的前帮为横条状，最前端是双环套，后面的横条部件逐渐加宽，最后一条部件在E点附近，占用了4块有效面积，显得比较庄重。后帮条为封闭式结构，不用系鞋带也不用穿鞋钎，穿脱利索省事。

图2-227　套趾男凉鞋成品图

结构设计要使用分趾男楦半面板。

首先要设计双环套部件。里外怀环套部件公用一条中线，宽度取在20mm左右，过宽度的两端做略往前弯曲弧线，与底口相交后形成双环套的轮廓线。设计立柱时要分别设计，加放基础高度35mm和绷帮量16mm。里外怀的立柱在加工时下段部分缝合在一起，形成一个立柱，共用一个插孔。

在双环套部件之后，间隔20mm左右设计中间的横条部件，宽度取在25mm左右，前端弧线略往前弯曲，后端弧线比较直。间隔25mm后再设计第三条横带，宽度取在30mm左右，两端的弧线改为往后弯曲，见图2-228。

设计后帮条时，后端Q点抬升5mm，宽度在15mm左右。前端控制在OQ线之下10mm，宽度取在30mm左右，不用做里外怀的区别。因为内底上有刻线槽标记，里外怀的底口按照刻线槽装配后，里怀位置会前移，这种扭动的结果也会使后帮条里怀前移，高低位置也会自然变化。

经过修整后即得到帮结构设计图。鞋垫设计成包内底垫类型，作出矩形开孔标记，两层部件比较厚，开孔也比较宽。图中短线为刻线槽位置，控制着里外怀的帮脚位置。

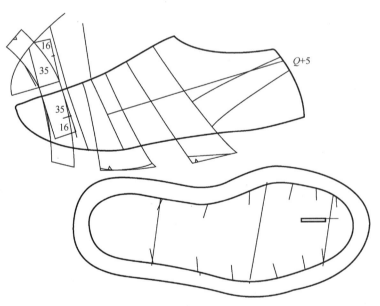

图2-228　套趾男凉鞋帮结构设计图

思考与练习

1. 设计一款插趾拖鞋（男女不限），画出成品图和结构，制取三种生产用的样板。

2. 设计一款套趾拖鞋（男女不限），画出成品图和结构，制取三种生产用的样板。

3. 设计一组三款插趾或套趾凉鞋（男女不限），画出成品图和结构，选择一款制取三种生产用的样板。

综合实训二 凉鞋和拖鞋的结构设计

目的：通过试帮的实训操作，验证凉鞋和拖鞋帮结构设计的效果。

要求：重点考核思考与练习中结构设计效果。

内容：

（一）满帮中空男凉鞋的设计

1. 选用思考练习中满帮中空凉鞋的基本样板、开料样板和鞋里样板进行开料、制作和试帮。

2. 绷帮后进行检验。

（二）全空女凉鞋的设计

1. 选用思考与练习中任意一款全空女凉鞋的基本样板、开料样板和鞋里样板进行开料、制作和试帮。

2. 绷帮后进行检验。

（三）时装女拖鞋的设计

1. 选用思考与练习中任意一款时装女拖鞋的基本样板、开料样板和鞋里样板进行开料、制作和试帮。

2. 绷帮后进行检验。

标准：

1. 跗面、鞋口等部位要伏楦。

2. 口门端正、线条流畅。

3. 后帮高度、长度处理得当，鞋带长度符合穿用要求。

4. 绷帮量的大小、帮脚位置与飞机板或刻线槽吻合。

5. 整体外观造型与成品图对照基本相同。

考核：

1. 满分为100分。

2. 鞋帮不伏楦，按程度大小分别扣5~10分。

3. 出现口门不端正、线条不流畅等问题，按程度大小分别扣5~10分。

4. 后帮高度、鞋带长度出现问题，按程度大小分别扣5~10分。

5. 绷帮量出现问题，绷帮位置出现问题按程度大小分别扣5~10分。

6. 整体外观造型有缺陷，按程度大小分别扣5~10分。

7. 统计得分结果： 60分为及格、80分左右为合格、90分及以上为优秀。

第三章
靴鞋的结构设计

要点：靴鞋包括高腰鞋和不同高度的筒靴，要求掌握靴鞋结构的设计原理和方法，并能对各种类型的靴鞋进行设计

重点：高腰鞋的设计
矮筒靴的设计
高筒靴的设计
中筒靴的设计
半筒靴的设计

难点：靴鞋设计参数

靴鞋是指后帮高度超过脚踝的一类满帮鞋，包括高腰鞋以及不同高度的筒靴。筒靴的高度都在脚腕高度与膝下高度之间，而高腰鞋的高度则处于脚踝与脚腕之间。也就是说高腰鞋是满帮鞋与筒靴之间的一类产品。以前高腰鞋常作为"棉皮鞋"存在，为了增加鞋的保暖性，鞋的后帮腰就设计得比较高，故叫作高腰鞋。由于高腰鞋的设计方法和使用的鞋楦与筒靴相近，故合并在同一章内讲述。

筒靴按照传统划分主要有高筒靴、中筒靴、矮筒靴三种类型。高筒靴的高度控制在膝下位置附近，中筒靴的高度控制在接近腿肚位置，矮筒靴的高度控制在脚腕附近。在脚型测量中，膝下高度与围度、腿肚高度与围度以及脚腕高度与围度都有准确的测量结果和变化规律，因此设计这三类筒靴就变得十分方便。由于脚腕到腿肚之间的距离比较大，因此就出现了高度介于脚腕和腿肚之间的一类款式，这类筒靴的高度与围度是推算出来的，与前面三种筒靴获得数据的方法不同，故叫作半筒靴。

在国外习惯是把满帮鞋叫作矮帮鞋，把筒靴叫作高帮鞋，具体的高度是多少则用in（英寸）来表示。例如5in高帮鞋，是指后帮腰高度在120mm左右的矮筒靴。其实人们对筒靴的高度需求是有多种尺寸变化的，用英寸设计高度固然十分方便，但对应的宽度是多少则是很模糊，设计起来就显得不方便。如果按照脚型规律进行设计，高度与宽度的数据则是可以查到的。

靴鞋设计可以看作是满帮鞋的变型设计，是在满帮鞋的基础上后帮加高、加宽，从而形成一系列靴鞋产品。例如马靴、晚宴靴、牛仔靴、打猎靴、步行靴、军警靴、骑兵靴以及"马丁靴""森林靴""奶奶靴"等。

筒靴的后帮高度超过了脚腕高度，后帮包裹着小腿成为筒状，故习惯上叫作筒靴。高腰鞋的后帮高度处于脚踝骨和脚腕之间，比筒靴矮、比满帮鞋高，故叫作高腰鞋。高腰鞋的设计保留了满帮鞋取跷的特点，又浓缩了筒靴控制后帮方位的特点，所以靴鞋设计先从高腰鞋开始。

第一节 设计前的准备

靴鞋设计开始前需要做一些准备，包括选楦、标注设计点和制备半面板等内容。

一、楦型选择

设计靴鞋应该选择高腰楦。在外观上，高腰楦的后身比较高、统口比较长、后弧呈S曲线变化，很容易与鞋楦区别开来，见图3-1。

在楦底样长度上，男女高腰楦与同型号男女素头楦相同，也会有超长楦出现。在围度上，男女高腰楦比男女素头楦要肥，其中楦跖围与同型号脚跖围相等，见表3-1。

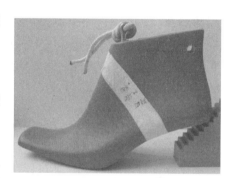

图3-1 高腰楦

表3-1 男女高腰楦主要控制数据 单位：mm

品种	跟高	楦底样长	放余量	后容差	跖围	跗围	后身高	统口长
男250号二型半	30	265	20	5	243	248	100	110
	30超长	270	25	5	243	248	100	110
	40超长	270	25	5	243	346	100	110
女230号一型半	20	242	16.5	4.5	220	225	95	102
	40	242	16.5	4.5	222	222	95	102
	60	242	16.5	4.5	224	220	95	102
	30超长	245	19.5	4.5	220	223	95	102
	50超长	245	19.5	4.5	222	220	95	102
	70超长	245	19.5	4.5	224	218	95	102

表中所列出的是国家标准数据，在实际的应用中，不同企业所惯用的鞋楦还会有些变化，但大体的规格基本相同。

二、标注设计点

常用的设计点包括部位点、边沿点和标志点三种类型。

1. 部位点

部位点选取在楦底中线上，分别为楦底前端点A、第一跖趾部位点A_5、第五跖趾部位点A_6、外腰窝部位点A_8、外踝骨中心部位点A_{10}、楦底后端点B以及着地点W_0。

注意：斜宽线与楦底中线的交点为W点，这是前掌凸度点。在平跟20~25mm时，看作前掌凸度点与着地点相同，在后跟升高时，每增加10mm高度着地点会前移1mm，见图3-2。

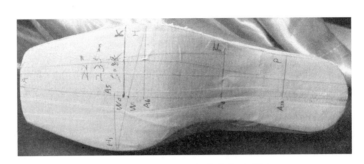

图3-2 楦底面上的部位点与边沿点

2. 边沿点

边沿点选取在楦底边棱线上，分别过部位点作楦底中线的垂线，与边棱线相交即得到边沿点。主要包括第一跖趾边沿点H_1、第五跖趾边沿点H、外腰窝边沿点F、外踝骨中心边沿点P以及着地部位边沿点K。

3. 标志点

标志点选取在楦面上，主要集中在后弧中线和楦背中线上。在后弧中线上选后跟骨上沿点C和后跟凸度点D。测量时自B点用软尺沿着后弧线向上测量，见图3-3。

在楦背中线上选取口门控制点V、口裆控制点E和楦头凸度点J。

选取楦头凸度点J时，要通过观察楦头最凸起的位置来确定。在选取口门控制点V时，要采用直线测量（圆规）法，自C点量取脚长的21.65%，在背中线上定V点。在量取口裆控制点E时，自V点用软尺往上沿背中线量取脚长的27%，见图3-4。

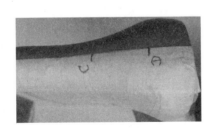

图3-3 后弧上的标志点

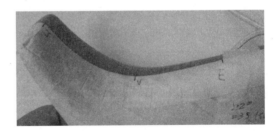

图3-4 楦背上的标志点

此外还需要连接VH线，取其1/2定口门宽度标志点O。

选取设计点的相关参数见表3-2。

表3-2 常用设计点 单位：mm

名称	设计点	测量部位	测量规律	男250号数据（±等差）	女230号数据（±等差）
部位点	外踝骨中心	BA_{10}	22.5%脚长 − n	51.3（±1.0）	47.3（±1.0）
	外腰窝	BA_8	41%脚长 − n	97.5（±1.84）	89.8（±1.86）
	第五跖趾关节	BA_6	63.5%脚长 − n	153.8（±2.90）	141.6（±2.93）
	第一跖趾关节	BA_5	77.5%脚长 − n	176.3（±3.33）	162.3（±3.35）

续表

名称	设计点	测量部位	测量规律	男250号数据（±等差）	女230号数据（±等差）
边沿点	第一跖趾边沿点H_1		过A_5点作底中线的垂线，与里怀楦底棱的交点		
	第五跖趾边沿点H		过A_6点作底中线的垂线，与外怀楦底棱的交点		
	外腰窝边沿点F		过A_8点作底中线的垂线，与外怀楦底棱的交点		
	外踝骨中心边沿点P		过A_{10}点作底中线的垂线，与外怀楦底棱的交点		
	着地部位边沿点K		过W_0点作底中线的垂线，与外怀楦底棱的交点		
标志点	后跟凸度点	BD	男8.96%脚长	22.4（±0.32）	
			女8.83%脚长		20.3（±0.33）
	后跟骨上沿点	BC	21.65%脚长	54.1（±1.1）	49.8（±1.1）
	口门位置点	CV	直线量68.8%脚长	172.0（±3.44）	158.24（±3.44）
	口裆位置点	VE	27%脚长	67.5（±1.35）	62.1（±1.35）
	楦头凸点	J	观察楦头直接确定		
	口门宽度点	O	取$1/2VH$长度定O点		

三、制备半面板

制备半面板包括贴楦、楦面展平、原始样板处理和套样检验等过程。

1. 贴楦

首先在背中线和后弧中线的外怀一侧贴一条美纹纸胶条，要求贴准中线位置，贴不平时可以在外侧打剪口，以保证中线的正与直。然后自统口开始横向贴胶条，一层压一层，保证不少于两层的厚度，直至贴满外怀一侧楦面为止，见图3-5。

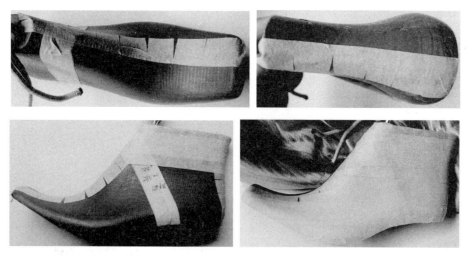

图3-5　贴楦的顺序

最后在背中线与后弧中线上再重复贴一次胶条，见图3-6。

接着把设计点转移到贴楦纸上，见图3-7。

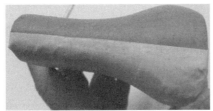

图3-6　楦背与后弧重复贴胶条

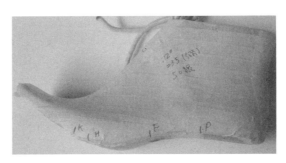

图3-7　转移设计点

注意：标注K点时，要通过W_0点找到K点，见图3-8。

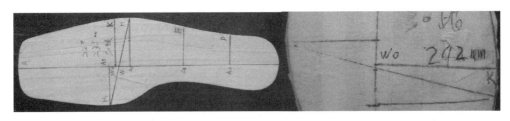

图3-8　确定K点的方法

前掌凸度W点是斜宽线与底中线的交点，在楦跟高为30mm时，W点前移1mm定W_0点。过W_0点作底中线的垂线与外怀楦底棱线交于K点。

2. 楦面展平

楦面是一个多向弯曲的曲面，揭下贴楦纸是壳状。楦面展平就是要把贴楦纸展成一个外形相似、大小相近的平面。贴楦纸弯曲的部位主要在楦背、统口、前尖和后跟底口，可以通过打剪口方法使曲面顺利展平。

打剪口操作要求如下：在前尖和后跟部位，自底口向上垂直打上2~3个剪口，剪口深度达到鼓起的位置。在楦背VH线的两端对打剪口，上端达到O点位置，下端达到距离O点2~3mm，不要剪断。在统口两侧的E点之后与C点之上也分别打剪口，以保证统口的长度不变，见图3-9。

剪口有利于楦面展平，操作时先展平后身，然后再展平前身，以便楦面自然跷顺利形成。展平的操作步骤如下：

首先贴平OC线，不要出现皱褶。然后贴平后帮背中线，保证VE长度不变，V点可能会下降，要在后期进行补救。接着贴平统口，要保证统口长度不变，把皱褶推向E点和C点的剪口。最后再贴平后跟弧和后身底口，见图3-10。

贴平楦曲面前身时，先从OH开始。首先将前后身的OH线对齐，如果底口出现缝隙也没有关系。然后自OH线的中点位置开始作圆弧顺序向前旋转，直至推平剪口到V点位置，要使前后身的剪口出现重叠角，这就是楦面的自然跷度角。接着把前帮背中线贴平，不要出皱褶，顺次把前身底口也贴平，有皱褶要均匀分散开来，见图3-11。

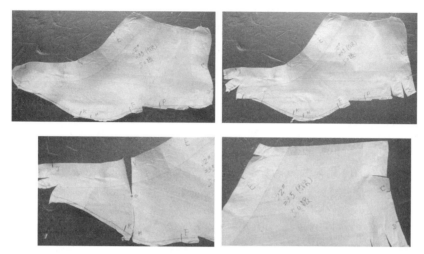

图3-9 打剪口的位置

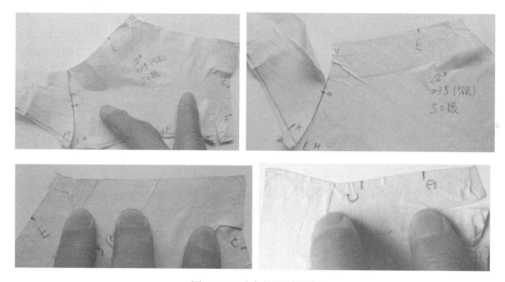

图3-10 后身的展平顺序

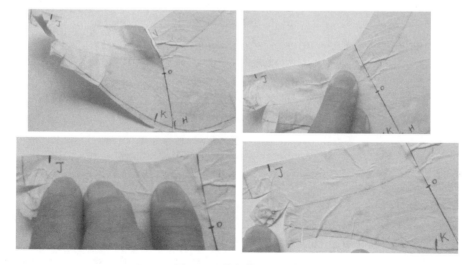

图3-11 前身的展平顺序

3. 原始样板处理

贴楦纸展平后的样板属于原始样板，把原始样板进行处理后才能得到半面板。处理的内容包括标自然跷和后弧修整。

楦面自然跷存在于背中线的剪口位置。在楦面上只有一个点V，但是经过打剪口，在原始样板上就形成了两个点。为了有所区别，把后身上的点依然叫作V点，而把前身上的点叫作V'点，表示由V点变化后形成的点。在样板拼接或者接帮时，两个点又会合成一个点。

标注自然跷时，$V'O$线在上一层，利用$V'O$与VO相等的关系，用圆规作圆弧可以找到下层的V点。如果V点位置下降，借此机会可以恢复原长度。考虑到实用性，将VH重新连接成一条直线，叫作前帮控制线。O点依然取在$1/2VH$线上。连接出$\angle VOV'$即为楦面的自然跷度角，见图3-12。

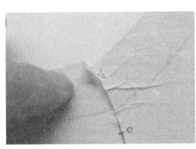

图3-12　标注取跷角

后弧部位由于剪口的存在使B点位置后移，处理后弧时就是把剪口多出的量去掉，自D点重新连接出弧线，见图3-13。

注意：高腰楦半面板的后弧不要加主跟容量，而是在完成设计图时再加放。原始样板经过处理后就变成了半面板，见图3-14。

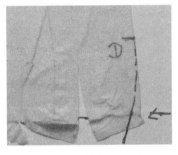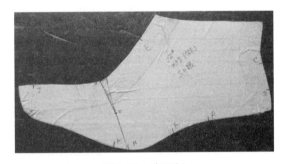

图3-13　修整后跟弧　　　　　　　　　图3-14　半面板

4. 套样检验

套样是指用纸作成的帮套。如果套样套在鞋楦上后能达到伏楦的效果，就说明半面板比较准确，可以进行后续的设计工作。如果半面板不准确，套楦后就会出现较大的皱褶，由于纸张的延伸性很小，使劲拉扯就会撕破。这样的半面板应该进行修正或者重新制备，不然要影响后续结构设计的准确性。

制备套样是在有韧性的纸上画出半面板的轮廓，然后剪出两片相同的样板，并用美纹纸粘住背中线和后弧中线，然后套在鞋楦上检验，见图3-15。

如果把纸套样直接套在楦面上检验，会发现前帮有很大的皱褶，并不伏楦。如果将VO线剪开再进行套楦检验，就会比较容易伏楦，这是因为自然跷发挥了作用。

套样检验还要观察底口的变化，由于两片样板是相同的，而楦面的里外怀是不相同的，通过底口的差异就能确定里外怀底口的区别。设计结构图时，都是以外怀一侧为基准。比较前掌底口的差异，会发现里怀比外怀要多出2～3mm，典型的位置在AH底口的2/3附近，这说明里怀楦面比外怀小2～3mm。同样会发现在腰窝部位亏进几毫米，具体的数值会随鞋楦的跟高不同而有变化。典型的位置在HF的1/3附近，这说面里怀的楦面比外怀要大3～9mm。找到这些差异，在设计结构图时就容易作出里外怀的底口区别。

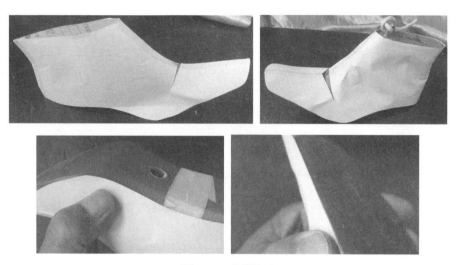

图3-15 套样检验

四、半面板的应用

不管是设计高腰鞋还是筒靴，半面板的应用是不变的。操作步骤是：架设直角坐标、确定样板方位、描出样板轮廓线、连接辅助线、标注取跷角、加放后弧量、连接后弧曲线，见图3-16。

架设直角坐标是为了控制靴筒的端正。人体站立时小腿是与地面垂直的，即使后跟抬高，通过关节的调节，小腿依然是与地面垂直，这样才能保持受力平衡。将靴筒安排在纵坐标方位，可以防止成鞋后靴筒前仰后合。

确定样板方位时要通过三个控制点。一个是楦跟高度，用B'点来表示，要标注在纵坐标上，与半面板后端的底口重合。另一个是着地部位边沿点K，要落在横坐标上。再有一个是后跟骨上沿点C要落在纵坐标上。通过三点共面的道理，调整三个控制点分别到位，即可确定半面板的方位。

半面板方位确定以后，首先要描出半面板的轮廓线，然后再连接出前帮控制线VH、中帮控制线EF、后帮控制线EP和后帮高度控制线OC。接着标出取跷角$\angle VOV'$。在这里取跷角的大小是以弦长来表示的，量一量半面板上VV'的长度，可得到外怀一侧取跷角的大小，计作$\Sigma_外$。由于前帮是由里外怀部件合并成的，需要使用里外怀的折中取跷角。一般情况下$\Sigma_中=1/2（\Sigma_外+\Sigma_里）$，这种计算方法比较麻烦，可以用$\Sigma_外$的80%来代替$\Sigma_中$。

例如$\Sigma_外=6.5mm$，$\Sigma_中=5.2mm$，在半面板上要标注的$\Sigma_中=5.2mm$。

在后弧位置需要增加放量。在统口后端点加放量不少于5mm，也就是≥5mm，一方面是与靴筒的后弧线顺连，另一方面也是为了防止统口部位出现变形。在C、D、B三个点需要加放2mm的缝合量及主跟容量，所以在实用中C点加放2mm、D点加放3mm、B点加放5mm。按照新加放的4个点，可以顺连出一条新的后弧线。如果主跟的厚度没有大的改变，加放量也不变。

以上的几个步骤，是设计任何一款靴鞋都必须完成的基本操作。

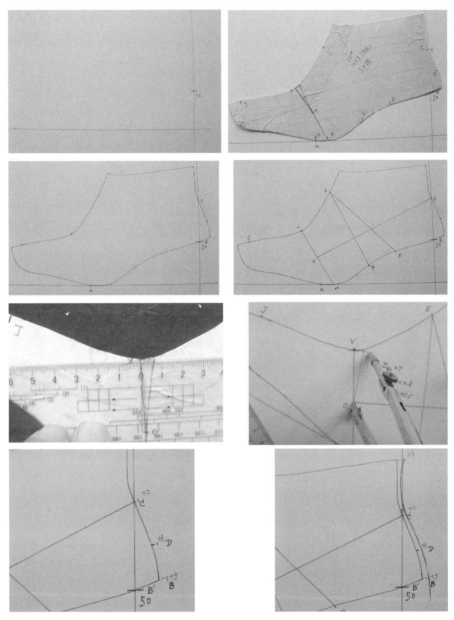

图3-16 半面板的应用

第二节 高腰鞋的设计

高腰鞋在日程生活中很常见，比如高腰棉鞋、高腰系带鞋、高腰橡筋鞋等。由于鞋帮比较矮，穿脱就比较灵便，很受大众的欢迎。

高腰鞋的开闭功能可以设计在樘背上，形成内耳式、外耳式、前开口式等结构，也可以设计在统口两侧形成橡筋式、拉链式、鞋钎式等结构。男式高腰鞋的高度一般控制在90~110mm，宽度控制在120~125mm；女式高腰鞋的高度一般控制在80~100mm，宽度控制在110~115mm。

一、高腰男鞋的设计

设计男式高腰鞋需要选择高腰男楦、制备出半面板、以及通过套样检验，见图3-17。

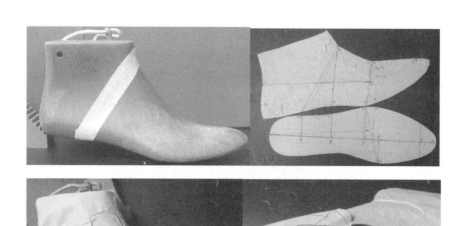

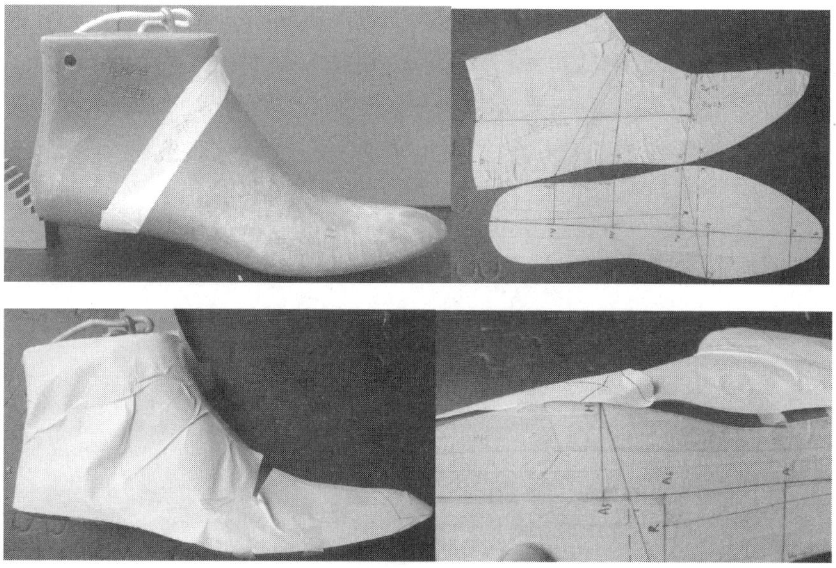

图3-17 制备半面板和套样检验

1. 内耳式高腰鞋的设计

设计内耳式高腰鞋可以看作是内耳式鞋的后帮加高加宽,内耳式鞋的特点是前帮压后帮，结构设计要从前帮开始，见图3-18。这是一款内耳式高腰三节头男鞋，楦跟高度25mm。鞋的前帮包括前包头和前中帮，前中帮比较长，一直达到后跟部位。在后帮上有鞋眼盖、护口条和后筋条，加上鞋舌共计有7种10块部件。前中帮压在鞋耳上，形成了内耳式结构。采用定位取跷处理。取跷角在鞋口门位置。鞋眼盖上有6个眼位。

确定设计参数：后帮高110mm、鞋口长120mm。

图3-18 内耳式三节头高腰鞋成品图

（1）结构图设计

①确定半面板方位：首先架设直角坐标，并在纵坐标上标出楦跟高度B'点。然后将半面板上的C点落在纵坐标上、K点落在横坐标上、后跟底口落在B'点上，以此来确定半面板的方位。接着要描出半面板的轮廓线、连接4条辅助线、标出取跷角$\Sigma_中$，见图3-19。

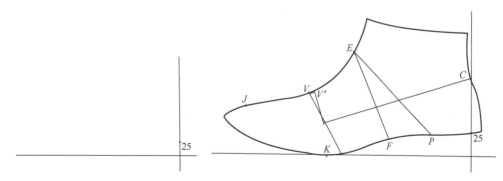

图3-19 确定半面板方位

②确定后帮的高度与宽度：在纵坐标上，自B'点向上量取后帮高110mm，并作一条水平线。然后

在统口后端加放5mm、C点加放2mm、D点加放3mm、B点加放5mm，重新连接出后弧曲线。后弧曲线与水平线相交点定为T点，这是高腰鞋的后帮中缝高度控制点，见图3-20。

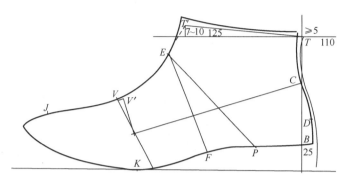

图3-20　确定后帮的高度与宽度

接下来过T点往前量取鞋口宽度120mm，考虑到造型美观的因素，前端还要上升10mm定为T′点，连接TT′线即为鞋口控制线。

③设计前包头部件：三节头式高腰鞋的前包头有着完整的轮廓线，先设计出前包头部件。在AV′曲线长度上截取2/3定为V_1点，过V_1点连接J点作一条直线，并自A点顺连底口到A_0点，A_0V_1即为前包头背中线。过V_1点作背中线的垂线为辅助线，顺连出前包头的后弧轮廓线，控制弧深在8~9mm，见图3-21。

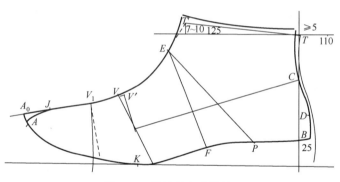

图3-21　设计前包头部件

④设计前中帮部件：连接$A_1V′$线得到前中帮背中线，过V′作$A_1V′$线的垂线为口门辅助线，然后设计出圆弧状的口门轮廓线，并顺到后弧C与D点之间。前中帮后端降低，可以保证前中帮样板能够同身套划，见图3-22。

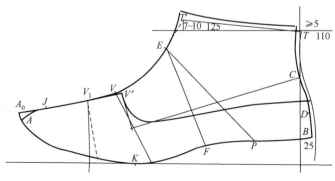

图3-22　前中帮的设计

⑤设计后帮部件：后帮部位的部件可以看成是在完整的后帮基础上再分割出鞋眼盖和护口条部件，而后筋条则是另外增加的部件。设计后帮前轮廓线时，要沿着半面板的背中曲线圆滑延伸，在到达T'点附近时改为圆弧角，然后沿着鞋口辅助线以曲线形式顺延到T_1点。后弧的轮廓线即为T'到底口新连接的曲线。

鞋口的长度虽然比统口的长度短，但不会影响绷帮，出楦后也不会影响系鞋带。对于靴鞋来说，在E点和C点之下的部位是要求抱紧鞋楦的，而在E点和C点之上只需要能拢在鞋楦上即可，鞋口留有适当的宽松量。

在V点位置作出取跷角。过V点作后帮背中曲线的垂线，顺着垂线以圆弧角的形式逐渐与前中帮口门轮廓线重合。所得到的$\angle VO'V'$即为取跷角，见图3-23。

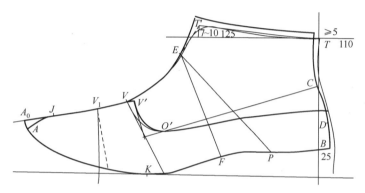

图3-23 后帮的设计

⑥设计鞋眼盖和护口条部件：在后帮上分割出鞋眼盖部件。先以15mm的边距宽度画一条眼位线，然后在眼位线上以等分的形式确定出6个眼位置。接着再以15mm的宽度设计出眼盖的断帮线。护口条部件的宽度取在16～18mm，前端是鞋眼盖压护口条，后端是合后缝，见图3-24。

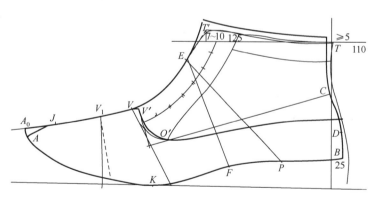

图3-24 鞋眼盖与护口条的设计

⑦设计后筋条部件：后筋条部件是在后帮上重叠使用的部件，上窄下宽成葫芦状。直线连接CD作为后筋条部件的中线，下端取弧线为开叉形式，上端延长的长度与CT曲线长度相同，制取样板时再加放8mm折回量。上端单侧宽度控制在10mm左右，下端单侧控制在20mm左右，见图3-25。

⑧加放底口绷帮量：由于靴鞋使用的材料比满帮鞋略厚，所以加放的绷帮量比满帮鞋略大，男鞋自前向后依次取15、16、17、18mm，女鞋依次取14、15、16、17mm。其中底口的里外怀区别要依据套样检验的结果来处理，见图3-26。

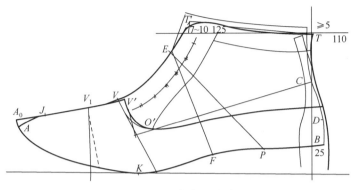

图3-25　后筋条的设计

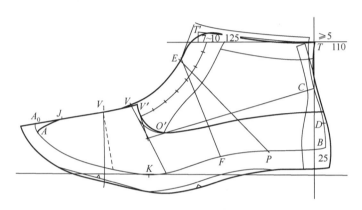

图3-26　加放底口绷帮量

⑨设计鞋舌部件：内耳式鞋舌是一种附加部件，可以设计在鞋耳下面，也可以设计在其他位置。为了便于制备划线板，可以设计在较大的部件上面。

设计鞋舌的长度要以眼位线的长度为基准，前端加放10 ~ 12mm压荏量，后端加放10mm放量。由于鞋舌比较长，经过舟上弯点后会出现皱褶，从而使鞋舌变短，所以要以眼位线为基准进行设计，而不是依据背中线的长度，见图3-27。经过修整后即得到内耳式高腰三节头男鞋鞋帮结构设计图。

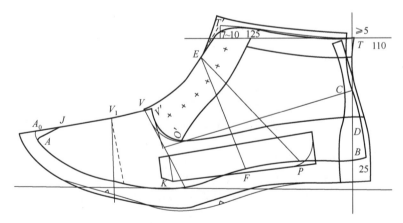

图3-27　内耳式高腰三节头男鞋帮结构设计图

（2）制取样板　按照帮结构设计图可以制取所需要的鞋帮样板。首先是制备划线板，然后按照划线板可以制取基本样板，依据基本样板可以制取开料样板。依据划线板也可以设计和制取鞋里样板。

①制备划线板：制备划线帮的要求都一样，通过刻槽、透空等方式把所有的部件轮廓都表示出来，便于后续制取基本样板，见图3-28。

②制取基本样板：制取基本样板的方法和要求都相同，要标注加工标记，见图3-29。

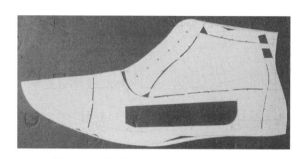

图3-28 内耳式高腰三节头男鞋划线板

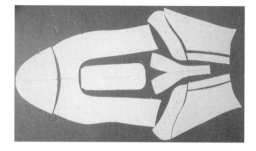

图3-29 内耳式高腰三节头男鞋基本样板

制取开料样板要在基本样板的基础上加放所需要的加工量，由于比较简单，图示从略。

③设计和制取鞋里样板：鞋里样板需要重新设计，下面介绍的是依据划线板所进行的鞋里设计。

首先设计后帮鞋里。按照划线板描出后帮的轮廓线，并在V点之前加放8mm压茬量后设计出前后帮的断帮线。接着在鞋耳和鞋口位置加放3mm冲边量，在后弧位置自上而下依次收减2、3、5mm。在D点收进3mm、B点收进5mm，上段收进2mm。在底口部位收进6~7mm，见图3-30。

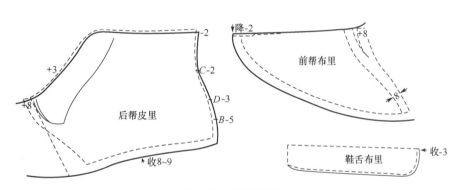

图3-30 鞋里设计图

在设计前帮里时，也同样利用划线板描出前帮的轮廓线，并把前后帮的断帮线也复制出来。在前端下降2mm后重新连接鞋里背中线到V'点，在V'点也加放8mm压茬量，设计出前帮里的后轮廓线，并逐渐与断帮线保持8mm距离，底口同样收进6~7mm。设计鞋舌里也是依据划线板描出鞋舌轮廓线。设计布里时周边收进3mm。鞋里部件样板见图3-31。

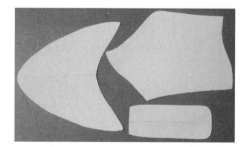

图3-31 鞋里部件图

2. 外耳式高腰鞋的设计

设计外耳式高腰鞋可以看作是外耳式鞋的变型设计，后帮加高加宽，其特点是鞋耳压前帮，结构设计要从鞋耳开始，见图3-32。这是一款外耳式高腰鞋，楦跟高度25mm。共计有前帮、后帮和鞋舌3种4块部件。鞋耳压在前帮上，形成了外耳式结构。前帮压鞋舌，鞋舌属于前帮的延伸。在后帮上有6个眼位，有鞋耳假线和后包跟假线作为装饰。采用定位取跷处理。取跷角在断舌位置。在外耳式鞋上，鞋口后端离不开保险皮部件，因为每次穿鞋时该部位都会受到拉伸作用，而在穿靴鞋时，脚后跟会直接伸进鞋帮内，后上口受力变弱，可以不用保险皮。

确定设计参数：后帮高100mm、鞋口长125mm。

（1）结构图设计

①控制样板方位：首先架设直角坐标，标出植跟高位置。然后将半面板上的K点落在横轴上、C点落在纵轴上、后端底口落在跟高位置上。接着要描出半面板的轮廓线、连接辅助线和作出取跷角，见图3-33。

图3-32 外耳式高腰鞋成品图

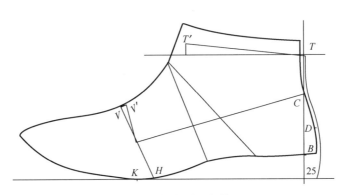

图3-33 控制样板方位

利用三点共面来确定半面板的方位。接着在纵坐标上自跟高位置开始向上截取后帮高度100mm，然后过高度点作一条水平线。在统口后端加放5mm、C点加放2mm、D点加放3mm、B点加放5mm，顺次连接出新的后弧线。新后弧线与水平线相交得到鞋口后端点T。

接着自T点开始往前量取鞋口长度125mm，并且前端上升10mm定T′点，连接TT′线作为设计鞋口辅助线。鞋口前高后低看上去比较精神。

②设计后帮大轮廓：设计高腰鞋后帮大轮廓与设计外耳式鞋相似，在O点之下10mm位置定鞋耳外怀前尖点O_1，在E点位置要下降5mm左右。E点往上的线条设计成圆弧角，然后利用鞋口辅助线设计出鞋口曲线，到达T点止。E点往前的线条要顺势下延，大约在VO长度的1/3位置拐弯，顺连到O_1点。自O_1点顺连出下弧到F点附近止，见图3-34。

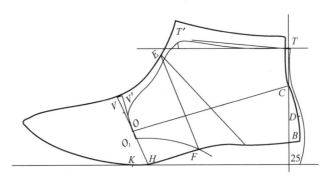

图3-34 后帮大轮廓的设计

③设计后帮眼位和假线：后帮是一整片，没有断帮。鞋眼位线距离鞋耳边距取15mm，然后在耳长范围内设计6个眼位。由于高腰鞋的后帮比较宽大，眼位线的边距也比较大。在距离眼位线15mm的位置设计鞋耳假线，往上延伸后顺连出鞋口假线，边距依然用15mm。在设计后包跟的位置也设计成假线，见图3-35。

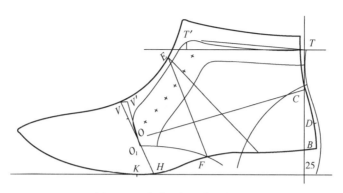

图3-35 设计后帮眼位和假线

④设计鞋舌：在后帮设计完成后再考虑前帮和鞋舌的设计。由于后帮压在前帮上，前帮必定有8mm的压茬量。沿着后帮下弧作出8mm压茬量可以确定前帮后端位置。在压茬线上距离后帮前端15mm左右的位置定口门宽度点O'，过O'点作后帮背中线的垂线可得到暗口门的位置，自暗口门位置后移5～7mm定断舌位置V'''点。连接$V'''E$线并延长，参照对应眼位线的长度确定鞋舌长度，也加放10mm放量。过鞋舌长度点作鞋舌中线的垂线，控制鞋舌宽度距离最后一个眼位10mm，然后顺连出鞋舌轮廓线到O'点，见图3-36。

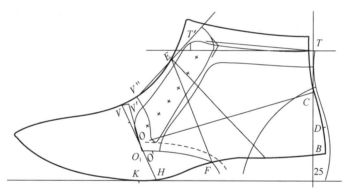

图3-36 设计鞋舌

注意鞋舌前端的线条，在凹弧线的基础上拐成S曲线。

⑤设计前帮：设计前帮需要进行跷度处理，在鞋舌与前帮之间进行定位取跷。

以O'点为圆心、到V''点长度为半径作大圆弧。连接VO'线和$V'O'$线，会与大圆弧相交得到等量代替角$\angle VO'V'$。接着在V''点之后截取等量代替角得到V'''点，$\angle V''O'V'''$即为定位取跷角。连接JV'''直线，前端控制到A_0点，A_0V'''即为前帮背中线。过V'''点作出取跷角，顺延到O'点后改为圆弧，连出前帮轮廓线，见图3-37。

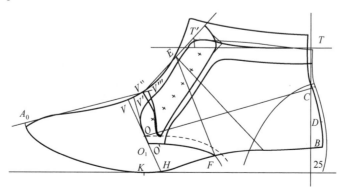

图3-37 前帮的设计

⑥加放绷帮量：在底口加放绷帮量15、16、17、18mm，并作出里外怀的区别，见图3-38。

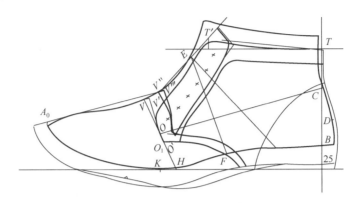

图3-38 加放绷帮量

⑦作出后帮里外怀的区别：后帮外怀的前尖点在O_1，自O_1点上升3~5mm、前移2~3mm定里怀前尖点O_2，然后顺连出外怀后帮轮廓线。在里外怀前尖点之上12mm位置标出锁口线。经过修整后即得到外耳式高腰鞋帮结构设计图，见图3-39。

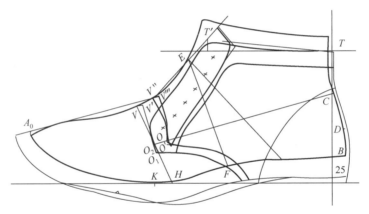

图3-39 外耳式高腰鞋帮结构设计图

（2）制取样板
①制备划线板：制备划线板的方法不变，见图3-40。
②制取基本样板：制取基本样板的要求不变，见图3-41。

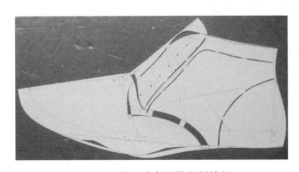

图3-40 外耳式高腰鞋的划线板

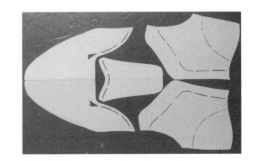

图3-41 外耳式高腰鞋的基本样板

③设计和制取鞋里样板：外耳式鞋利用基本样板设计鞋里比较方便。先描出里外怀后帮合并后的外轮廓线，在鞋耳鞋口部位加放3mm冲边量、后弧依次收进2、3、5mm，重新连接鞋里弧线，在底口

需要收进6～7mm，而在鞋耳前下端要加放8mm压茬量。注意在锁口线的位置要打剪口，直达到O'点。鞋里部件不用作出里外怀的区别，见图3-42。

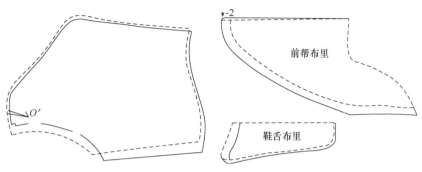

图3-42 前后帮鞋里的设计

设计前帮鞋里时，要在前帮基本样板轮廓的前端下降2mm，重新连接鞋里背中线。底口收进6～7mm。后端已经有了压茬量，不用另行加放。

在设计鞋舌布里时，周边收进3mm，前端加放压茬量8mm，鞋里部件见图3-43。

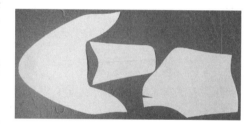

图3-43 鞋里部件图

3. 双侧橡筋高腰鞋的设计

双侧橡筋高腰鞋可以看作是矮帮橡筋鞋的变型设计，后帮加高加宽。其结构特点是鞋口环抱着脚踝，需要满足穿着的必要尺寸，因此要计算橡筋的使用宽度。如果前帮是一整块部件，还需要进行转换取跷。结构设计要从橡筋开始，见图3-44。

这是一款双侧橡筋高腰鞋，楦跟高度25mm，有前帮、后帮和橡筋等部件。前帮压后帮、前后帮压橡筋，结构设计时首先把橡筋的位置确定下来。

确定设计参数：后帮高110mm、鞋口长以楦背位置为基准。

图3-44 双侧橡筋高腰鞋成品图

（1）结构设计图

①确定鞋口控制线：架设直角坐标，标出楦跟高、然后利用三点共面确定半面板方位，接下来描出轮廓线、连接辅助线和作出取跷角等，都是必不可少的步骤。在样板方位确定以后，在纵坐标上截取后帮高度110mm，然后过后帮高度作一条水平线。接着确定后弧上端点距离鞋楦≥5mm、C点加放2mm、D点加放3mm、B点加放5mm，并顺连出新的后弧线。新后弧线与水平线交点定为T点，见图3-45。

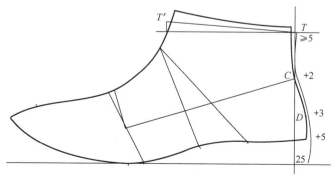

图3-45 确定鞋口控制线

由于鞋口环绕着脚踝，加工时鞋帮必须能包裹住楦统口，所以鞋口宽度要以水平线与背中线的交点为基准，上升10mm后定 T' 点，连接 TT' 直线为鞋口控制线。

②确定橡筋中线：取 TT' 线的中点与腰窝边沿点 F 相连作为橡筋中线。上端下降10mm左右后分别与 T 点和 T' 点相连，形成橡筋上轮廓控制线，见图3-46。

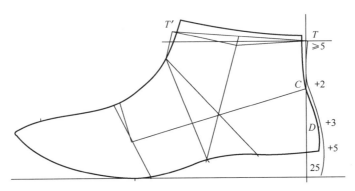

图3-46　确定橡筋中线

③确定橡筋宽度：橡筋的外形可以是上宽下窄形、上窄下宽形或者是上下同宽形，但脚兜围能否伸进鞋腔的关键是橡筋的上宽尺寸。计算橡筋宽度尺寸可用下面公式表示：

脚兜围尺寸 = 鞋口宽度 + 70%橡筋宽度

橡筋宽度 = （脚兜围宽度 – 鞋口宽度）/ 0.7

男子250号二型半脚兜围是318.3mm，脚兜围宽度是159.2mm，近似为160mm。如果在水平线上测量的鞋口宽度是140mm，则宽度差为20mm，20mm/0.7=28.6（mm）。设计橡筋宽度不应少于28.6mm，可近似取在30mm。

由于鞋楦的造型有差异，后帮的设计高度有差异，所测量的鞋口宽度数值并不都相同，要以实际的测量结果来计算，但最少尺寸也不要少于120mm。橡筋除了具有开闭功能外，还具有装饰作用，有时为了部件的比例协调，可以适当加宽。

本案例的鞋楦统口比较宽，橡筋的必要尺寸是28.6mm，考虑到外形比例，加长到46mm。以橡筋中线为基准，将46mm两侧等分。

橡筋的下端控制在后帮高度控制线的一半位置，然后作一条底口的平行线，两端所取的宽度是上宽的1.5倍左右，然后分别连接中线两侧的宽度控制线，成上窄下宽的梯形，见图3-47。

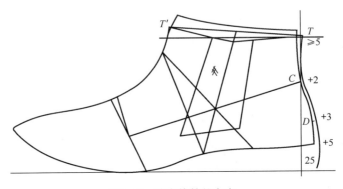

图3-47　确定橡筋的宽度

④设计前后帮轮廓线：前后帮轮廓线是围绕橡筋来设计的。前帮利用上轮廓控制线设计成圆弧角与橡筋顺接，把橡筋的前下角也设计成圆弧角，前后帮的断帮位置就是橡筋中线。同样也把橡筋的后

下角设计成圆弧角，再利用上轮廓控制线把后帮也设计成圆弧角。橡筋的上端控制线，要与鞋口斜线平行，位置在圆弧拐角下端，见图3-48。

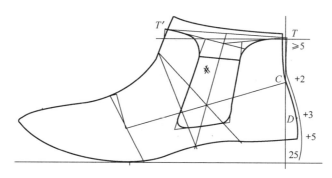

图3-48 设计前后帮轮廓线

⑤前帮作转换取跷角：观察前帮背中线会发现有两个拐点，一个在V点，一个在E点。在设计整前帮时，由于弯曲的背中线无法开料，所以需要进行转换取跷处理，把前后帮背中线转换成一条直线。

先进行前段处理：将后帮背中线顺连成一条直线并向前延伸，然后再连接JV'线作前帮背中线到A_0点。接着以O点为圆心、OA_0长为半径作圆弧，与后帮背中线的延长线交于A_2点。把取跷中心O'点定在橡筋前下弯中心位置，连接O'A_0和O'A_2线，$\angle A_0 O' A_2$即为取角的大小。

由于前后帮的断帮位置有两个拐点，所以需要进行两次取跷处理。第一次是以O'点为圆心，到F'点长度为半径作圆弧，截取取跷角的大小后得到F_1点。接着自O'点作弧线顺连到F_1点。第二次是以O'点为圆心，到F点长度为半径作圆弧，截取取跷角的大小后得到F_2点。接着连接$F_1 F_2$线。O'$F_1 F_2$线即为取跷后的轮廓线，见图3-49。

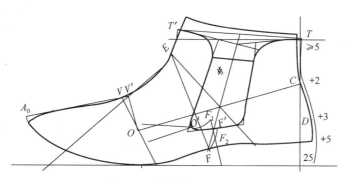

图3-49 前帮作转换取跷角

⑥连接前帮底口轮廓线：由于前后帮的底口是错开的，所以需要分别进行前后帮底口处理。前帮底口的前端点不用A_2点，这样会使背中线变长。要在后帮背中线的延长线上，截取前帮背中线$A_0 V'$长度定A_2'点。A_2'点是前帮的实际长度，用A_2'点作前端点会使底口变短。$A_2 A_2'$的长度是背中线转换长与实际长的差值，简称长度差。前帮前端点的位置要取在$A_2 A_2'$的2/3来定为A''点，或者说是在实际长度基础上增加1/3长度差。接下来是以A''点为前端点，用半面板描出前帮底口轮廓线，到达F_2点止，见图3-50。

⑦加放前帮底口绷帮量：在前帮底口轮廓线的基础上加放前帮的绷帮量，依次为15、16、17mm。同样也作出里外怀底口的区别。前帮虽然旋转下降，里外怀区别的相对位置是不变的，可以将这种区别直接标注在半面板上，这样查找起来就变得很方便，见图3-51。

⑧加放后帮底口绷帮量：后帮底口绷帮量要在断帮线的延长线上开始加放17、18mm。也作出里外

怀的区别，要控制前后帮里外怀的区别相等，见图3-52。

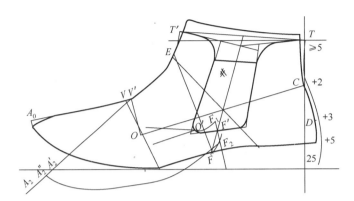

图3-50 连接前帮底口轮廓线

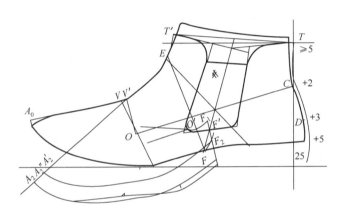

图3-51 加放前帮底口绷帮量

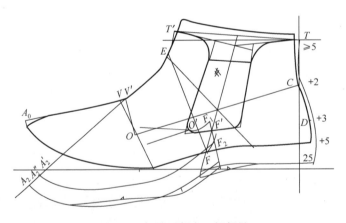

图3-52 加放后帮底口绷帮量

⑨里怀鞋舌取工艺跷：观察结构设计图，背中线的上另一个拐点还没有处理。如果同样也取转换跷，在技术上不成问题，但实际的产品外观会出现问题。在绷帮时，由于有鞋楦的支撑，还看不到缺陷，但是在出楦后，鞋舌部位失去了支撑物，便会向后挤压，而橡筋材料比皮料软，便会扭曲变形，影响外观效果。所以只有在特定条件下才会使用两次转换取跷处理，一般情况下是在里怀的鞋舌部位取工艺跷。具体的操作是找到背中线上直线与曲线的分界点，自该点向下倾斜到有橡筋的位置作一条里怀的断帮线。里怀断开后，开料就不成问题，但还需要增加半个鞋舌部件。这半个鞋舌部件成角

形，相当于增加了一个工艺跷。最后计算帮部件共计有4种6件，见图3-53。

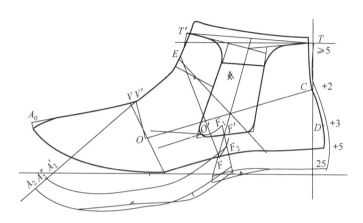

图3-53 双侧橡筋高腰鞋帮结构设计图

经过修整后即得到双侧橡筋高腰鞋帮结构设计图。

（2）制取样板

①制备划线板：制备划线版的方法不变，见图3-54。

②制取基本样板：制取基本样板的要求不变，见图3-55。

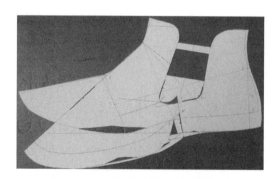

图3-54 双侧橡筋高腰鞋的划线板

图3-55 双侧橡筋高腰鞋的基本样板

前帮部件的鞋舌部位缺一个角，填补上半个鞋舌相当于取了个工艺跷。在经验设计中，把这种取跷的方法叫作插跷。如果把半个鞋舌与前帮镶接起来，前帮就会变成一个曲面，如果把前后帮与橡筋也镶接起来，就会形成帮套，见图3-56。

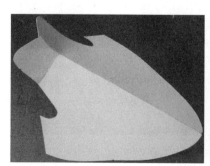
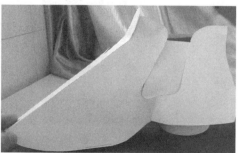

图3-56 部件镶接

③设计和制取鞋里样板：高腰橡筋鞋为套式鞋里，使用套式里可以省去橡筋衬布，使用划线板设

计鞋里比较方便。首先描出划线板的大轮廓，并标出取跷角∠$VO'V'$。然后以O'点为圆心、到A_0点长度为半径作圆弧，再以V点为圆心、A_0V'长度为半径也作圆弧，两弧相交于A_1点。直线连接A_1到V点得到鞋里背中线。接着自A_1点用半面板描出底口轮廓线，到H点附近止。由于前帮底口没有绷帮量，所以需要加放8~9mm，顺连到H点附近后再与后帮底口收进6~7mm的轮廓线连接，形成鞋里底口轮廓线。如图3-57中虚线所示。

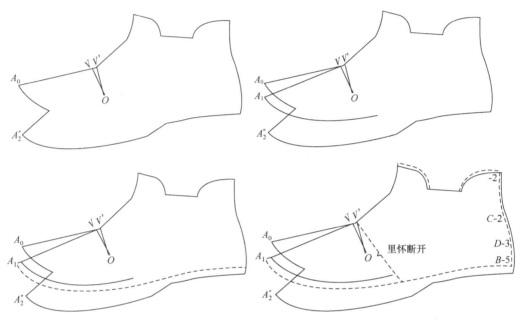

图3-57 套式鞋里设计图

在鞋口部位加放3mm冲边量，在后跟弧自上而下分别收进2、2、3、5mm。如果将背中线断开，可以取里外怀两片式鞋里；如果自口门位置将前后鞋里断开，可以取两段式鞋里；如果在口门位置只将里怀一侧断开，得到的是"七字里"。七字里是由于其外形类似"七"字而得名，这种鞋里使用方便，而且便于调节底口的松紧。

为什么要利用A_1线来设计鞋里呢？因为绷帮后帮部件的还原位置就是A_1线，回想一下最初半面板的套样检验，也正是处于这种状态。当A_0点下降到A_1点位置，V'点便会还原到V点位置，补充了自然跷度角。由于鞋里材料的延伸性比较好，底口不用补跷，见图3-58。

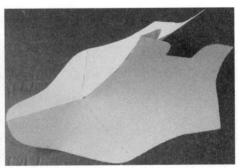

图3-58 七字里的样板与镶接

二、高腰橡筋鞋的变型设计

高腰橡筋鞋在鞋舌部位取工艺跷是一种传统的设计方法，如果不想取工艺跷，还可以演变出错位、分割、转移、开中缝等多种设计方法。由此就形成了高腰橡筋鞋的变型设计，也就是在保留橡筋的前提下，进行不同的款式变化。

1. 双侧橡筋高腰鞋的错位设计

所谓错位设计，是指将背中线上第二个拐弯点的位置错开，这样在前帮上端不用再取工艺跷，见图3-59。这是一款后帮比较矮的高腰鞋，后帮设计高度在80mm左右，以能够错开E点的拐弯为基准，这样就能省去前帮的工艺跷。其设计过程与传统的双侧橡筋高腰鞋相同。

图3-59 矮后帮高腰橡筋鞋成品图

（1）结构图的设计

①后帮的设计：完成确定半面板方位等操作后在纵坐标上截取后帮高度80mm，也作出水平线，在后弧增加加放量≥5、2、3、5mm的基础上顺连型的后弧线，确定后帮上端点T。此时T点位置比E点低，连接ET为鞋口控制线。

同样是从鞋口控制线的1/2连接F点为橡筋的中线，下降10mm后分别连接E点和T点为上端控制线。由于鞋口比较长，计算出的橡筋宽度比较小，外观比例上不协调，故将橡筋宽度加大，取在52mm，见图3-60。

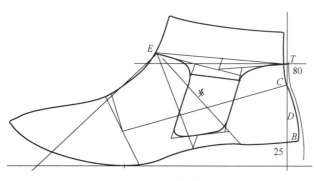

图3-60 后帮的设计

按照前述方法设计出橡筋的轮廓外形和高低位置。图中橡筋下端位置有意下移，这样可以增加橡筋的长度。过E点在最贴近楦背的基础上顺连出一条直线并延长为后帮背中线，可以看到所需要处理的跷度只存在于前帮。

②前帮取跷处理：连接JV'线得到前帮背中线到A_0点，然后以O点为圆心、OA_0长为半径作圆弧，与后帮背中线的延长线交于A_2点。把取跷中心O'点定在橡筋前下弯中心位置，连接$O'A_0$和$O'A_2$线，$\angle A_0O'A_2$即为取跷角的大小。

由于前后帮的断帮位置有两个拐点，所以需要作两次取跷处理。第一次是以O'点为圆心，到F'点长度为半径作圆弧，截取取跷角的大小后得到F_1点。接着自O'点作弧线顺连到F_1点。第二次是以O'点为圆心、到F点长度为半径作圆弧，截取取跷角的大小后得到F_2点。接着连接F_1F_2线。$O'F_1F_2$线即为取跷后的轮廓线，见图3-61。

③连接前帮底口轮廓线：A_2点是前帮的转换长度点，不是底口前端点。在后帮背中线的延长线上截取前帮长度A_0V'定A_2'点。A_2'点是前帮实际长度点，取长度差A_2A_2'的1/3定A_2''点，这才是底口前端点。自A_2''点用半面板顺连出底口轮廓线到F_2点，见图3-62。

④加放前帮绷帮量：在前帮底口加放绷帮量15、16、17mm，并作出里外怀的区别，见图3-63。

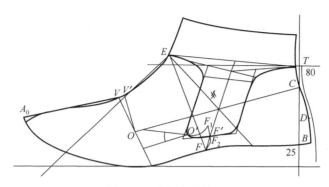

图3-61　前帮取跷处理

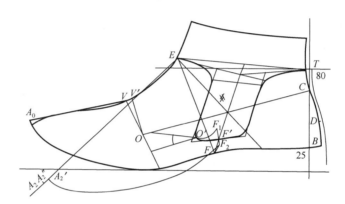

图3-62　连接前帮底口轮廓线

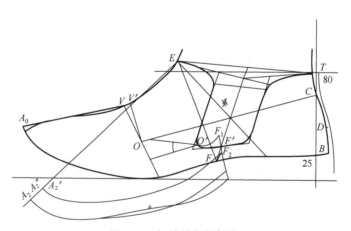

图3-63　加放前帮绷帮量

　　⑤完成结构设计图：自橡筋中线的延长线开始加放后帮底口的绷帮量17、18mm。经过修整后即得到矮后帮高腰橡筋鞋帮结构设计图，见图3-64。

　　（2）制取样板

　　①制备划线板：制备划线板的方法不变，见图3-65。

　　②制取基本样板：制取基本样板的要求不变，见图3-66。

　　③设计和制取鞋里样板：设计鞋里样板也是采用划线板，与传统双侧橡筋高腰鞋的鞋里设计方法相同，也是取七字里，见图3-67。

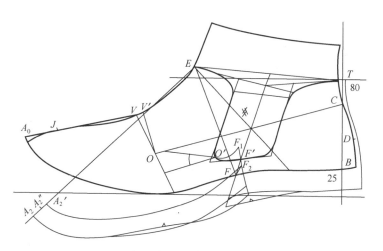

图3-64　矮后帮高腰橡筋鞋帮结构设计图

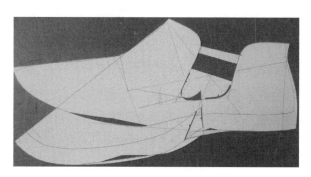

图3-65　制备矮后帮高腰橡筋鞋的划线板

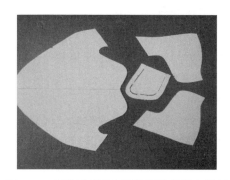

图3-66　制取矮后帮高腰橡筋鞋的基本样板

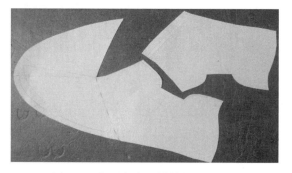

图3-67　矮后帮高腰橡筋鞋的七字里

2. 双侧橡筋高腰鞋的分割设计

所谓分割设计，是指将背中线上第二个拐弯点的位置进行断帮分割，这样就可以通过分别取不同的部件而避开前帮上端的取工艺跷，见图3-68。这是一款前帮镶条的高腰鞋，前帮的周边有装饰条。装饰条的位置在 E 点，通过断帮来避开前帮取工艺跷。考虑到装饰条的宽度，后帮设计得不要太高，取在100mm左右即可。其设计过程与传统的双侧橡筋高腰鞋相同。

（1）结构图的设计

①控制橡筋的位置：橡筋的位置处于前后帮之间，在橡

图3-68　镶条高腰橡筋鞋成品图

筋的位置确定以后，才容易安排前后帮的宽度。同样是先确定半面板方位，在后帮100mm高度位置作一条水平线，后弧增加放量后顺连出一条新弧线，并在新弧线上确定后端点T。在水平线之上10mm的楦背上定T'点，连接TT'为鞋口控制线。在TT'线的1/2位置作橡筋中线连接到F点，参考前面的橡筋宽度数据，把橡筋基本宽度取在40mm。作出上下同宽的辅助线，下端到后帮高度控制线的1/2位置，也作底口的平行线，见图3-69。

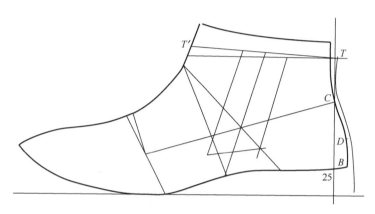

图3-69 控制橡筋的位置

②设计前帮轮廓线：前帮的轮廓线类似于整鞋舌，鞋舌高度位置控制在E点。E点到T'点为装饰条的宽度。以装饰条的宽度为基准作一条橡筋前宽线的平行线，然后自E点开始设计出前帮轮廓线。鞋舌取圆弧线，顺着平行线下滑，在后帮高度控制线附近向后扭转，直到底口位置。把下滑线比较凸起的位置定为取跷中心O'点，见图3-70。

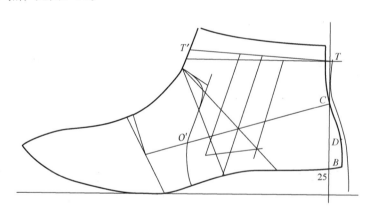

图3-70 设计前帮轮廓线

③设计装饰条轮廓线：装饰条环绕在鞋舌的周边，以E点到T'点宽度为基准，设计一条与鞋舌轮廓线近似的平行线，即得到装饰条的轮廓线，见图3-71。

④设计后帮轮廓线：后帮轮廓线借用橡筋的辅助线来设计，自下端1/2后帮高度控制线开始，斜向后上方成圆弧状与橡筋后宽线重合，并继续向上延伸，再以圆弧形式连接到T点。前后帮的圆弧线要相似，前后帮之间的部件即为橡筋，设计图上一般用#来表示纺织材料。橡筋的高度控制在前后帮圆弧拐弯的位置，见图3-72。

⑤前帮跷度处理：前帮背中线上有两个拐点，在上拐点进行了部件分割，不用作跷度处理，而在下拐点需要进行转换取跷处理。

先过E点作一条与楦背最贴近的后帮背中线，并向前延伸，然后连接出前帮背中线到A_0点，接着以O点为圆心、到A_0点的长度为半径作圆弧线，与延长线交于A_2点。连接出$O'A_0$和$O'A_2$线即得到取跷角的大小。再以O'点为圆心、到前帮底口长度H_1点为半径作圆弧，并截出取跷角的大小得到H_2点，$\angle H_1 O' H_2$即为转换取跷角，见图3-73。

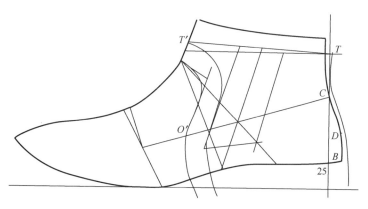

图3-71 设计装饰条轮廓线

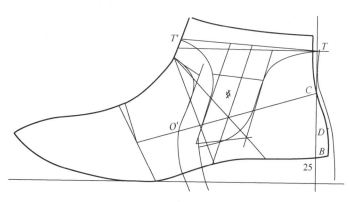

图3-72 设计后帮轮廓线

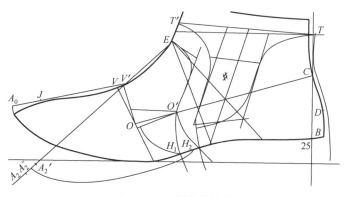

图3-73 前帮跷度处理

同样在A_2点之后截出前帮实际长度A_2'点，取长度差的1/3定底口前端点A_2''。也同样是自A_2''点开始，用半面板描出前帮底口轮廓线到H_2点止。

注意前帮的取跷中心不要安排在装饰条上而是在前帮上。取跷中心越接近O点，其还原效果越好。

⑥完成结构设计图：分别加放前后帮底口绷帮量并作出里外怀的区别。经过修整后即得到镶条高

腰橡筋鞋帮结构设计图，见图3-74。

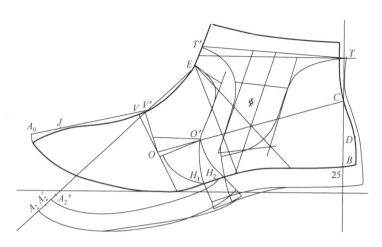

图3-74　镶条高腰橡筋鞋帮结构设计图

（2）制取样板

①制备划线板：制备划线版的方法不变，见图3-75。

②制取基本样板：制取基本样板的要求不变，见图3-76。

③设计和制取鞋里样板：同样是利用划线板设计鞋里，然后再制取样板，见图3-77。

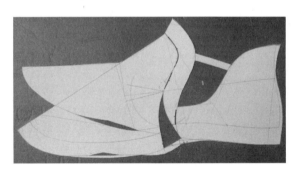

图3-75　镶条高腰橡筋鞋的划线板

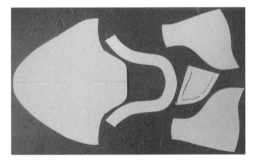

图3-76　镶条高腰橡筋鞋的基本样板

图3-77　镶条高腰橡筋鞋的七字里

3. 双侧橡筋高腰鞋的转移设计

所谓转移设计，是指将背中线上两个拐弯点的跷度处理转移到同一个取跷中心上进行，这样也可以省掉前帮上端取工艺跷，见图3-78。这是一款直葫芦头的高腰鞋。葫芦头的外形类似于鞋舌，但是比较窄，而且要与前帮连成一体。葫芦头一般为圆弧角造型，如果是直角造型就成为直葫芦头。直葫芦头把鞋帮分成了前帮与后帮两大部分，橡筋成为了后帮的一个部件。由于楦背部有两个拐点，所以需要进行上下两次转换取跷，称为"双转换取跷"。后帮设计高度取在110mm。其设计过程与传统的双侧橡筋高腰鞋相同。

（1）结构图的设计

①控制橡筋的位置：控制橡筋位置的方法都相同。同样是先确定半面板方位，在后帮110mm高度位置作一条水平线，后弧增加放量后顺连出一条新弧线，并在新弧线上确定后端点T。在水平线之上10mm的楦背上定T'点，连接TT'为鞋口控制线。在TT'线的1/2位置作橡筋中线连接到F点，参考前面的橡筋宽度数据，把橡筋基本宽度取在45mm。作出上窄下宽的辅助线，下端到后帮高度控制线的1/2位置，也作底口的平行线，见图3-79。

图3-78 直葫芦头高腰橡筋鞋成品图

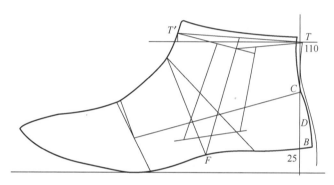

图3-79 控制橡筋的位置

②设计前帮分割线：过E点在最贴近背中线的位置连接一条直线并向前下方延长，上端保留原光滑曲线。前帮直葫芦头的宽度取在到橡筋辅助线距离的1/3左右，然后作出下滑分割线，并在后帮高度控制线附近向后弯曲。在分割线比较凸起的位置定位取跷中心O'点，见图3-80。

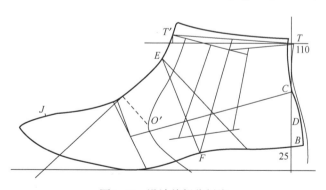

图3-80 设计前帮分割线

③设计后帮轮廓线：后帮成为一整块部件，在中间部位是橡筋。将橡筋两侧的上下两端都用圆弧角顺连。并在上圆弧角拐弯的下端设计橡筋的上轮廓线，要与鞋口线平行，见图3-81。

④前帮下段跷度处理：前帮下段按照常规的转换取跷处理。先连接出前帮背中线$V'A_0$，然后以O点为圆心、到A_0点长度为半径作圆弧，与后帮背中线的延长线相交于A_2点。$\angle A_0 O' A_2$即为取跷角的大小。接着再以O'点为圆心、到前帮底口H_1点长度为半径作圆弧，截取取跷角的大小定为H_2点，见图3-82。

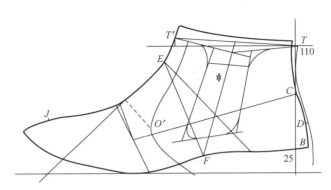

图3-81 设计后帮轮廓线

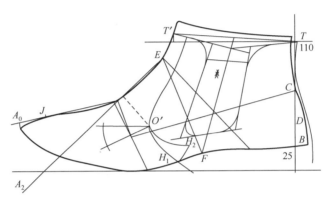

图3-82 前帮下段跷度处理

⑤连接前帮底口轮廓线：同样是在A_2点之后确定前帮实际长度点A_2'点，并取长度差A_2A_2'的1/3确定底口前端点A_2''点，然后自A_2''点用半面板顺连出前帮底口轮廓线到H_2点止，见图3-83。常规的转换取跷包括确定A_0点、确定A_2点、连接出取跷角的大小、在断帮位置截取取跷角、确定A_2'点、截取1/3长度差确定A_2''点、最后顺连出底口轮廓线。在靴鞋设计中会经常用到转换取跷，熟练掌握常规的转换取跷方法，可以提高设计效率。

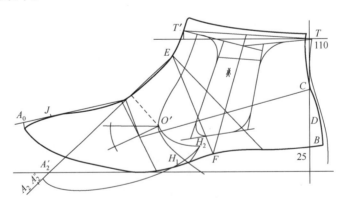

图3-83 连接前帮底口轮廓线

⑥前帮上段跷度处理：前帮上段跷度处理相当于第二次转换取跷。将后帮背中线向后延长，然后过O'点作后帮背中线的垂线。注意，要使垂足即交于背中直线，又交于背中曲线。接着截取垂线的2/3定O''点，这是上段的取跷中心点。接下来是以O''点为圆心、到T'点的长度为半径作圆弧，与向后的延长线交于T''点，这是前帮的上端点。过T''点作延长线的垂线，截取直葫芦头的宽度，并顺连到O'点，即得到前帮上段轮廓线，见图3-84。

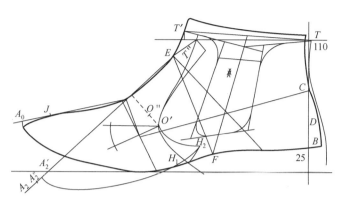

图3-84　前帮上段跷度处理

为何把取跷中心定在O''点呢？在经验设计中，旋转出来的葫芦头偏长，根据经验要修剪掉一段长度，减掉的长度是多少，要经过试帮才能知道。如果是以O'点为圆心、到T'点的长度为半径作圆弧，交于T''点后葫芦头也会变长。如果是以垂足为圆心、到T'点的长度为半径作圆弧，交于T''点后葫芦头就会变短。这变长与变短之间的距离就形成了后段长度差。根据经验，修剪掉1/3长度差比较合适。如果把取跷中心转移到垂线的2/3位置作圆弧，相当于修剪掉了1/3长度差，所以第二次转换取跷时的取跷中心定在O''点。

⑦加放前帮底口绷帮量：在前帮设计完成后再加放底口绷帮量，并作出里外怀的区别，见图3-85。

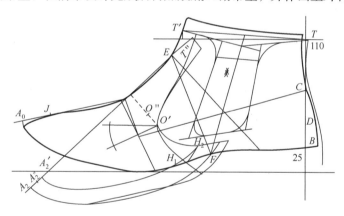

图3-85　加放前帮底口绷帮量

⑧完成帮结构设计图：最后也加放后帮底口绷帮量。经过修整后即得到直葫芦头高腰橡筋鞋帮结构设计图，见图3-86。

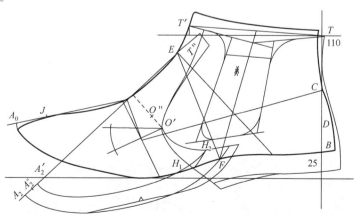

图3-86　直葫芦头高腰橡筋鞋帮结构设计图

（2）制取样板

①制备划线板：制备划线板的方法不变，见图3-87。

②制取基本样板：制取基本样板的要求不变，见图3-88。

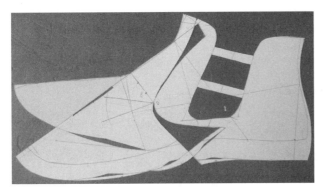

图3-87　直葫芦头高腰橡筋鞋的划线板

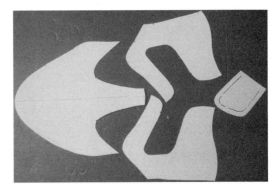

图3-88　直葫芦头高腰橡筋鞋的基本样板

③鞋里样板的设计与制取：先利用划线板设计鞋里部件，然后再制取样板，见图3-89。将七字里镶接后即得到套式里。对于不同高度的靴鞋来说，设计和制取套式里的方法是一样的，只是高度上有所变化。

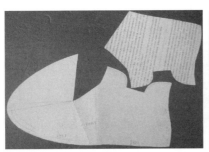

图3-89　直葫芦头高腰橡筋鞋的七字里

通过男高腰鞋的设计，应该掌握住确定半面板方位、设计新后弧线、确定后帮高度、确定鞋口长度等基础操作过程，在后续的高腰女鞋设计中以及不同高度筒靴的设计中，这些基础操作还会重复出现。

三、高腰女鞋的设计

女鞋的设计离不开跟高的变化，在选择鞋楦后，同样需要确定设计点、制备半面板以及进行套样检验。对于平跟、中跟和高跟楦来说，它们的半面板是有区别的，见图3-90。

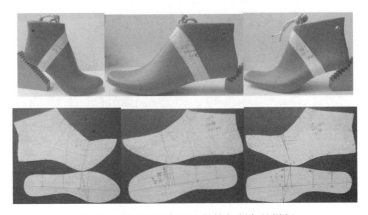

图3-90　平跟中跟高跟的鞋楦与制备的样板

设计高腰女鞋与设计高腰男鞋的方法步骤是相同的，但部件的造型变化比较大，特别是楦跟的高低不同还会直接影响外观效果。230号女鞋的后帮高度取在80~100mm，鞋口宽度取在110~115mm。

1. 内耳式高腰女鞋的设计

设计内耳式女鞋需要进行定位取跷，见图3-91。这是一款高跟高腰女鞋，跟高80mm，确定着地点时须要使 W 点前移6mm，定 W_0 点，然后再确定 K 点。前帮后帮连为一体，压在鞋耳上，鞋耳成为独立的部件。后帮上有后包跟，加上鞋舌共计有4种部件。

确定设计参数：后帮高度90mm、鞋口宽度115mm。

设计结构图同样需要进行基础设计，包括架设直角坐标、确定半面板方位、量取后帮高度并作水平线、后弧

图3-91 内耳式高腰女鞋成品图

增加放量后顺连出新弧线，在新弧线与水平线相交的位置确定鞋口后端点。注意鞋口后端点距离鞋楦要≥5mm，自后端点往前量115mm后上升10mm定鞋口长度。连接鞋口控制线，使鞋口成前高后低的状态，见图3-92。

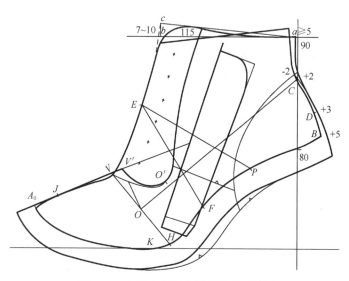

图3-92 内耳式高腰女鞋帮结构设计图

（1）结构图设计

①口门位置在 V 点，设计出后帮鞋耳与鞋口轮廓线。

②以15mm距离确定眼位线和6个眼位。

③连接前帮背中线 A_0V' ，过 V' 点作出取跷角 $\angle VO'\ V'$ 。

④设计后包跟部件，后上端要收进2mm。

⑤按照眼位线的长度设计鞋舌部件，前端加压茬10~12mm，后端加放量10mm。

⑥考虑到整前帮不能直接开料，要在适当的位置把里怀断开。

⑦最后加放底口绷帮量14、15、16、17mm，并作出里外怀的区别。经过修整后即得到内耳式高腰女鞋帮结构设计图。

上述步骤比较简要，因为所有的设计过程都与男高腰鞋的设计相同，已经过多次练习不再赘述。

（2）制取样板 生产用的样板包括基本样板、开料样板和鞋里样板，由于开料样板是在基本样板

的基础上加放加工量得到的，比较简单，故省略了图示。

①制备划线板：制备划线板是为了便于制取基本样板，设计的方法相同，见图3-93。

②制取基本样板：制取基本样板的要求不变，见图3-94。包括断帮共计有部件4种6块。整前帮不断开会影响开料，把断帮部件镶接后就形成完整的前帮。

图3-93　内耳式高腰女鞋的划线板

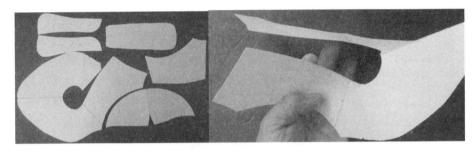

图3-94　内耳式高腰女鞋的基本样板

③设计和制取鞋里样板：先设计鞋里部件，然后再制取样板。采用划线板设计鞋里比较方便，见图3-95。内耳式女高腰鞋里设计的模式与男高腰鞋相同，设计参数也相同。

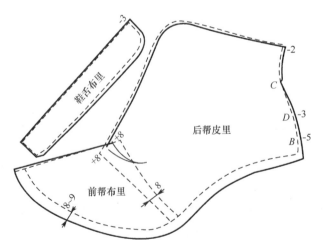

图3-95　内耳式高腰女鞋都鞋里设计图

2. 外耳式高腰女鞋的设计

外耳式鞋的鞋耳造型可以有多种变化，但结构特点都是鞋耳压在前帮上，设计要从鞋耳开始。其中的鞋舌是前帮延伸的部件，在断舌的部位进行定位取跷，见图3-96。这是一款平跟高腰女鞋，跟高30mm，后帮鞋耳不是系带而是改用大号鞋钎连接，故叫作大钎鞋。其中鞋带比较宽，束脚能力强，鞋钎要安排在黄金分割位置，比较醒目。确定着地点时须要使W点前移1mm定W_0点，然后再确定K点。鞋帮上有前帮、后帮、鞋舌、鞋带、后筋条部件，共计5种6件。注意鞋钎的内径要大于鞋带宽度2mm。

图3-96 外耳式大钎高腰女鞋成品图

确定设计参数：后帮高度80mm、鞋口宽度115mm。

设计结构图同样需要进行基础设计，包括架设直角坐标、确定半面板方位、量取后帮高度并作水平线，后弧增加放量后顺连出新弧线，在新弧线与水平线相交的位置确定鞋口后端点。注意鞋口后端点距离鞋楦要≥5mm，自后端点往前量115mm后上升10mm定鞋口长度。连接鞋口控制线，使鞋口成前高后低的状态。

（1）结构图设计 参考男式外耳高腰鞋进行设计，见图3-97。

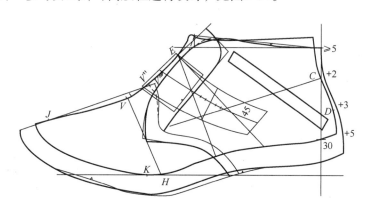

图3-97 外耳式大钎高腰女鞋帮结构设计图

主要设计过程如下：

①先设计后帮轮廓线，然后再设计外耳的轮廓线，E点位置下降5mm左右，外怀前尖点在O点之下10mm左右。

②在鞋耳长度的中点设计一条鞋带走向的中线，在距离鞋耳45mm左右的位置设置鞋钎孔的中心孔位。在中心孔位控制鞋带的宽度30mm左右。在脚背上端高出VE线3mm控制鞋带上宽线，在中心孔下端40mm位置控制鞋带下宽线。接着设计出上宽下窄的鞋带外形轮廓，确定5个眼位。鞋带里怀装配位置控制在距离鞋耳45mm的位置。

③后筋条部件设计在大部件之上。

④在鞋耳下端设计出8mm压茬量，在距离鞋耳前端15mm位置定位取跷中心点。过取跷中心点作后帮背中线垂线得到暗口门位置，后移5～7mm得到断舌位置。接着设计鞋舌部件，前端定作V'''点，沿着背中线向后延长，超出鞋耳10mm为后端点，控制后宽在30mm设计出鞋舌轮廓线，到达取跷中心点止。

⑤在断舌位置作大圆弧，截取等量代替角后得到V'''点。过前头凸点J连接出前帮背中线A_0V'''，并圆整底口轮廓线。

⑥最后加放底口绷帮量14、15、16、17mm，并作出里外怀的区别。经过修整后即得到内耳式高腰女鞋帮结构设计图。

外耳式鞋的设计比较复杂，通过前面的学习应该能达到举一反三的学习效果。

（2）制取样板

①制备划线板：制备划线板的方法不变，见图3-98。

②制取基本样板：制取基本样板的要求不变，见图3-99。

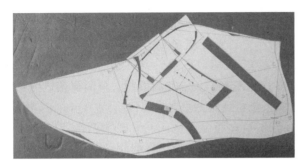

图3-98 外耳式大钎高腰女鞋的划线板

图3-99 外耳式大钎高腰女鞋的基本样板

注意标注前帮镶接标记时要搬跷，鞋带比较宽时束脚能力强，见图3-100。

图3-100 前帮搬跷示意图与宽鞋带的设计

这里的搬跷是指在标记锁口线位置时，要把取跷角还原再标记，相当于把取跷角"搬"下来。搬跷后的样板镶接后成翘曲状，很容易伏楦。如果前后帮镶接后很平整，则说明没有做好搬跷处理。

③鞋里的设计与制取样板：外耳式鞋里虽然属于分段式鞋里，用划线板也能方便地设计前后帮里部件，而鞋舌和鞋带部件再用基本样板进行设计，见图3-101。设计鞋里部件所用的参数都相同，设计模式也都相同。

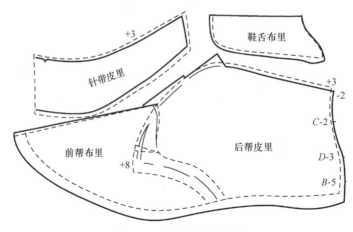

图3-101 鞋里部件设计图

3. 高腰橡筋女鞋的设计

高腰橡筋女鞋与高腰橡筋男鞋的设计方法相同，如果把前帮的背中线断开，就可以大大简化设计过程。橡筋宽度的控制也需要进行计算：

橡筋宽度=（脚兜围宽度–鞋口宽度）/0.7

女子230号一型半脚兜围是159.2mm，脚兜围宽度是135.4mm，近似为135mm。由于测量的鞋口宽度是115mm，则宽度差为20mm，20mm / 0.7 = 28.6mm。设计橡筋宽度不应少于28.6mm，考虑到外观效果，可以取在鞋口宽度的1/3，为36mm，见图3–102。

这是一款中跟高腰女鞋，跟高50mm，由于前帮背中线是断开的，所以前后帮可以连成一体，形成里外怀两片部件，而橡筋只是整帮部件的一部分。确定着地点时需要使W点前移3mm定W_0点，然后再确定K点。鞋帮上只有整鞋帮和橡筋部件，共计2种3件。前帮开中缝后采用前降跷方法处理半面板。

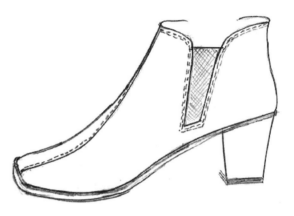

图3–102　开中缝高腰橡筋女鞋成品图

确定设计参数：后帮高度100mm、鞋口宽度115mm。

设计结构图同样需要进行基础设计，包括架设直角坐标、确定半面板方位、量取后帮高度并作水平线、后弧增加放量后顺连出新弧线，在新弧线与水平线相交的位置确定鞋口后端点。注意鞋口后端点距离鞋楦要≥5mm，自后端点往前量115mm后上升10mm定鞋口长度。连接鞋口控制线，使鞋口成前高后低的状态。

在后帮高度超过统口高度时，要利用宽度的设计参数控制鞋口；在后帮高度没有超过统口高度时，要以背中线上的位置点来控制鞋口。

（1）结构图设计

①橡筋位置的控制：取1/2鞋口宽度作橡筋中线连接到F点，然后在橡筋中线两侧各作一条辅助线。要求上宽控制在36mm左右，在高度控制线一半的位置控制下宽18mm。橡筋下角取角形，见图3–103。

将鞋口橡筋两侧顺连成圆弧角，并在圆弧角拐弯以下设计橡筋上轮廓线。注意橡筋上轮廓线与鞋口线平行，下轮廓线与底口平行。

②前帮降跷处理：所谓前帮降跷是指把前帮下降到对位取跷的位置。由于开中缝结构的特殊性，要保留背中线的原曲线状态。操作时把半面板复原到结构图的轮廓线上，然后用针扎住O点、旋转前帮，使V'点与V点重合。此时前帮背中会从A点下降到A_1'点，顺势描出前帮背中线和底口轮廓线，直到与原底口重合为止。

③加放底口绷帮量：自A_1'点开始加放底口绷帮量14、15、16、17mm，并作出里外怀的区别。经过修整后即得到开中缝高腰橡筋女鞋帮结构设计图。

开中缝鞋类结构图的设计之所以比较简单，是因为楦背的马鞍形曲面被破坏，楦曲面容易被展平，所以减少了一些取跷的过程。

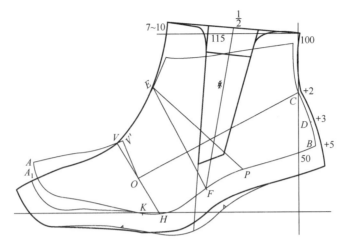

图3-103　开中缝高腰橡筋女鞋帮结构设计图

（2）制取样板

①制备划线板：制备划线板的方法不变，见图3-104。

②制取基本样板：制取基本样板的要求不变，如果把样板镶接起来，就会形成套样，而且脚背部位很容易贴楦，见图3-105。

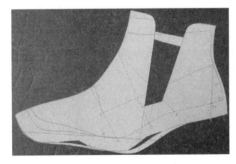

图3-104　开中缝高腰橡筋女鞋的划线板

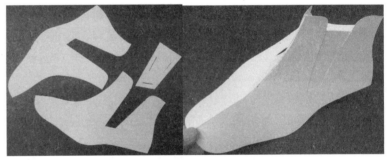

图3-105　开中缝高腰橡筋女鞋的基本样板

③鞋里的设计与制取：开中缝高腰橡筋女鞋的鞋里设计成套式里。通过设计图就能制取鞋里样板，见图3-106。

高腰鞋处于鞋与靴的中间，是从鞋设计过渡到靴设计的枢纽。高腰鞋沿袭了鞋设计的取跷原理，出现了后帮高度与宽度的变化；后续的筒靴设计相当于在高腰鞋的基础上进行变化，因此高腰鞋的设计有着举足轻重的作用。

在高腰男鞋的设计中，采用了步步分解的方法，希望能够牢牢掌握基础设计。而在高腰女鞋的设计中，则只列出了设计的纲要，希望通过提示能够熟练地应用基础设计。在后续的筒靴设计中，除了高度与宽度的控制外，基本上都是在灵活运用所学过的基础设计知识。

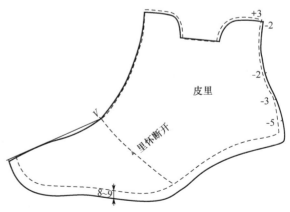

图3-106　开中缝高腰橡筋女鞋的鞋里设计图

思考与练习

1. 设计三款不同结构的高腰男鞋，画出成品图和结构图，并选择其中的一款制取三种生产用的样板。

2. 设计三款不同式样的高腰橡筋男鞋，画出成品图和结构图，并选择其中的一款制取三种生产用的样板。

3. 设计三款不同结构的高腰女鞋，画出成品图和结构图，并选择其中的一款制取三种生产用的样板。

第三节 矮筒靴的设计

矮筒靴是指后帮高度在脚腕附近的一类鞋，与高腰鞋相比，统口的高度增加了，统口的宽度也出现了变化。由于筒靴与小腿的生理结构有关，所以在掌握高腰鞋的结构设计之后，筒靴设计的要点就转移到靴筒高度与宽度的控制上来。

男子250号脚腕高度在130.5mm，所以靴筒高度控制在120~160mm；女子230号脚腕高度在104.8mm，所以靴筒高度控制在110~150mm。因为这一高度范围内脚腕的粗细变化不大，都可以使用脚腕围度的数据进行靴筒宽度的设计。

男子250号二型半的脚腕围是209.5mm，脚腕宽近似为105mm；女子230号一型半的脚腕围是191.4mm，脚腕宽近似为96mm。在设计筒靴宽度时，还必须增加缝合量以及适当的宽松量，计算下来男子中号脚腕靴筒宽一般取在120mm，而女子中号脚腕靴筒宽一般取在110mm。考虑到不同脚型的变化，还可以增加5mm的调节量。

由于靴筒的高度已经超过了楦统口的高度，所以筒靴的结构就出现了三种变化，一种属于开放式结构，另一种属于封闭式结构，还有一种属于半开放半封闭式结构。这种划分方法可以有效地控制筒靴的设计宽度。

开放式结构是指靴筒开闭功能比较大、而穿脱不用考虑脚兜跟围的大小。例如内耳式鞋、外耳式鞋、前开口式鞋、后开口式鞋以及双侧开口式鞋等都属于开放式结构。开放式结构的脚腕部位宽度设计尺寸比较小，一般为男120~125mm，女110~115mm。

封闭式结构是指靴筒周围没有开闭功能，而穿脱必须考虑脚兜跟围的大小。这类筒靴都设计成闭合的靴筒，所以脚腕部位宽度设计尺寸就比较大，一般为男165mm，女150mm。由于脚兜跟围并不在脚腕部位停留，只要能够穿进即可，所以设计参数没有留出变化范围。

半开放半封闭式结构是靴筒有开闭功能但是比较弱，穿脱也需要考虑脚兜跟围的大小。例如常见的单侧拉链靴、单侧开口靴就没有双侧开口靴的开闭功能强，所以脚腕部位宽度设计尺寸就处于中间位置，一般为男140~145mm，女130~135mm。

对于矮筒靴来说，开放式结构类型和半开放式结构类型比较常见。

一、矮筒男靴的设计

矮筒男靴有多种变化，下面依次介绍外耳式、前开口式和单侧拉链式矮筒男靴。

1. 外耳式插帮矮筒男靴的设计

外耳式插帮男靴是指鞋耳"插"进前帮内，而鞋耳压前帮的基本结构关系并没有改变，见图3-107。这是一款厚重的矮筒靴，楦跟高25mm，前帮部件比较长，后帮鞋耳插入前帮内，并采用4道明线车缝。车缝线有装饰的作用，也代替了锁口线。鞋耳上有8个眼位，护

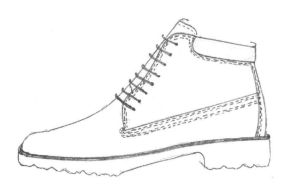

图3-107 外耳式插帮矮筒男靴成品图

口条采用对折方式镶接，使用的材料比较柔软，里面包裹着泡棉，穿起来舒适合脚。鞋帮上有前帮、后帮、护口条、后筋条和鞋舌部件，共计5种6件。鞋舌与前帮是断开的，在断舌位置进行跷度处理。

选择设计参数：靴筒高120mm、靴筒宽125mm。

（1）结构设计

①后帮鞋耳的设计：设计矮筒靴也需要架设直角坐标、确定半面板方位，并确定靴筒高度120mm，过120mm位置作水平线。后弧增加放量连接新弧线，控制统口后端点≥5mm，新弧线与水平线的交点定为筒口后端点T_1。自T_1点向前量取125mm，然后升高10mm定筒口前端点T_1'，连接T_1T_1'线为筒口控制线，见图3-108。

设计鞋耳轮部件时，外怀O_1点取在O点之下5mm左右，与C点直线相连为插帮位置。在E点位置下降5mm左右设计出鞋耳轮廓线，上下都以圆弧角顺连。在鞋耳长度范围内安排8个眼位。在相当于假线的位置开始设计护口条部件，高度在30mm左右，后端与上端都为对折中线。鞋耳里怀的O_2点在O_1点之上3~5mm、之前2~3mm，也与C点直线连接。

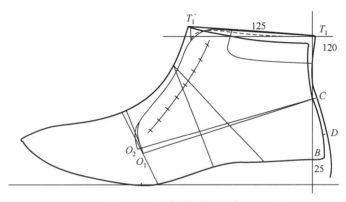

图3-108　后帮鞋耳的设计

②前帮的设计：在O_2点之后20mm左右定取跷中心O'点。过O'点作后帮背中线的垂线，后移5~7mm后确定断舌位置V''点。自V''点向后沿背中线量取鞋舌长度，鞋舌的基准长度仍以眼位线长度为基准，后端加10mm放量。鞋舌后宽控制在超过最后一个眼位10mm位置，前端控制在O'点，使鞋舌两侧宽度相等。

在V''点之后通过等量代替角作取跷角$\angle V''O'V'''$，自V'''点连接前帮背中线到A_0点，并作出鞋口线到O'点。由于里外怀的插帮线有高低的区别，外怀一侧要自O'点向下顺延，见图3-109。

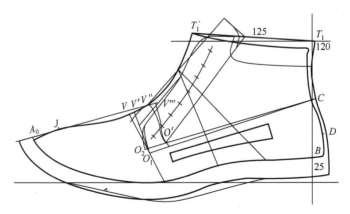

图3-109　外耳式插帮矮筒男靴帮结构设计图

把后筋条部件设计在大鞋帮上，加放底口绷帮量并作出底口里外怀区别，经过修整后即得到帮结构设计图。

比较外耳式高腰鞋与外耳式矮筒靴的设计过程，除了外观和后帮高度上有较大变化外，基本的设计模式是相同的。

（2）制取样板

①制备划线板：制备划线板的方法不变，见图3-110。

②制取基本样板：制取基本样板的要求不变，见图3-111。鞋里部件的设计方法与高腰鞋的设计相同，不再作图示。

图3-110 外耳式插帮矮筒男靴的划线板

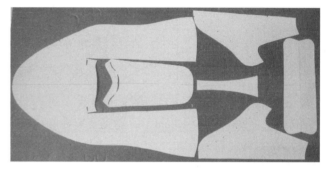

图3-111 外耳式插帮矮筒男靴的基本样板

2. 前开口矮筒男靴的设计

在前开口的位置超出楦面马鞍形曲面范围时，可以采用前帮降跷的方法来进行设计，见图3-112。这是一款休闲的矮筒靴，楦跟高25mm。前开口位置控制在楦背起弯点附近。在前开口部位上有眼盖，眼盖上安排了10个眼位，眼盖下面是鞋舌，鞋舌的上端有装饰块。鞋帮前端有小包头、鞋口上端有一整条的护口条，鞋身被后包跟分成前中帮和后帮两部分。后包跟部件比较长，一直延伸到鞋眼盖上，这是在遮挡鞋眼盖的断帮线。共计有帮部件7种11件。

选择设计参数：靴筒高140mm，靴筒宽125mm。

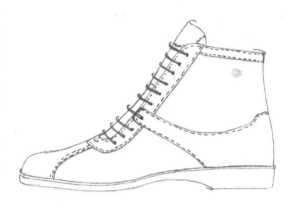

图3-112 前开口矮筒男靴成品图

（1）结构设计 首先要架设直角坐标、确定半面板方位，并确定靴筒高度140mm，过140mm位置作水平线。后弧增加放量连接新弧线，控制统口后端点≥5mm，新弧线与水平线的交点定为筒口后端点T_1。自T_1点向前量取125mm，然后升高10mm定筒口前端点T_1'，连接T_1T_1'线为筒口控制线。在筒口位置比较高时，还要过T_1'点顺连出靴筒前宽线到楦背。

①前帮降跷处理：前帮作降跷处理时，是把半面板复在设计图上，固定住O点不动，然后向前旋转，使V'点与V点重合，接着描出前帮背中线和前帮底口轮廓线。

②前开口的设计：前开口位置控制在V点之前20mm左右，处于降跷后的背中线上。过口门位置作垂线，然后以距离背中线10mm的间距设计前开口轮廓线，直到接近筒口控制线改为圆弧角，再设计出筒口轮廓线，见图3-113。

接着在距离开口轮廓线10mm的距离画出一条眼位线，在眼位线上确定出10个眼位，其中的第一个眼位距离口门位置有半个眼位间距。

在眼位线的下面设计眼盖轮廓线。前端宽度取在15mm左右，侧面取在距离眼位线10mm左右，拐角位置宽度顺连。

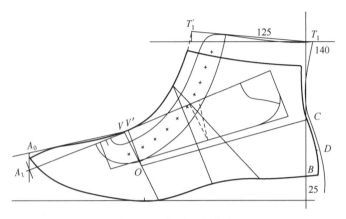

图3-113 前开口的设计

设计鞋舌在降跷后的背中线延长线上进行。鞋舌长度以眼位线长度为基准，前端加压茬量10~12mm，后端加放量10mm，后端宽度取在40mm左右，前端控制在30mm左右。由于前开口的存在，使得鞋舌变宽。

在鞋舌的后端设计一个装饰块。在鞋舌的相当于E点位置，设计一个宽度在8~10mm的收缩角，相当于取个工艺跷。采用暗缝的方式使鞋舌弯折，这样的鞋舌接近脚背的弯曲状态。在鞋舌比较长时采用收缩角进行处理可以减少皱褶，而且使鞋舌比较稳定，不容易左右晃动，见图3-114。

③其他帮部件的设计：在开口前端设计小包头，小包头后宽不要超过开口宽度，前下角在前帮底口的1/3左右。在筒口上端设计护口条，宽度取在15mm左右。护口条的后端取中线，收进2mm，使里怀连成一体，见图3-115。

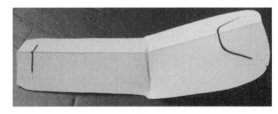

图3-114 鞋舌的弯曲状态

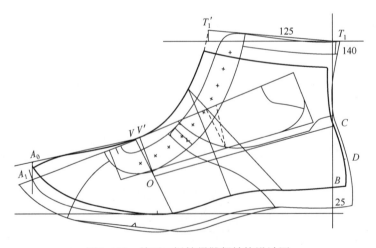

图3-115 前开口矮筒男靴帮结构设计图

设计后包跟时要注意，在C点之上10mm位置确定后包跟的高度，设计成宽度在20mm左右的单峰造型，然后顺连到OC线上，并继续延长到达眼盖上第4个眼位上。控制前端宽度介于两个眼位中间，该部位是眼盖在里怀的断帮位置。顺连后包跟前下端轮廓线，到达跟口附近止。

加放底口绷帮量。作出里外怀的区别，经过修整后即得到帮结构设计图。

（2）制取样板

①制取划线板：制取划线板的方法不变，见图3-116。

②制取样板：制取基本样板的要求不变，见图3-117。开料样板与鞋里样板的图示从略。

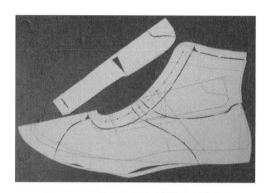

图3-116　前开口矮筒男靴的划线板

图3-117　前开口矮筒男靴的基本样板

3. 单侧拉链葫芦头矮筒男靴的设计

单侧拉链葫芦头矮筒男靴是矮筒靴的典型代表。在里怀一侧装配有拉链，开闭功能受到影响，属于半开放式结构，见图3-118。这是一款拉链矮筒靴，楦跟高25mm。由于前帮的上端成"葫芦头"形状。拉链只装配在里怀一侧，故叫作单侧拉链葫芦头矮筒男靴。鞋帮上有前帮、后帮、后包跟、护口条、拉链舌等部件，共计有帮部件5种8件。

选择设计参数：靴筒高160mm，靴筒宽125mm。

（1）结构设计　首先要架设直角坐标、确定半面板方位，并确定靴筒高度160mm，过160mm位置作

图3-118　单侧拉链葫芦头矮筒男靴成品图

水平线。后弧增加放量连接新弧线，控制统口后端点≥5mm，新弧线与水平线的交点定为筒口后端点T_1。自T_1点向前量取125mm，然后升高10mm定筒口前端点T_1'，连接T_1T_1'线为筒口控制线。过T_1'点顺连出靴筒前宽线到楦背。

①后帮的设计：自T_1T_1'线的中点与F点连接一条中线为拉链的中线。筒靴要使用较粗的拉链，拉链头的宽度约10mm，所以要在中线的两侧各距离5mm作一条平行线。平行线将里怀的后帮分成前片与后片，见图3-119。

拉链的长度取在后帮高度控制线的一半位置，采用前片压后片工艺。拉链上要有拉链舌部件，起到防护作用。拉链舌车缝在后片部件上，上端超过拉链宽度5～6mm即可。下端顺连到拉链尾端，如图中虚线所示。

护口条的宽度取在20mm左右，前端为对折中线，后端为合缝工艺，在里怀拉链两侧断开成两条部件。

后包跟的高度位置取在C点之上5mm左右，相当于鞋帮的高度，然后作一条弧形轮廓线到跟口位置止。由于有拉链的存在，后包跟不要太长。后包跟的上端要收进2mm，与D点之下1mm位置连成中线。

后帮前下端是葫芦头的造型。葫芦头的高度取在E点之上25mm左右的位置，葫芦头部件是对折中线，所以后帮前边要加放2mm的合缝量，这样上下部件的镶接才顺畅。

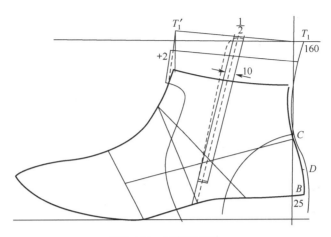

图3-119　后帮的设计

对于葫芦头的宽度，在传统的设计中男靴取20～24mm，女靴取16～20mm，由于需要用手工还原，所以不要取得太宽。现在有了定型设备，还原成曲面并不成问题，设计葫芦头可以适当加宽。

过葫芦头上端作垂线，取宽度22mm左右设计葫芦头的圆弧线，然后下滑到OC线附近再向后弯曲。后帮上共计有7块帮部件。

②前帮的设计：前帮要采用双转换取跷。转换取跷是指把前后帮的背中线转换成一条直线的取跷过程，而双转换取跷是指利用两次转换取跷来进行跷度处理的过程。在筒靴有葫芦头的前帮时，会出现上下两个拐弯点，一个在V点附近，另一个在E点附近，为了把前帮的背中线转换成一条直线，所以需要进行两次转换取跷。

在V点位置取跷属于常规的取跷方法。

首先在VE段最贴近背中线的位置连接一条后帮背中线并前后延长，取跷中心O'定在OC线附近最凸起的轮廓线上。注意过O'作后帮背中线的垂线，要把垂足同时落在背中直线和背中曲线上，否则绷帮时会出现细微的碎摺而绷不平。

连接出前帮背中线$V'A_0$，并以O点为圆心、到A_0点长度为半径作圆弧交于延长线于A_2点。A_2点是用来控制跷度的，连接A_0O'线和A_2O'线，即得到$\angle A_0O'A_2$，它表示取跷角的大小。然后再以O'点为圆心、到断帮位置H_1点为半径作圆弧，并截取取跷角的大小定H_2点，$\angle H_1O'H_2$即为转换取跷角，见图3-120。

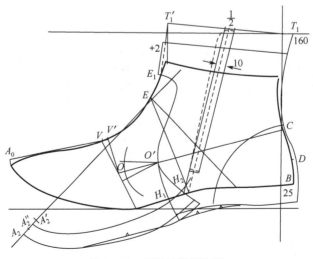

图3-120　前帮的常规取跷

在后帮延长线上还要量取前帮实际长度定A_2'点，并截取长度差的1/3定A_2''点。接着自A_2''点用半面板描出底口轮廓线到H_2点。

加放绷帮量时，要分别加放前后帮的底口绷帮量，作出前后帮里外怀的区别。

葫芦头的取跷处理需要过O'点作后帮背中线的垂线，交于V''点。在$O'V''$线的2/3定葫芦头的取跷中心O''点。然后以O''点为圆心、到葫芦头顶点为半径作圆弧交于延长线为E_0点。接着自E_0点描出葫芦头的轮廓线到O'点止。

描葫芦头轮廓线比较好的办法是制备一个拷贝板，也就是取出葫芦头的外形样板，用来描出葫芦头的轮廓线。具体操作时，先把拷贝板的顶点与E_0点对齐，然后再对齐第一小段背中线，接着只描出对应的一小段轮廓线。接下来是旋转拷贝板，将第二小段对齐背中线，再描出对应的一小段轮廓线。如此反复进行，直至描到O'点止。这种描轮廓线的方法叫作旋转取跷，后面还会用到，见图3-121。经过修整后即得到帮结构设计图。

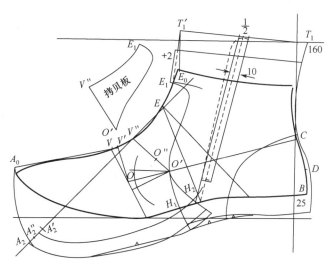

图3-121　单侧拉链葫芦头矮筒男靴帮结构设计图

（2）制取样板

①制备划线板：制备划线板的方法不变，见图3-122。

②制取样板：制取基本样板的要求不变，见图3-123。开料样板与鞋里样板图示从略。

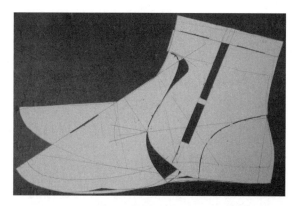

图3-122　单侧拉链葫芦头矮筒男靴的划线板

图3-123　单侧拉链葫芦头矮筒男靴的基本样板

二、矮筒女靴的设计

设计矮筒女靴与设计矮筒男靴的模式是相同的，下面依次介绍内耳式、后拉链式和单侧拉链式矮筒女靴。

1. 内耳式矮筒女靴的设计

有了内耳式高腰女鞋的设计基础，再设计内耳式矮筒女靴将会得心应手，见图3-124。这是一款内耳式中跟矮筒靴，楦跟高50mm。确定K点时需要借助W点前移3mm定W_0点，然后再作垂线找到着地边沿点K。鞋的口门位置在V点，前帮为短前帮，采用定位取跷处理。后帮上有鞋耳、后包跟和护口条部件。鞋耳为花边轮廓。上面安排了7个眼位。加上鞋舌共计有帮部件6种9件。

选择设计参数：靴筒高110mm，靴筒宽115mm。

（1）结构设计　首先要架设直角坐标、确定半面板方位，并确定靴筒高度110mm，过110mm位置作水平线。后弧增加放量连接新弧线，控制统口后端点

图3-124　内耳式矮筒女靴成品图

$\geqslant 5$mm，新弧线与水平线的交点定为筒口后端点T_1。自T_1点向前量取115mm，然后升高10mm定筒口前端点T_1'，连接$T_1 T_1'$线为筒口控制线。

①前帮的设计：连接前帮背中线$A_0 V'$，过V'点作前帮背中线的垂线，并顺连出前帮轮廓线到FP的1/2附近为止，见图3-125。

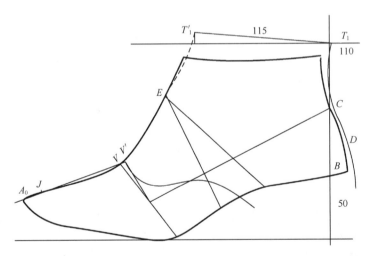

图3-125　前帮的设计

②后帮的设计：首先沿着后帮背中线设计出鞋耳轮廓线，并顺连出筒口轮廓线。在鞋耳的前端过V点作后帮背中线的垂线，然后顺连出取跷角，逐渐与前帮重合。在距边15mm的位置作一条眼位线，分割出7个眼位。在距离眼位线15mm的位置连接一条辅助线，接着借用辅助线设计出鞋耳的花边轮廓线，见图3-126。

在后帮上设计出护口条部件，宽度15mm左右，后端为合后缝工艺。

设计后包跟部件，高度在C点之上5mm位置，前端设计成弧线、后端收进2mm后与D点降1mm位置连中线。

以眼位线为基准设计鞋舌的基准长度，前端加压茬量10~12mm，后端加放量10mm。后宽取30mm，前宽取25mm，连接出轮廓线。

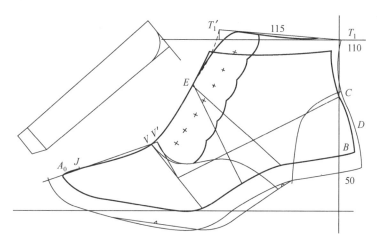

图3-126 内耳式矮筒女靴帮结构设计图

加放底口绷帮量，作出里外怀的区别，经过修整后即得到帮结构设计图。

（2）制取样板

①制备划线板：制备划线板的方法不变，见图3-127。

②制取基本样板：制取基本样板的要求不变，见图3-128。开料样板与鞋里样板从略。

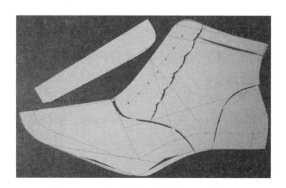

图3-127 内耳式矮筒女靴的划线板

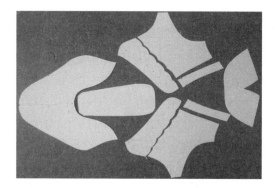

图3-128 内耳式矮筒女靴的基本样板

2. 后拉链矮筒女靴的设计

后拉链的开闭功能比较大，也属于开放式结构，见图3-129。这是一款后拉链高跟矮筒靴，前低后高的造型，楦跟高80mm。确定K点时需要借助W点前移6mm定W_0点，然后再作垂线找到着地边沿点K。鞋帮很简单，前后帮在E部位断开，用钎带来掩盖断帮线。前帮需要进行转换取跷处理，后帮的后弧位置设计有拉链，下端长度到D点，用后档皮连接里外怀。拉链的鞋舌可以用鞋里代替，因为鞋里的后帮是断开的，里怀一侧延长15mm左右即可。共计有帮部件3种4件。

图3-129 后拉链矮筒女靴成品图

选择设计参数：靴筒高130mm，靴筒宽控制在楦背位置。

（1）结构设计　首先要架设直角坐标、确定半面板方位，并确定靴筒高度130mm，过130mm位置作水平线。后弧增加放量连接新弧线，控制统口后端点≥5mm，新弧线与水平线的交点定为筒口后端点T_1。T_1'点的位置比较低，取在楦背统口附近，连接T_1T_1'线为筒口控制线。

①后帮的设计：直线连接ET_1'线为后帮背中线，自T_1'点向后上方设计一条波动的曲线为筒口轮廓线，到T_1点止，见图3-130。

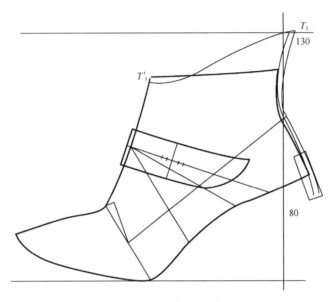

图3-130　后帮的设计

在后弧位置自上而下均匀收进5mm为后帮部件的轮廓线，在D点位置设计一块后挡皮，前端留压茬量8mm。

自E点向后设计一条断帮线，钎带设计在断帮线上。

钎带的中心孔位取在断帮线的上1/3位置，前后共安排5个眼位。中心眼位也是钎带在里怀的装配位置。钎带的宽度取在30mm左右，在断帮线的上下均匀分配。钎带外怀一侧的长度控制在中心眼位之后40mm，下角为圆弧造型。

②前帮的设计：自E点作后帮背中线并向前延长。取跷中心O'定在断帮线的1/2附近。接着就是按照常规进行转换取跷。连接出前帮背中线$V'A_0$，并以O点为圆心、到A_0点长度为半径作圆弧交延长线于A_2点。连接出取跷角的大小$\angle A_0O'A_2$。再以O'点为圆心、到断帮位置为半径作圆弧，并截出取跷角的大小得到转换取跷角。取跷角要连成弧线，见图3-131。

确定出长度差A_2A_2'，截取长度差的1/3定前端点A_2''，并自前端点连接出底口轮廓线。加放前后帮底口绷帮量，并作出里外怀的区别，经过修整后即得到帮结构设计图。

（2）制取样板

①制备划线板：制备划线板的方法不变，见图3-132。

②制取样板：制取基本样板的要求不变，见图3-133。开料样板与鞋里样板从略。

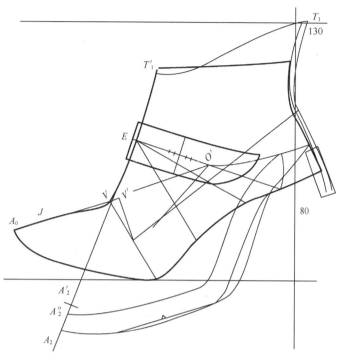

图3-131 后拉链矮筒女靴帮结构设计图

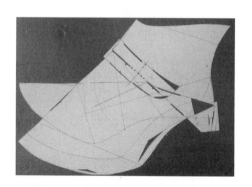

图3-132 后拉链矮筒女靴的划线板

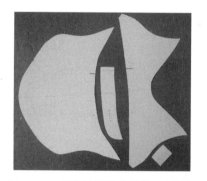

图3-133 后拉链矮筒女靴的基本样板

3. 云形头拉链矮筒女靴的设计

葫芦头的旋转取跷会不会使葫芦头变形呢？葫芦头旋转取跷后会变短，与后帮镶接时应该适当拉伸O'点附近的长度，而不是拉伸葫芦头，这样就可以避免葫芦头的变形。下面设计一款云形葫芦头进行验证，见图3-134。

这是一款里怀拉链云形葫芦头平跟矮筒靴，楦跟高30mm，属于半开放式结构。确定K点时需要借助W点前移1mm定W_0点，然后再作垂线找到着地边沿点K。鞋帮分为前后帮两大部分，前帮的葫芦头为云朵形状，后帮上有云朵形状的后包跟，筒口有车出的云朵花纹线迹。里怀有拉链，有拉链舌，拉链把后帮里怀分成前后两片。共计有帮部件4种6件。

图3-134 云形头拉链矮筒女靴成品图

选择设计参数：靴筒高150mm，靴筒宽130mm。

（1）结构设计　首先要架设直角坐标、确定半面板方位，并确定靴筒高度130mm，过130mm位置作水平线。后弧增加放量后连接新弧线，控制统口后端点≥5mm，新弧线与水平线的交点定为筒口后端点T_1。过T_1点在水平线上量取筒口长130mm，上升10mm后确定T_1'点。连接T_1T_1'线为筒口控制线。过T_1'点顺连出靴筒前宽线到楦背。

①后帮的设计：自T_1T_1'线的中点连接到F点为拉链的中线，左右各加宽5mm并作平行线。下端位置不超过后帮高度控制线的1/2。把拉链舌设计在拉链位置，上端超出拉链5mm即可，下端顺连到拉链尾端。

云形后包跟的上端取在C点之上10mm位置，控制云头宽度在20mm左右，颈宽在15mm左右，轮廓线拐弯后平缓延伸到拉链前端控制线。

在楦统口前端点高度位置开始设计云形葫芦头，控制云头宽度在30mm左右，颈宽在20mm左右，然后以圆弧形式顺连到底口，见图3-135。

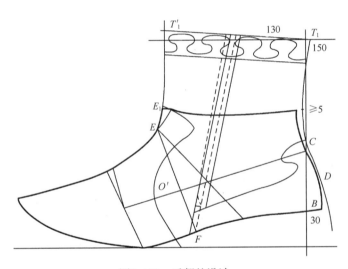

图3-135　后帮的设计

在筒口20mm宽度位置设计出云形装饰花纹的车线标记。

②前帮的设计：前帮需要进行双转换取跷。

下端按照常规转换取跷方法处理：连接出前帮背中线$V'A_0$，并以O点为圆心、到A_0点长度为半径作圆弧交延长线于A_2点。连接出取跷角的大小$\angle A_0O'A_2$。取跷中心O'点定在葫芦头轮廓线与OC线相交位置附近的最凸点。以O'点为圆心、到断帮位置为半径作圆弧，并截出取跷角的大小得到转换取跷角$\angle H_1O'H_2$，见图3-136。在后帮背中线延长线上还要量取前帮实际长度定A_2'点，并取长度差的1/3定A_2''点。接着自A_2''点用半面板描出底口轮廓线到H_2点。

上端葫芦头进行旋转取跷：首先过O'点作后帮背中线的垂线交于V''点。在$O'V''$线的2/3定葫芦头的取跷中心O''点。然后以O''点为圆心、到葫芦头E_1点为半径作圆弧与延长线相交，接着用拷贝板自该点描出葫芦头的轮廓线到O'点止。

加放绷帮量时，要分别加放前后帮的底口绷帮量，作出前后帮里外怀的区别。经过修整后即得到帮结构设计图，见图3-137。

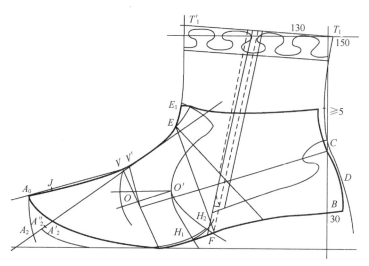

图1-136　前帮按照常规去转换跷

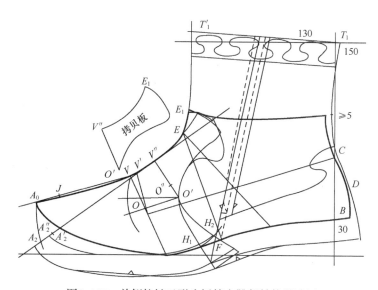

图3-137　单侧拉链云形头矮筒女靴帮结构设计图

（2）制取样板

①制备划线板：制备划线板的方法不变，见图3-138。

②制取基本样板：制取基本样板的要求不变，见图3-139。开料样板和鞋里样板图示从略。

图3-138　单侧拉链云形头矮筒女靴的划线板

图3-139　单侧拉链云形头矮筒女靴的基本样板

三、矮筒拉链女靴的变型设计

矮筒拉链靴轻便灵活，很受人们的喜爱，因此就出现了许多的变型设计。下面以女拉链靴不同宽度的葫芦头变化来进行演绎。

1. 窄葫芦头拉链女靴的设计

窄葫芦头的上端往往直接连到统口，不作圆弧角处理，所以又叫作直葫芦头，见图3-140。这是一款中跟窄葫芦头拉链矮筒靴，楦跟高50mm。确定K点时需要借助W点前移3mm定W_0点，然后再作垂线找到着地边沿点K。鞋帮分为前后帮两大部分，前帮的葫芦头直接连到筒口，后帮上有后包跟。里怀的拉链自筒口直接搭在前帮上。包括拉链舌共计帮部件4种6件。

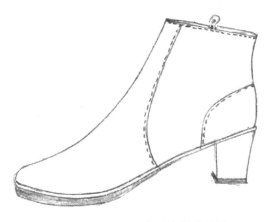

图3-140 窄葫芦头拉链女靴成品图

选择设计参数：靴筒高120mm，靴筒宽125mm。

（1）结构设计 首先要架设直角坐标、确定半面板方位，并确定靴筒高度120mm，过120mm位置作水平线。后弧增加放量后连接新弧线，控制统口后端点≥5mm，新弧线与水平线的交点定为筒口后端点T_1。过T_1点在水平线上量取筒口长125mm，上升10mm后确定T_1'点。连接T_1T_1'线为筒口控制线。过T_1'点顺连出靴筒前宽线到楦背。

①后帮的设计：自筒口前端取20mm宽度设计直葫芦头分割线，下行到OC线附近向后弯转到底口。以弯转位置最凸点定取跷中心O'点。

依然取T_1T_1'线的中点为拉链中点，平缓斜向前帮的分割线，到达OC线以下的1/2位置。拉链宽度取10mm，左右等分作平行线，见图3-141。把拉链舌设计在拉链上，前上端超出5mm后顺连到尾端。

后包跟的高度取在C点之上5mm，顺连成弧形到底口。后上端收进2mm连成中线。

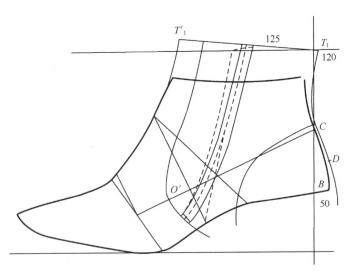

图3-141 后帮的设计

②前帮的设计：前帮需要进行双转换取跷。

在下端按照常规取转换跷：包括连接前帮背中线确定A_0点、连接后帮背中线并向两侧延长、以O点为圆心作圆弧确定A_2点、连接出$\angle A_0O'A_2$确定取跷角的大小、以O'点为圆心在断帮位置截出取跷角的大、在延长线上确定A_2'点、确定A_2'点、取长度差的1/3确定A_2''点，最后顺连出底口轮廓线到取跷角后端。

在上端进行旋转取跷：包括过O'作垂线并以2/3确定O''点、制备拷贝板、在延长线上确定葫芦头上端点、旋转取跷描出葫芦头轮廓线，见图3-142。

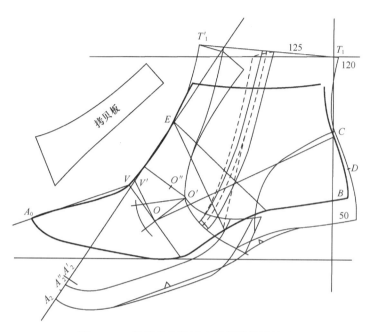

图3-142 窄葫芦头拉链女靴帮结构设计图

分别加放前后帮底口绷帮量、作出前后帮里外怀区别，经过修整后即得到帮结构设计图。

（2）制取样板

①制备划线板：制备划线板的方法不变，见图3-143。

②制取基本样板：制取基本样板的要求不变，见图3-144。开料样板与鞋里样板图示从略。

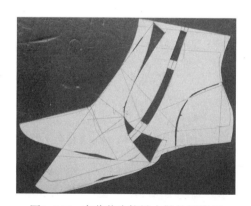

图3-143 窄葫芦头拉链女靴的划线板

图3-144 窄葫芦头拉链女靴的基本样板

2. 宽葫芦头拉链矮筒女靴的设计

设计宽葫芦头与设计窄葫芦头的方法相同，但要求不同。窄葫芦头容易被拉伸，也就容易被还原成曲面，再加上后面有较宽的后帮部件作为支撑，外观造型比较稳定。如果葫芦头的宽度过宽，就不容易被拉伸，还原成曲面就比较困难，再加上支撑部件变窄、支撑的力度相对变弱，就容易引起鞋口变形。因此设计宽葫芦头时要注意以下三点：

①前帮部件采用横向裁断，有利于拉伸成型。

②葫芦头的宽度不要超过靴筒宽度的1/2，使后面部件有较大的支撑力。

③葫芦头用定型衬补强，增加稳定性。

下面以平跟宽葫芦头拉链靴为例进行说明，见图3-145。这是一款平跟宽葫芦头拉链矮筒靴，楦跟高30mm。确定K点时需要借助W点前移1mm定W_0点，然后再作垂线找到着地边沿点K。鞋帮只有前后帮两大部分，筒口下面有一道假线作装饰，里怀的拉链到达后帮高度控制线的一半位置。包括拉链舌共计有帮部件3种4件。

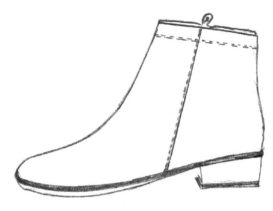

图3-145　宽葫芦头拉链矮筒女靴成品图

选择设计参数：靴筒高140mm，靴筒宽125mm。

（1）结构设计　首先要架设直角坐标、确定半面板方位，并确定靴筒高度140mm，过140mm位置作水平线。后弧增加放量后连接新弧线，控制统口后端点≥5mm，新弧线与水平线的交点定为筒口后端点T_1。过T_1点在水平线上量取筒口长125mm，上升10mm后确定T_1'点。连接T_1T_1'线为筒口控制线。过T_1'点顺连出靴筒前宽线到楦背。

①确定拉链位置：拉链位置确定后，前后帮的分割位置也就确定了。

拉链上端位置依然确定在T_1T_1'线的中点，然后前移10mm再与F点相连，作为拉链前控制线，也是前后帮的断帮线，这样可以使葫芦头的宽度不超过筒口宽的一半。后控制线与前控制线平行，拉链长度取在后帮高度控制线的1/2位置。

设计出拉链舌部件，见图3-146。

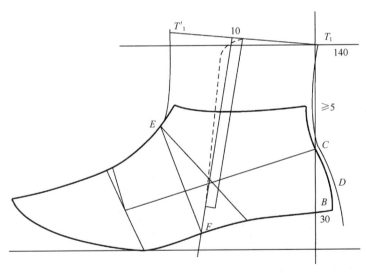

图3-146　拉链位置的确定

②前帮跷度处理：前帮需要进行双转换取跷。过E点作后帮背中线的垂线并向两侧延伸，取跷中心O'点定在过E点的垂线与前后帮断帮线的交点上，控制在OC线附近。

在下端按照常规取转换跷：包括连接前帮背中线确定A_0点、连接后帮背中线并向两侧延长、以O点为圆心作圆弧确定A_2点、连接出$\angle A_0O'A_2$确定取跷角的大小、以O'点为圆心在断帮位置截出取跷角、

在延长线上确定A_2点、确定A_2'点、取长度差的1/3确定A_2''点，最后顺连出底口轮廓线到取跷角后端。取跷角要设计成圆弧线，便于镶接。

在上端进行旋转取跷：包括在EO'垂线上的2/3确定O''点，制备拷贝板，在延长线上确定葫芦头上端点，旋转取跷描出葫芦头轮廓线，见图3-147。

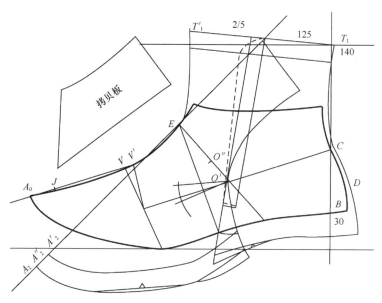

图3-147 宽葫芦头拉链矮筒女靴帮结构设计图

分别加放前后帮底口的绷帮量、作出前后帮里外怀的区别，经过修整后即得到帮结构设计图。

（2）制取样板

①制备划线板：制备划线板的方法不变，见图3-148。

②制取基本样板：制取基本样板的要求不变，见图3-149。开料样板与鞋里样板图示从略。

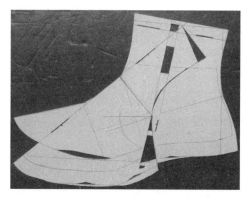

图3-148 宽葫芦头拉链矮筒女靴的划线板

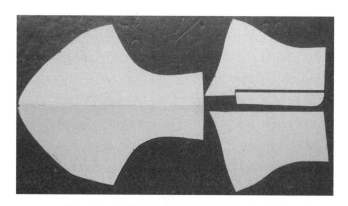

图3-149 宽葫芦头拉链矮筒女靴的基本样板

3. 不对称葫芦头矮筒女靴的设计

如果葫芦头的里外怀不对称将如何处理？在经验设计中，是把不对称的鞋前帮分别画在楦面的两侧，分别制取里外怀的样板，然后再进行跷度处理。由于受到楦高的影响，设计筒靴的葫芦头有时无法在楦面上设计，所以要先设计出对称的外怀样板，然后再修改里怀样板，形成不对称结构。在半面板上进行不对称结构设计时，则需要分别绘制出里外怀的结构图。

下面以外怀镶扣矮筒女靴为例进行说明，见图3-150。这是一款不对称宽葫芦头高跟矮筒女靴，外怀为圆形葫芦头，上面镶有装饰扣。里怀为直葫芦头，装配有拉链。外怀前后帮车缝在一起，里怀拉链起着开闭功能的作用。楦跟高80mm。确定K点时需要借助W点前移6mm定W_0点，然后再作垂线找到着地边沿点K。鞋帮有整前帮和两片后帮，包括拉链舌共计有帮部件3种4件。

选择设计参数：靴筒高150mm，靴筒宽125mm。

（1）结构设计　首先要架设直角坐标、确定半面板方位，并确定靴筒高度150mm，过150mm位置作水平线。后弧增加放量后连接新弧线，控制统口后端点≥5mm，新弧线与水平线的交点定为筒口后端点T_1。过T_1点在水平线上量取筒口长125mm，上升10mm后确定T_1'点。连接T_1T_1'线为筒口控制线。过T_1'点顺连出靴筒前宽线到楦背，见图3-151。

图3-150　不对称葫芦头矮筒女靴成品图

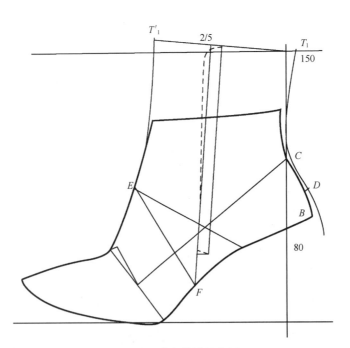

图3-151　确定拉链的位置

①确定拉链的位置：取筒口宽的1/3定拉链前端位置，与F点连成拉链前控制线，后移10mm作平行线为拉链后控制线。下端取在后帮高度控制线的1/2位置。把拉链舌设计在拉链上面。

②前帮的设计：前帮里怀的轮廓线没有变化，而外怀要进行外观设计。自葫芦头顶点设计一条向后倾斜的圆弧线，为了使造型丰满可以略超过拉链后控制线，逐渐收拢与拉链前控制线重合。外怀的前后帮是缝合的，外怀后帮本应该取8mm压茬量，但外怀的葫芦头过宽，会削弱后帮的支撑力度。所以后帮模仿前帮也设计成圆弧形状，两者之间重叠30mm左右，在下端逐渐收减成8mm压茬量。把装饰扣的位置设计在外怀前帮上。

前帮需要进行双转换取跷处理。过E点作后帮背中线并往两端延长。过E点作后帮背中线的垂线，与拉链前控制线相交定为取跷中心，控制在 OC 线附近。外怀前帮圆弧线与拉链后控制线的重合位置应该控制在 O' 点之上，见图3-152。

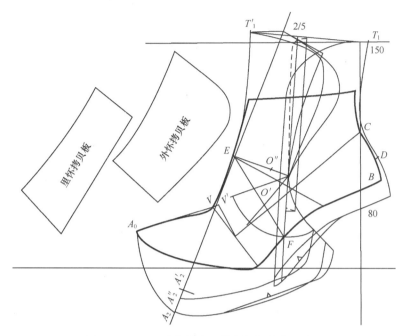

图3-152 不对称葫芦头矮筒女靴帮结构设计图

在下端按照常规取转换跷：包括连接前帮背中线确定 A_0 点、以 O 点为圆心作圆弧确定 A_2 点、连接出 $\angle A_0 O' A_2$ 确定取跷角、以 O' 点为圆心在断帮位置截出取跷角、在延长线上确定 A_2 点、确定 A_2' 点、取长度差的1/3确定 A_2'' 点，最后顺连出底口轮廓线到取跷角后端。取跷角要设计成圆弧线，便于镶接。

在上端进行旋转取跷：要分别制备里外怀两块拷贝板。在 EO' 垂线2/3位置确定 O'' 点。以 O'' 点为圆心、到葫芦头顶点为半径作圆弧，与延长线相交。然后用里怀拷贝板描绘出里怀葫芦头的轮廓线，再用外怀拷贝板描绘出外怀葫芦头的轮廓线。把饰扣位置转移到取跷后的样板上。最后分别加放前后帮底口绷帮量、作出里外怀区别，经过修整后即得到帮结构设计图。

（2）制取样板

①制备划线板：制备划线板的方法不变，见图3-153。

②制取基本样板：制取基本样板的要求不变，见图3-154。

图3-153 不对称葫芦头矮筒女靴的划线板

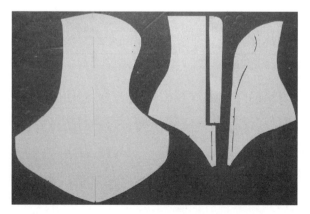

图3-154 不对称葫芦头矮筒女靴的基本样板

通过以上各种矮筒靴的设计举例可以知道矮筒靴的设计规律。

例如靴筒高度控制在脚腕附近，设计参数为男120~160mm，女110~150mm，用T_1线来表示。靴筒宽度有开放式和半开放式区别，开放式宽度设计参数为男120~130mm，女110~120mm，半开放式宽度设计参数为男140~145mm，女125~130mm。

在每款筒靴设计之前，要确定它的结构，然后选择一组合适的设计参数值，而后再进行结构设计。

思考与练习

1. 设计三款不同结构的矮筒男靴，画出成品图和结构图，选择其中一款制取三种生产用的样板。

2. 设计三款不同结构的矮筒女靴，画出成品图和结构图，选择其中一款制取三种生产用的样板。

3. 设计三款不同款式的单侧拉链矮筒女靴，画出成品图和结构图，选择其中一款制取三种生产用的样板。

第四节　高筒靴的设计

高筒靴是指后帮高度到达膝下附近的一类鞋。从高腰鞋到矮筒靴、再到高筒靴，后帮的高度在逐渐增加，而筒靴的基础设计并没有改变。所以高筒靴的设计是从矮筒靴演变过来的，前面讲到的许多基本知识，还会反复出现。但是高筒靴的设计要包含小腿的脚腕、腿肚和膝下三个部位的生理特征，所以设计参数要选择三组数据。这三组数据中既包含脚型规律尺寸，也包含靴鞋的设计尺寸，见表3-3和表3-4。

表3-3　　　　　　　　　　　　　　　　常用的脚型规律数据　　　　　　　　　　　　　　单位：mm

部位	脚型规律	男250号（二型半）	女230号（一型半）	宽度尺寸（男/女）	等差（±）
脚长		250	230		5
脚跖围	脚跖围=0.7脚长+50,5+7N	243	222		3.5
兜跟围	131%脚跖围	318.3	290.8	159.2/145.4	2.3
脚腕高	52.19%脚长	130.5	120.0		
脚腕围	86.23%脚跖围	209.5	191.4	104.8/95.7	1.2
腿肚高	121.88%脚长	304.7	280.3		
腿肚围	135.55%脚跖围	329.4	300.9	164.7/150.5	2.4
膝下高	154.02%脚长	385.1	354.2		
膝下围	125.95%脚跖围	306.1	279.6	153.0/139.8	2.2

注：N是指肥瘦型，宽度尺寸是指围度的1/2。

表3-4　　　　　　　　　　　　　　　　常用的设计参考尺寸　　　　　　　　　　　　　　单位：mm

品种	高度尺寸		宽度尺寸　　男250号（二型半）/女230号（一型半）				
	男250号	女230号	脚腕宽			腿肚宽	膝下宽
			开放式	半开放式	封闭式		
高腰鞋	90~110	80~100	男120~125/女110~115				

续表

品种	高度尺寸		宽度尺寸　　　男250号（二型半）/女230号（一型半）				
	男250号	女230号	脚腕宽			腿肚宽	膝下宽
			开放式	半开放式	封闭式		
矮筒靴	120~160	110~150	男120~130 女110~120	男140~145 女125~130	男165 女150	男185 女165	
半筒靴	170~250	160~230					
中筒靴	260~280	240~260					
高筒靴	340~400	320~280					男175　女155

注：①高度尺寸是一个常用的取值范围，可以适当调整。
②宽度尺寸是设计男女单鞋的最小尺寸，设计其他款式可以适当加宽。

从表3-4中可以看到，膝下围和腿肚围都大于脚跗宽，所以不用担心脚穿不进靴筒。对于脚腕宽度来说，尺寸较瘦显得好看，但太瘦脚会穿不进去，所以按照不同的结构分为三组数据。开放式结构的开闭功能大，可以采用较小的设计尺寸，例如内耳式、外耳式、前开口式、后拉链式、双侧橡筋式等都属于开放式结构。封闭式结构没有开闭功能，就要采用较大的设计尺寸，这类筒靴属于直筒靴，俗称"一脚蹬"。而半开放半封闭式结构的开闭功能不大不小，所采用的设计尺寸也就居中。

小腿的粗细与身高和脚长没有比例关系，个子矮而小腿粗或者个子高而小腿细的人并不少见。表中所列出的设计尺寸是通过"标准脚"推算出来的，适合的人群有限度。根据设计尺寸的应用可以掌握设计的方法，而在产品的设计中，要根据穿鞋人的具体情况进行适当的调整。在《中国鞋号及鞋楦设计》（轻工业部制鞋工业科学研究所编著，中国轻工业出版社，1993）一书中，汇集了全国20多个省市地区的脚型测量数据，可以作为产品开发的依据。

在使用上述尺寸数据时要注意不要选错设计尺寸和生理尺寸，不要选错男楦和女楦的尺寸，不要选错不同结构的尺寸。

一、高筒男靴的设计

下面将分别介绍开放式、半开放式和封闭式高筒男靴的结构设计。

1. 开放式高筒男靴的设计

开放式结构的高筒男靴有多种，其中外耳式高筒靴最具有代表性，见图3-155。这是一款外耳式高筒男靴，靴筒的高度到达膝下位置，最为突出的是十几个鞋眼。最早能够穿高筒靴的人都是达官贵人，穿鞋脱鞋都是由仆人伺候的，鞋眼再多也不会觉得系鞋带有多麻烦。现代人穿靴都是自己动手系鞋带的，为了减轻系鞋带的负担，就把小腿部位的鞋眼改为鞋勾，只要把鞋带环绕到鞋勾上就可系紧，既方便又省事。而且脚腕以上部位的眼位间距也有意加大，尽量减少系鞋带的麻烦。

既然绑带鞋如此繁琐却为何又受到欢迎呢？这是因为通过系鞋带可以把靴筒舒适地贴伏在小腿上，特别是小腿的粗细并不与身高成比例关系，所以调节靴筒的容量就要靠鞋带来解决，而直筒靴、拉链靴是无法胜任的。

如果把靴筒盖住而只看下部，会有似曾相识的感觉，这俨然就是前面设计过的外耳式矮筒靴。这就说明高筒靴是矮筒靴的延伸，不过是后帮长高了、变宽了。所以矮筒靴会设计了，高筒靴也就会设计了，需要补充的知识就是靴

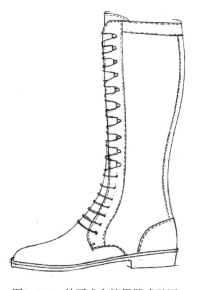

图3-155　外耳式高筒男靴成品图

筒的控制。同样矮筒靴的样板会制取了，高筒靴的样板也就能制取了，因为制取样板就是"按图索骥"。在后面的环节将省去制取样板的图示，集中精力解决靴筒的设计问题，如果出现问题不能解决，就请重新练习高腰鞋和矮筒靴的样板制取，功到自然成。

（1）高筒靴框架结构的设计　高筒靴的结构设计是依托在高筒靴的框架上的，搭建框架的第一步依然是架设直角坐标，利用三点共面来确定半面板的方位。第二步是在纵坐标上分别截取脚腕生理位置点T_1、腿肚生理位置点T_2和膝下高度设计点T_3。第三步是通过高度控制点确定靴筒的前后宽度线。有了这三步，就有了靴筒的大轮廓位置，继而就可以进行部件的外观设计，把鞋身和靴筒的设计结合起来，就能完成高筒靴的结构设计。

在每款高筒靴的设计之前，都要确定一组设计参数，包括高度与宽度的数值。

外耳式高筒靴的设计参数：脚腕高　130mm，脚腕宽　130mm，腿肚高　305mm，腿肚宽185mm，膝下高　400mm，膝下宽　175mm。

框架结构的设计过程如下。

①确定靴筒的高度：在直角坐标上确定半面板的方位，然后在纵坐标上截取脚腕高度130mm、腿肚高度305mm和膝下高度400mm。然后过3个高度点分别作水平线，见图3-156。

②确定脚腕的宽度：在高度的基础上再进行宽度控制。首先要进行脚腕宽度的控制，这是控制靴筒的关键位置。在楦统口后端点加放5mm，在C点、D点、B点分别加放2、3、5mm，然后顺连成新弧线，并与脚腕高度线顺势相交，定为脚腕宽度后端点T_1。自T_1点向前量取脚腕宽度130mm，见图3-157。

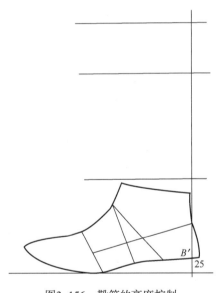

图3-156　靴筒的高度控制

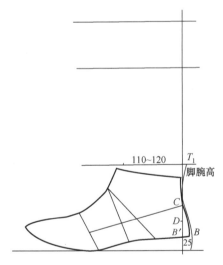

图3-157　确定脚腕的宽度

③确定靴筒的宽度：把脚腕的前宽点定为T_1'点。如果过T_1'点作水平线的垂线控制靴筒的前宽，会发现腿肚和膝下的宽度会明显后移，失去了平衡感。考虑到小腿的膝盖是前倾的，所以外耳式靴筒的前宽线也设计成向前倾斜的形式。过E点作水平线的垂线，与膝下高度水平线交于E'点，连接$E'T_1'$即为靴筒前宽控制线，见图3-158。

有了靴筒前宽控制线，继而可以确定腿肚与膝下的宽度。$E'T_1'$线与腿肚水平线相交于T_2'点，自T_2'点向后量取腿肚宽度185mm定为T_2点，T_2T_2'线即为腿肚宽度线。

腿肚宽度185mm，膝下宽度175mm，两者相差10mm。这10mm的宽度差看起来是和谐的，如果是自膝下前端向后量取膝下宽度，由于前宽控制线倾斜的关系，会加大宽度差，看起来不舒服。所以量取膝下宽度要自后向前量。

过T_2点作膝下水平线的垂线，将垂足前移10mm定为T_3点。将E'点上升10mm定为T_3'点，直线连接T_3T_3'线即为膝下宽度控制线。连接T_3和T_2点、T_2和T_1点，即得到靴筒后宽控制线。至此靴筒已经有了前、上、后的轮廓控制线，完成了靴筒的框架设计。

（2）高筒靴的帮结构设计

在靴筒框架的基础上来进行帮结构设计。

①后帮大轮廓的设计：外怀鞋耳的前尖点O_1取在O点之下5mm位置，E点下降5mm左右，然后自T_1'点向下顺连出鞋耳的外形轮廓。自O_1点设计鞋耳前下端轮廓线到F点，见图3-159。

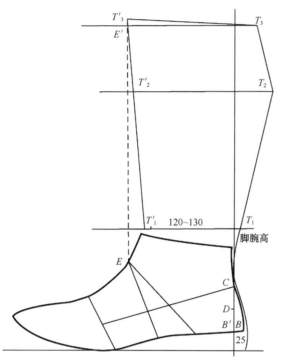

图3-158 靴筒宽度控制线

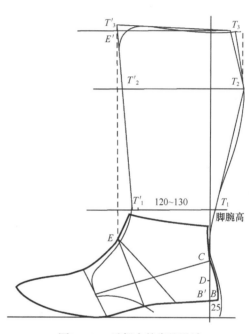

图3-159 后帮大轮廓的设计

在靴筒的膝下位置前端，设计成圆弧角。然后自圆弧角向下顺连，经过T_2'点到T_1'点。再自圆弧角向后顺连出筒口轮廓线到T_3点。

最后自T_3点、经过T_2点、到达T_1点设计一条圆滑饱满轮廓线，最凸的位置控制在T_2点附近。在T_1T_2线一半的位置之上，都是凸起的圆弧线，在T_1T_2线一半的位置之下，再逐渐改为凹弧线，然后与后跟弧线顺连。

设计后帮的大轮廓线要求顺畅、圆滑、饱满，特别是靴筒的后弧线要与小腿外形相近。

②后帮部件的设计：后帮部件包括鞋耳、护口条、后筋条和后包跟部件。设计方法与矮筒靴相同，见图3-160。

鞋耳宽30mm，鞋眼位线的边距15mm。脚腕以下的7个鞋眼的间距比较密。控制在20mm左右，脚腕以上的10个鞋眼的间距比较稀，控制在25mm左右。护口条宽30mm左右。后筋条设计宽在20mm左右。后包跟上端点在C点之上5mm位置，后上端收进2mm连中线。在外怀的O_1点之上3~5mm、之前2~3mm定出里怀的O_2点，顺连出里怀鞋耳的轮廓线，作出里外怀的区别。

③前帮的设计：在鞋耳前下端作一条8mm的压茬线，在距离外怀鞋耳前边沿15~20mm位置定取跷

中心O'点，见图3-161。

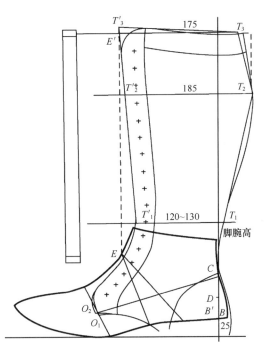

图3-160　后帮部件的设计

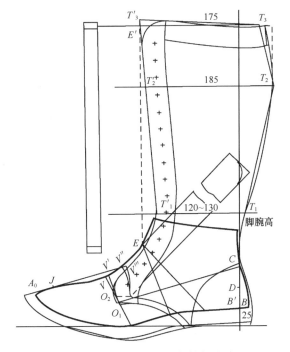

图3-161　外耳式高筒靴帮结构设计图

过O'点作后帮背中线的垂线、再后移5~7mm定断舌位置V''点。自V''点开始设计鞋舌。鞋舌的基准长度要在眼位线上测量，后端加10mm放量。后端宽度控制在40mm左右，前端到O'点止。

接着以O'点为圆心、到断舌位置为半径作大圆弧，截取等量代替角后得到V'''点。连接出前帮背中线A_0V'''。加放底口绷帮量、作出里外怀的区别，经过修整后即得到帮结构设计图。

2. 半开放式高筒男靴的设计

在靴筒的里怀一侧装配拉链就属于半开放式结构，见图3-162。这是一款单侧拉链高筒男靴，靴筒的高度到达膝下位置，前帮为角形葫芦头，需要进行双转换取跷。在后包跟和护口条的设计上，也运用了角形，使帮部件之间相互呼应。单侧拉链靴的优点在于穿脱方便，符合快节奏生活的特点，受到人们的普遍喜爱。

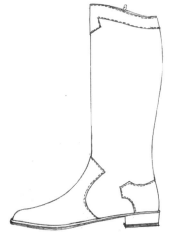

图3-162　单侧拉链高筒靴成品图

单侧拉链高筒靴的设计参数：脚腕高　130mm，脚腕宽140mm，腿肚高　305mm，腿肚宽　185mm，膝下高　400mm，膝下宽　175mm。

在设计参数中，脚腕的宽度取在140~145mm。

（1）高筒靴的框架结构设计　在直角坐标上确定半面板的方位，然后在纵坐标上截取脚腕高度130mm、腿肚高度305mm和膝下高度400mm。然后过3个高度点分别作水平线。

控制靴筒宽度首先要在脚腕部位进行。在楦统口后端点加放5mm，在C点、D点、B点分别加放2、3、5mm，然后顺连成新弧线，并与脚腕高度线顺势相交，定为脚腕宽度后端点T_1。自T_1点向前量取脚腕宽度140mm，见图3-163。

脚腕的前宽点为 T_1' 点，如果 T_1' 点位置在 E 点之后，可以把靴筒设计成前倾形态。过 E 点作膝下高度水平线的垂线，交于 E' 点，连接 $E'T_1'$ 线即为靴筒前宽控制线。

靴筒前宽控制线与腿肚水平线相交于 T_2' 点，自 T_2' 点向后量取腿肚宽度185mm定为 T_2 点，T_2T_2' 线即为腿肚宽度线。

腿肚与膝下的宽度差是10mm，过 T_2 点作膝下水平线的垂线，将垂足前移10mm定为 T_3 点。再将 E' 点上升10mm定为 T_3' 点，直线连接 T_3T_3' 线即为膝下宽度控制线。

连接 T_3、T_2、T_1 点即得到靴筒后宽控制线。有了靴筒的前宽控制线、后宽控制线和筒口控制线，即完成了高筒靴的框架结构。

（2）高筒靴的帮结构设计 在靴筒框架的基础上来进行帮结构设计。

①后帮大轮廓的设计：在靴筒前端，自 T_3' 点经过 T_2' 点、T_1' 点，顺连到 E 点，形成顺畅的靴筒前轮廓线。

在筒口位置要设计成"马蹄形"。把后端 T_3 点位置下降10mm，使筒口前后落差在20mm左右，顺势设计出马蹄的筒口轮廓线。

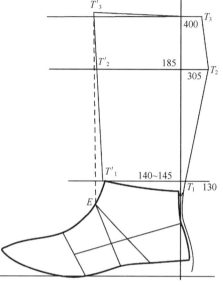

图3-163 高筒靴的框架结构

在靴筒后端，自下降的 T_3 点经过 T_2 点顺连出饱满的曲线到达 T_1 点，并与后弧线顺势连接成完整的靴筒后轮廓线。注意后轮廓线的最凸起位置在 T_2 点附近，上下为凸弧线圆滑过渡，直到 T_2T_1 的1/2位置才逐渐转化为凹弧线，最凹的位置在 C 点之上，见图3-164。

②后帮部件的设计：首先设计出前后帮的分割线。自 E 点开始设计出角形葫芦头，然后以圆弧曲线顺延到底口。圆弧最凸的位置控制在 OC 线附近，作为取跷中心。圆弧曲线在 OC 线以下的一段，取1/2作为拉链的尾端。

在筒口 T_3T_3' 的中点为拉链的中点，先与脚腕宽度的中点相连，然后再与拉链尾端相连，利用这条辅助线设计出拉链中线。在拉链中线的两侧各取5mm作平行线，即为拉链的宽度，也是里怀前片与后片轮廓线，见图3-165。

在筒口设计出护口条部件，基础宽度25mm左右，前端设计成尖角形，上下呼应。

在后跟设计出后包跟部件，高度取 C 点之上5mm，后上端收进2mm，前端也设计成尖角形，前后呼应。

拉链舌部件可以在后期进行设计，防止图形凌乱。

③前帮的设计：在前帮进行双转换取跷。

在下端进行常规的转换取跷：包括连接前帮背中线确定 A_0 点、以 O 点为圆心作圆弧确定 A_2 点、连接出 $\angle A_0O'A_2$ 确定取跷角的大小、以 O' 点为圆心在断帮位置截取取跷角的大小、

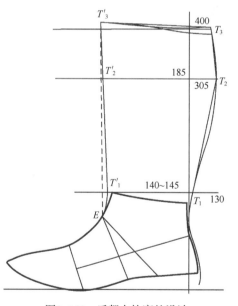

图3-164 后帮大轮廓的设计

在延长线上确定 A_2 点、确定 A_2' 点、取长度差的1/3确定 A_2'' 点，最后顺连出底口轮廓线到取跷角后端。

在上端进行旋转取跷：制备拷贝板、在过 O' 点的垂线上取2/3确定 O'' 点、以 O'' 点为圆心在延长线上确定葫芦头上端点、进行旋转取跷描出葫芦头轮廓线，见图3-166。

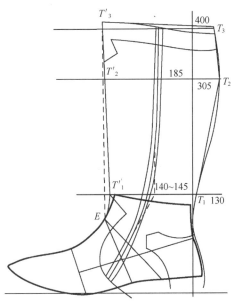

图3-165　后帮部件的设计

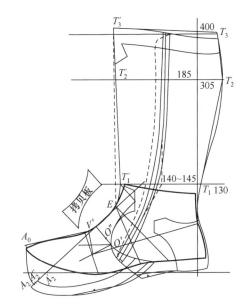

图3-166　单侧拉链高筒靴帮结构设计图

分别加放前后帮底口绷帮量，作出里外怀的区别，设计出鞋舌轮廓位置，经过修整后即得到帮结构设计图。

3. 封闭式高筒男靴的设计

封闭式高筒男靴也叫作马靴或者骑靴，与骑马有关。高及膝下的靴筒可以避开马蹄溅起的泥土，柔软的皮革可以容易触及马肚来控制马匹。如果改成绑带靴显然是太麻烦，如果改成拉链靴会造成接触不良。在第一次世界大战结束后的欧洲，骑靴被视为表示社会地位的一种主要象征。

如图1-167所示，这是一款封闭式高筒男靴，靴筒的高度到达膝下位置，前帮有葫芦头，需要进行双转换取跷。葫芦头的下端横向延伸到后跟部位，腰窝部有断帮位置。在筒口有提手，穿靴时可以帮助提起靴筒。封闭式筒靴的穿脱比拉链靴更方便，常作为军靴出现，而在和平时期的城市生活，穿封闭式高筒靴则变成一种时尚。

封闭式高筒靴的设计参数：脚腕高　130mm，脚腕宽　165mm，腿肚高　305mm，腿肚宽　185mm，膝下高　380mm，膝下宽　175mm。

脚腕宽度取在165mm，没有取值范围。这个设计参数是在脚兜围宽的基础上，只增加了5mm的缝合量。由于脚腕瘦而兜跟围肥，脚兜围穿过脚腕部位只是一瞬间，并不做停留，所以也不用考虑取值范围。

（1）高筒靴的框架结构设计　在直角坐标上确定半面板的方位，然后在纵坐标上截取脚腕高度130mm、腿肚高度305mm和膝下高度380mm。然后过3个高度点分别作水平线。

控制靴筒宽度首先要在脚腕部位进行。在楦统口后端点加放5mm，在C、D、B点分别加放2、3、5mm，然后顺连成新弧线，并与脚腕高度线相交，定为脚腕宽度后端点。

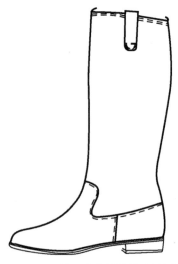

图3-167　封闭式高筒男靴成品图

如果后端点向前量取脚腕宽度165mm，会发现前宽位置太靠前，这是因为脚腕宽度数据远远大于楦统口宽度。为了使脚腕宽度在楦筒口前后分布均匀，所以要先确定脚腕宽度的中点位置。这需要连接EC线，将EC线的中点定作P''点。然后过P''点作脚腕平行线的垂线，交于P_0点即为脚腕宽度的中点。

量取脚腕宽度要从P_0点开始，分别以脚腕宽度的一半82.5mm进行前后测量，前端为T_1'点，后端为T_1点。T_1点与刚开始确定的后端点有差异，这要在设计靴筒后轮廓线时再修正。

脚腕的前宽点T_1'会超过E点，但不要超过VE的1/2，否则会出现前后帮比例不协调的现象。过T_1'点作水平线的垂线，这是靴筒的前端控制线。

垂线与腿肚平行线相交后得到T_2'点，测量出腿肚宽度185mm后得到T_2点。垂线与膝下高度水平线相交后可以直接确定靴筒膝下宽175mm，确定出T_3点。然后前端上升10mm定T_3'点。连接T_3' T_3线即为靴筒口控制线。

连接T_3T_2线和T_2T_1线，即得到靴筒后控制线。有了靴筒的前宽控制线、后宽控制线和统口控制线，即完成了高筒靴的框架结构，见图3-168。

（2）高筒靴的帮结构设计 在靴筒框架的基础上来进行帮结构设计。

①后帮大轮廓与部件的设计：靴筒前轮廓线上端取直线，自T_1'点顺连到楦背中线上，形成顺畅的靴筒前轮廓线。

在筒口位置设计坡状弧线到T_3点。

在靴筒后端，自T_3点经过T_2点、到达T_1点顺连成凸起的饱满弧线，注意最凸起位置在T_2点附近，上下都是凸弧线。经过T_1点之后才逐渐改为凹弧线，并与后跟弧线顺接。最凹的位置依然在C点之上。此时楦统口后端点的宽度会大于5mm，属于正常情况。注意封闭式结构的靴筒后弧线与开放式或半开放式靴筒是不相同的，见图3-169。

在接近楦统口高度的位置设计出圆形的葫芦头，葫芦头拐弯后顺延到OC线，在后端升起5mm。过脚腕中点往下作垂线即得到腰窝位置的断帮线。

在筒口中点位置设计提手，上端超出筒口线5mm，总长度取在90mm左右，宽度为30mm。下段设计成圆角，上端有折回量20mm。

②前帮的设计：在前帮进行双转换取跷。取跷中心O'点设定在葫芦头拐弯的位置，过取O'点作后帮背中线的垂线，把前帮分成上下两部分，然后分别进行跷度处理，见图3-170。

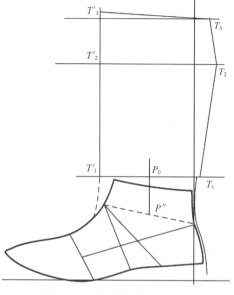

图3-168 高筒靴的框架结构

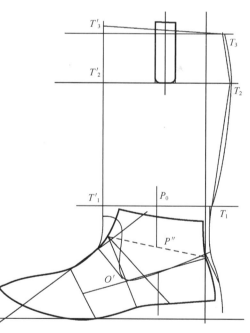

图1-169 后帮大轮廓的设计

在下端进行常规的转换取跷：注意取跷位置在断帮线，取跷线为折线，需要控制两个取跷角。这与典型橡筋男鞋的取跷是相同的。包括连接前帮背中线确定A_0点，以O为圆心作圆弧确定A_2点，连接出$\angle A_0 O'A_2$确定取跷角的大小。以O'点为圆心在断帮位置上端点截取一次取跷角的大小，在断帮线下端点也截取一次取跷角的大小，然后连接出取跷后的轮廓线。在延长线上确定A_2点、确定A_2'点、取长度差的1/3确定A_2''点，最后顺连出底口轮廓线到取跷角后端。

在上端进行旋转取跷：制备拷贝板，在过O'点的垂线上取2/3确定O''点，以O''点为圆心在延长线上确定葫芦头上端点，进行旋转取跷描出葫芦头轮廓线。

分别加放前后帮底口绷帮量、作出里外怀的区别，设计出鞋舌轮廓位置，经过修整后即得到帮结构设计图。

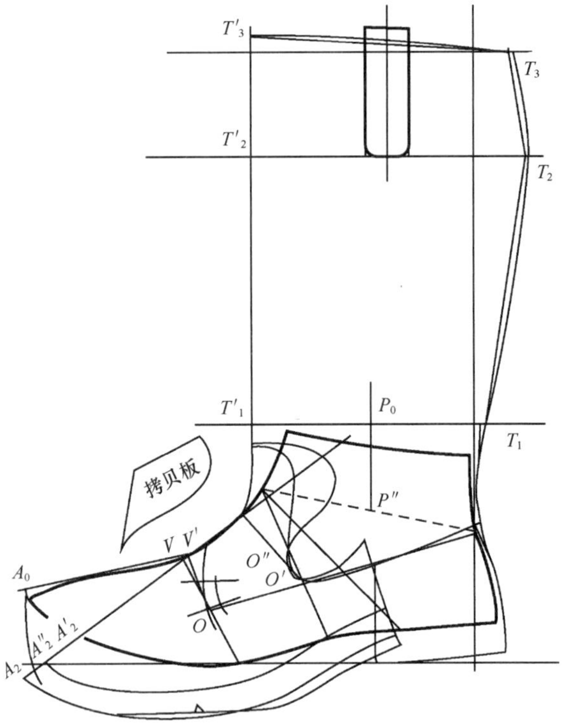

二、高筒女靴的设计

设计高筒女靴与设计高筒男靴的模式相同，下面也是从开放式、半开放式与封闭式结构入手进行说明。

1. 开放式高筒女靴的设计

开放式高筒女靴也有多种款式，比较简单的是内耳式高筒女靴。内耳式鞋与外耳式鞋是满帮鞋的设计基础，所以内耳式高筒靴与外耳式高筒靴也就是筒靴的设计基础，见图3-171。这是一款三节头式中跟内耳高筒女靴，鞋跟的高度为50mm，前掌凸度W点前移3mm定着地点W_0点，作底中线的垂线后确定着地边沿点K。靴筒的高度到达膝下位置，鞋的前帮压在鞋耳上，采用定位取跷处理。前帮上有前包头部件，后帮上有后包跟部件。鞋耳上有17个鞋眼位，其中在上端的3个眼位被里怀的搭襻部件遮盖住。

内耳式高筒女靴的设计参数如下：脚腕高120mm，脚腕宽120mm，腿肚高280mm，腿肚宽165mm，膝下高360mm，膝下宽180mm。

注意膝下宽度的取值不是155mm，而是180mm。一般情况下，膝下宽度比腿肚宽度的取值少10mm，这种造型属于收缩的"葫芦嘴"形。如果上下宽度相等则属于"直口"形，如果上宽大于下宽，则属于"喇叭口"形。葫芦嘴的造型感觉是贴身严谨，喇叭口的造型感觉是宽松洒脱，在风格上有区别。

（1）高筒靴的框架结构设计　设计高筒女靴同样是在直角坐标上确定半面板的方位，然后在纵坐标上截取脚腕高度120mm、腿肚高度280mm和膝下高度360mm。然后过3个高度点分别作水平线，见图3-172。

控制靴筒宽度首先要脚腕部位进行。在楦统口后端点加放5mm，在C、D、B点分别加放2、3、5mm，然后顺连成新弧线，并与脚腕高度线相交，定为脚腕宽度后端点T_1。

自后端点向前量取脚腕宽度120mm，定为前端点T_1'。脚腕的前宽T_1'点在E点之后，所以要过E点作膝下平行线的垂线，自垂足与T_1'点相连，作为靴筒前宽控制线。

垂线与腿肚平行线相交后得到T_2'点，测量出腿肚宽度165mm后得到T_2点。

垂线与膝下高度水平线相交后直接确定靴筒膝下宽180mm，确定出T_3点。然后前端上升10mm定T_3'点。连接$T_3'T_3$线即为靴筒口控制线。

连接T_3T_2线和T_2T_1线，即得到靴筒后控制线。有了靴筒的前宽控制线、后宽控制线和筒口控制线，即完成了高筒靴的框架结构。

（2）高筒靴的帮结构设计　内耳式高筒靴的前帮是压在后帮之上的，要先从前帮开始设计。

①前帮的设计：在前帮AV'的长度上截取2/3定为前包头的位置V_1点，连接出前包头背中线，

图3-170　封闭式高筒男靴帮结构设计图

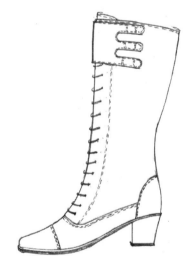

图3-171　内耳式高筒女靴成品图

然后设计出前包头的弧形轮廓线。

连接A_1V'线为前中帮背中线，然后自V'点作A_1V'线的垂线为辅助线，继而设计出鞋口轮廓线。鞋口轮廓线要有意下移，便于套划省料。后包跟的高度在C点之上10mm左右，鞋口轮廓线搭在后包跟上。

此时底口部位是完整的，可以顺便加放底口绷帮量和作出里外怀的区别，见图3-173。

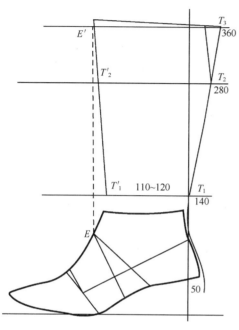

图3-172 高筒靴的框架结构

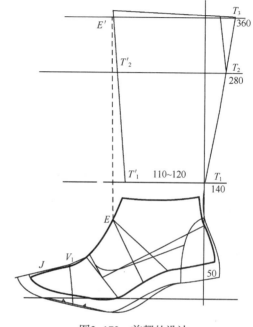

图3-173 前帮的设计

②后帮的设计：把靴筒前端设计成圆弧角，然后顺着圆弧角依次通过T_2'、T_1'，E点，到达V点，连成顺畅光滑的靴筒前轮廓线。过V点作垂线，作出定位取跷角，逐渐与鞋口线重合。

在距离前轮廓线15mm位置连出一条眼位线，在距离眼位线15mm位置设计一条假线。在眼位线上截出17个眼位，前8个眼位在脚腕以下，眼位间距较小，控制在18mm左右，脚腕以上的眼位间距控制在22mm左右，见图3-174。

将筒口的前后端顺连成有坡度的圆弧线。

自筒口后端与T_3点连接成上宽下窄的喇叭口形状，然后再过渡到T_1点，顺连成完整的靴筒后轮廓线。注意在T_2T_1的1/2位置逐渐转化为凹弧线，最凹的位置在C点之上。

在鞋耳的上端有搭袢，宽度在90mm左右，能遮盖住3个眼位。搭袢里怀的长度在50mm左右，超过鞋耳3mm后搭向外怀。在外怀一侧超过里怀长度位置后继续延伸50mm，形成3个宽度相等的分叉，每个分叉上都装配尼龙搭扣来连接固定。用来调节喇叭口的松紧度。

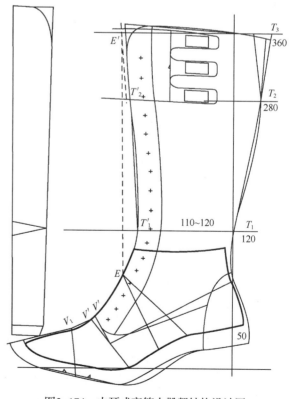

图3-174 内耳式高筒女靴帮结构设计图

鞋舌设计在结构图外面，基准长度要在眼位线上测量，上端加放量10mm，下端加压茬量10~12mm，上宽控制在45mm，下宽控制在35mm，在相当于脚腕拐弯位置设计一个收缩角，增加鞋舌的稳定性。经过修整后即得到帮结构设计图。

2. 半开放式高筒女靴的设计

半开放结构中最常见的就是拉链靴，拉链的长度习惯上都是自筒口位置开启。由于膝下和腿肚的设计宽度都大于脚兜跟围宽，所以筒口不会影响穿脱，而影响穿脱的部位是在脚腕。既然如此，就可以只在脚腕附近设计一段拉链，也能满足对拉链开闭功能的要求。

如图3-175所示，这是一款平跟短拉链高筒女靴，拉链在里怀一侧，外怀看不见。鞋跟的高度为30mm，前掌凸度W点前移1mm定着地点W_0点，作底中线的垂线后确定着地边沿点K。靴筒的高度到达膝下位置，筒口部位有一条装饰性钎带。鞋的前帮属于宽葫芦头，里怀拉链与葫芦头并行，下端衔接在后包跟上。

图3-175　短拉链高筒女靴成品图

短拉链高筒女靴的设计参数如下：脚腕高120mm，脚腕宽130mm，腿肚高280mm，腿肚宽165mm，膝下高360mm，膝下宽155mm。

脚腕宽度130mm是按照半开放式中等宽度选取的。

（1）高筒靴的框架结构设计　在直角坐标上确定半面板的方位，然后在纵坐标上截取脚腕高度120mm、腿肚高度280mm和膝下高度360mm。然后过3个高度点分别作水平线。

控制靴筒宽度首先要在脚腕部位进行。在楦统口后端点加放5mm，在C、D、B点分别加放2、3、5mm，然后顺连成新弧线，并与脚腕高度线相交，定为脚腕宽度后端点T_1。

自后端点向前量取脚腕宽度130mm，定为前端点T_1'。脚腕的前宽T_1'点与E点前后位置相差不大，筒口后端膝下与腿肚的宽度差相差也不大。可以直接过T_1'点作膝下平行线的垂线作为靴筒前宽控制线。垂线与腿肚平行线相交后得到T_2'点，测量出腿肚宽度165mm后得到T_2点。

垂线与膝下高度水平线相交后直接量出靴筒膝下宽155mm，确定出T_3点。然后前端上升10mm定T_3'点。连接$T_3'T_3$线即为靴筒口控制线。连接T_3T_2线和T_2T_1线，即得到靴筒后控制线，见图3-176。

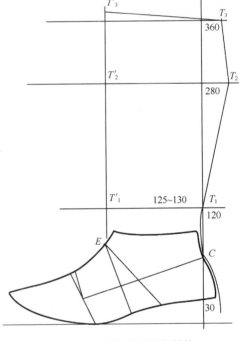

图3-176　高筒靴的框架结构

（2）高筒靴的帮结构设计

①拉链位置的设计：里怀短拉链与宽葫芦头并行，要先设计出宽葫芦头。自筒口中点与F点连接一条辅助线。葫芦头的高度设计在楦筒口附近，取圆弧形，然后顺连到辅助线上。

短拉链在辅助线上截取，上端点控制在T_1T_2高度的1/2位置，下端控制在后帮高度控制线以下的一半位置。作10mm宽的平行线为拉链宽度。把拉链舌也设计出来，见图3-177。

②后帮的设计：靴筒的前端为直线，筒口设计成前高后低的弧线，靴筒后端自T_3点到T_1点为饱满的圆弧线，最凸的位置控制在T_2点附近。自T_2T_1的一半位置开始逐渐变为凹弧线，然后与后弧线顺连，最凹的位置在C点之上，见图3-178。

在距离筒口30mm左右的位置设计一条装饰钎带。钎带宽30mm，穿入皮环内可以活动。

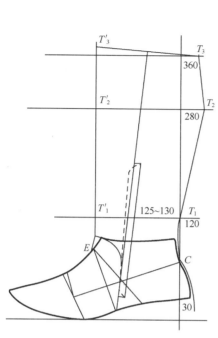

图3-177 拉链位置的设计

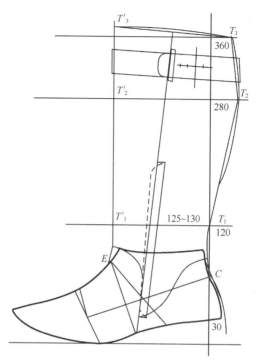

图3-178 后帮的设计

自拉链下端开始设计后包跟，外形与宽葫芦头相似，高度接近楦筒口。

③前帮的设计：前帮需要进行双转换取跷。首先在最贴近楦背的位置作一条后帮背中线，并向两端延长，然后在OC线与辅助线交点附近确定取跷中心O′点。要求O′点与后帮背中线的交点即在背中直线上、也在背中曲线上。

在前帮下段进行常规转换取跷：连接前帮背中线确定A_0点、以O点为圆心作圆弧确定A_2点，连接出$\angle A_0 O' A_2$确定取跷角的大小。以O′点为圆心，在O′F线上截取$\angle FO' F'$等于取跷角，连接出取跷后的轮廓线。在延长线上确定A_2点、确定A_2'点、取长度差的1/3确定A_2''点，最后顺连出底口轮廓线到取跷角后端，见图3-179。

在前帮上段进行旋转取跷：制备拷贝板、在过O′点的垂线上截取2/3确定O''点、以O''点为圆心在延长线上确定葫芦头上端点、进行旋转取跷描出葫芦头轮廓线，见图3-180。

分别加放前后帮底口绷帮量，作出前后帮的里外怀区别，经过修整后即得到帮结构设计图。

3. 封闭式高筒女靴的设计

所谓封闭式结构筒靴就是指没有开闭功能的靴筒。如果只是在筒口位置设计有开闭功能，而在脚腕部位仍然不能开合，这种类型的筒靴还是属于封闭式结构，设计脚腕位置宽度依然要参考脚兜围尺寸。

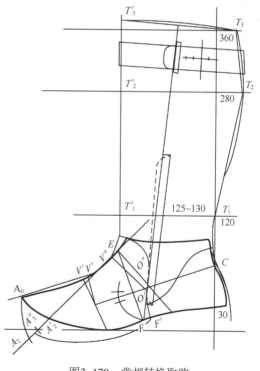

图3-179 常规转换取跷

如图3-181所示，这是一款封闭式高跟高筒女靴。鞋跟的高度为80mm，前掌凸度W点前移6mm定着地点W_0点，作底中线的垂线后确定着地边沿点K。前帮为镶接有装饰条的葫芦头，配有小后包跟。靴筒的高度到达膝下位置，筒口的后端有一开口，开口的上面是眼盖，开口的下面是鞋舌，鞋舌与眼盖车缝在一起，没有开闭功能，只是起装饰作用。在开口的周边以及筒口也设计出类似的装饰条。不管开口是否有开闭功能，都按照封闭式结构设计。

封闭式高筒女靴的设计参数如下：脚腕高120mm，脚腕宽150mm，腿肚高280mm，腿肚宽165mm，膝下高360mm，膝下宽155mm。

脚腕宽度150mm是在脚兜围宽度145.5mm基础上加放了4.5mm的加工量。

（1）高筒靴的框架结构设计　在直角坐标上确定半面板的方位，然后在纵坐标上截取脚腕高度120mm、腿肚高度280mm和膝下高度360mm。并过3个高度点分别作水平线。

在楦统口后端点加放5mm，在C、D、B点分别加放2、3、5mm，然后顺连成新弧线，并与脚腕高度线相交。

控制靴筒宽度首先要在脚腕部位进行。先连接EC线，并从EC线的中点作脚腕水平线的垂线，交于P_0点。P_0点是脚腕宽度的中点，从P_0点开始向两端分别截取脚腕宽度的一半75mm。把后端定为T_1点，前端定为T_1'点，T_1T_1'即为脚腕宽度。

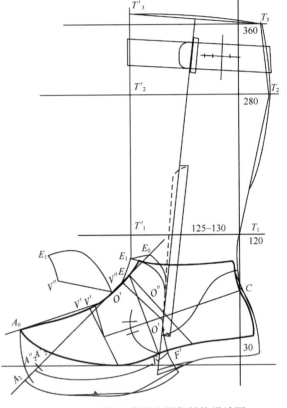

图3-180　短拉链高筒女靴帮结构设计图

脚腕的前宽T_1'点超过了E点，可以直接作水平线的垂线为靴筒前控制线。注意要控制T_1'点的前后位置不要超过$1/2VE$，如果超过了要向后推移，否则前帮会变短、比例不协调，见图3-182。

筒口前控制线与腿肚平行线相交后得到T_2'点，测量出腿肚宽度165mm后得到T_2点。与膝下高度水平线相交后直接量出靴筒膝下宽155mm，确定出T_3点。然后前端上升10mm定T_3'点。连接$T_3'T_3$线即为靴筒口控制线。连接T_3T_2线和T_2T_1线，即得到靴筒后控制线。

后弧线的上端点与T_1点并不重合，这要在设计靴筒后轮廓线时进行修正。后轮廓线自T_3点到T_1点都是凸起的弧线，最凸的位置在T_2点附近。经过T_1点以后才逐渐下凹形成凹弧线，顺连到C点并与后弧线衔接。此时楦统口后端点就处于大于5mm状态。

（2）高筒靴的帮结构设计

①后帮的设计：由于鞋跟比较高，所以把葫芦头也设计得高一些，取在楦统口之上适当位置。葫芦头的宽度取在20mm，不要太宽，因为周边还有20mm宽的装饰条。葫芦头下端在OC线附近拐向后端，趋向C点与小后包跟对接。葫芦头周边有装饰条，条中心位置车假线，后端高度与小后包跟相近。后包跟的后上端要收进2mm，见图3-183。

在筒口后端设计一个后开口。开口宽度15mm左右，长度到达腿肚位置。鞋眼盖的宽度侧面取

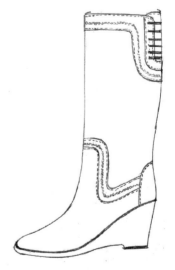

图3-181　封闭式高筒女靴成品图

20mm，下端取15mm，然后顺连。眼盖上面安排6个眼位，眼盖下面有鞋舌。鞋舌的宽度超出眼盖4mm，车眼盖时把鞋舌也车住，这样不会影响系鞋带。因为膝下宽度并不影响穿脱，所以这里的眼盖是一种装饰作用。在眼盖的周边也设计与葫芦头相同的装饰条。

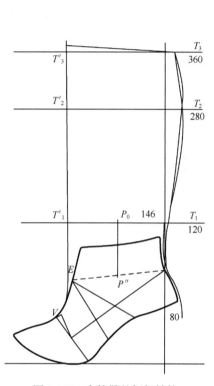

图3-182　高筒靴的框架结构

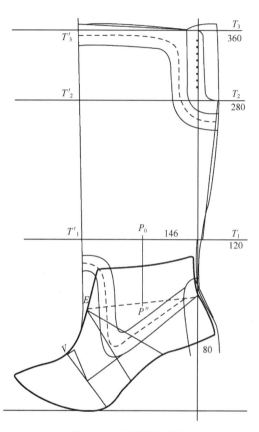

图3-183　后帮设计图

②前帮的设计：前帮需要进行双转换取跷。首先在最贴近楦背的位置作一条后帮背中线，并向两端延长，然后在葫芦头拐弯的位置确定取跷中心O'点。要求过O'点的垂线与后帮背中线的交点既在背中直线上、也在背中曲线上。

在下段进行常规转换取跷：连接前帮背中线确定A_0点、以O点为圆心作圆弧确定A_2点，连接出$\angle A_0 O' A_2$确定取跷角的大小。由于前帮后端与小后包跟衔接位置有两个拐点，所以需要测量两次取跷角。先以O'点为圆心、到衔接的上拐点为半径作圆弧，截取一次取跷角的大小；然后再以O'点为圆心、到衔接的下拐点为半径作圆弧，截取第二次取跷角的大小。顺连出取跷后的轮廓线。在延长线上确定A_2点、确定A_2'点、取长度差的1/3确定A_2''点，最后顺连出底口轮廓线到取跷角后端。

在上段进行旋转取跷：制备拷贝板、在过O'点的垂线上取2/3确定O''点、以O''点为圆心在延长线上确定葫芦头上端点、进行旋转取跷描出葫芦头轮廓线，见图3-184。

分别加放前后帮底口绷帮量、作出前后帮里外怀的区别，经过修整后即得到帮结构设计图。

三、框架结构图

在高筒靴的设计过程中，增加了框架结构的设计步骤。框架结构是支撑靴筒的骨架，有了骨架才能准确、方便、有效地进行帮部件设计。不仅如此，框架结构还能更好地引导各种不同高度的靴鞋进行设计。

在高筒靴的设计过程中，靴筒的高度是可选择的，参照膝下高度尺寸，靴筒的高度可以选择在膝下高度位置。由于现代人群身高加长，腿长也增加，所以也可以选择在超过膝下高度位置。为了使靴筒轻便，也可以选择在低于膝下高度位置。由于需求存在着种种不同，选择的结果也就会不同。

如果选择靴筒的高度继续降低，降低到腿肚附近就形成了中筒靴，降低到腿肚与脚腕之间就形成了半筒靴，降低到脚腕位置就形成了矮筒靴。还可以降低吗？如果降低到脚腕与踝骨之间就形成了高腰鞋。如果还要继续降低就成为了满帮鞋。如果把这些高度变化以图示的方法逐一记录下来，就构成了框架结构图。

对于框架结构图来说，不仅要考虑高度上的变化，还要考虑宽度与跟高的变化。对于宽度来说，膝下与腿肚没有大变化，而脚腕的变化却比较大，因此就细分成开放式、半开放式和封闭式三种不同的框架结构图。对于不同的跟高来说，也细分成20mm跟高、30mm跟高、40mm跟高等不同跟高的框架结构图。对于鞋帮部件来说，虽然造型变化繁多，但却是依据框架结构进行设计的，反而不用去限定。

下面就以25mm跟高男楦和50mm跟高女楦的框架结构图来进行说明。

1. 开放式框架结构图

首先架设直角坐标，然后利用三点共面确定半面板的方位。接着在纵坐标上标出脚腕高度、腿肚高度以及膝下高度的上限设计尺寸。然后过3个高度点分别作水平线。

截取宽度尺寸首先要在脚腕部位进行。对于开放式结构来说，截取脚腕宽度尺寸是从后向前量。在楦筒口后端加放5mm、在C点加放2mm、在D点加放3mm、在B点加放

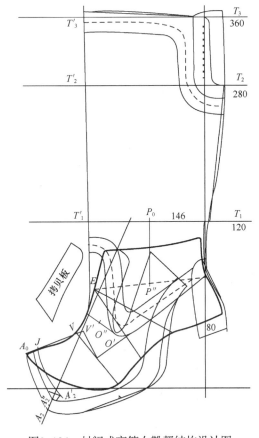

图3-184 封闭式高筒女靴帮结构设计图

5mm，然后过这4个点顺连出后弧线，并顺势向上移动，与脚腕平行线相交后定为T_1点。自T_1点向前量取脚腕宽度数值。

由于开放式结构的脚腕部位比较瘦，如果以脚腕宽度的垂线作为靴筒的前控制线，就会发现膝下与腿肚的宽度向后偏移量较大。因此就以过E点与膝下水平线的垂足为基准，连接出略向前倾斜的靴筒前控制线。前控制线与腿肚的平行线相交，自交点向后测量出腿肚的宽度。

考虑到膝下与腿肚的宽度差，如果相差悬殊外观效果就不协调，所以确定膝下宽度是从膝下后端开始。也就是在膝下宽度线上先确定腿肚宽度点，然后前移宽度差10mm定为膝下宽的后端点。

将3个宽度的后端点连接起来，就形成了靴筒后控制线。在膝下宽度的前端升高10mm，并与膝下后端点相连，即得到筒口控制线。

由于外耳式鞋是开放式结构的典型代表，所以鞋帮部位用外耳式图形来表示。利用靴筒的前、上、后控制线，就可以设计出开放式结构的外形轮廓线，见图3-185。

在外形轮廓线的基础上可以截取不同高度的靴筒。在膝下高度附近截取的一组靴筒高度，可以利用膝下宽度进行设计，成为高筒靴。在腿肚高度以下截取的一组靴筒高度，可以利用腿肚宽度进行设计，成为中筒靴。中筒靴的高度一般不选在最宽的位置进行设计，而是稍往下偏移。在腿肚与脚腕之

间也可以截取一组靴筒高度，由于该部位没有直接测量的脚型规律数据，所以要借用腿肚与脚腕部位的宽度进行设计，成为半筒靴。在脚腕高度附近截取的一组靴筒高度，可以利用脚腕宽度进行设计，成为矮筒靴。在楦筒口附近还可以截取一组高度，成为高腰鞋。

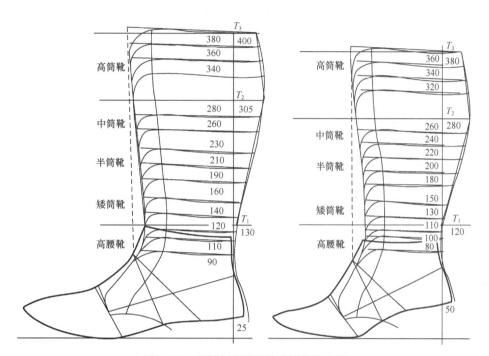

图3-185　男靴与女靴开放式框架结构图

从高腰鞋到高筒靴是一个逐渐变化的过程。也就是说靴筒的设计高度可选择的范围很广泛，利用开放式框架结构图可以设计不同高度的、具有开放结构的鞋款。如果把外耳式改变成内耳式、或者前开口式、或者后拉链式，只需要改变部件的造型，而框架结构的高度和宽度是不变的。

2. 封闭式框架结构图

封闭式框架结构图与开放式结构设计图的设计过程大同小异，区别在于脚腕的宽度不同和测量的方法不同。

在架设直角坐标、确定半面板方位、作出3条水平线以后，确定脚腕宽度要从脚腕宽的中点开始往两端测量。首先连接 EC 线，将其1/2定为 P'' 点。P'' 点是里外踝骨的受力中心点。过 P'' 点作脚腕水平线的垂线交于 P_0 点，这是脚腕的中心点。由于封闭式结构的脚腕宽度数据比脚腕实际的宽度要大很多，把多出的量分摊在前后两侧比分摊在一侧合理，所以要从 P'' 点往前后两端测量，各取宽度数值的一半。

封闭式结构的脚腕宽度前端点会超过 E 点，可以直接作3条水平线的垂线为靴筒前控制线，可以在控制线与腿肚和膝下水平线相交的位置，直接测量出腿肚宽度和膝下宽度。

膝下宽度前端升高10mm后与后端点相连得到筒口控制线。后端的3个宽度点相连得到靴筒后端控制线。

在后弧位置，C 点加放2mm、D 点加放3mm、B 点加放5mm后连成后弧线。在设计轮廓线时要将后弧线与脚腕后宽点顺连，此时楦统口的后端放量会大于5mm。

由于带葫芦头的筒靴是封闭式结构的典型代表，所以鞋帮部位用葫芦头图形来表示。利用前、

上、后控制线，就可以设计出封闭式结构的外形轮廓线。其中靴筒后轮廓线的圆弧范围比较长，到达T_1点，这与开放式框架结构图是不同的，见图3-186。

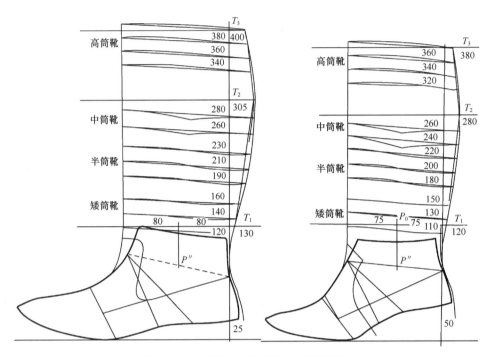

图3-186 男靴与女靴封闭式框架结构图

在外形轮廓线的基础上可以截取不同高度的靴筒。在膝下高度附近截取的一组是高筒靴，在腿肚高度以下截取的一组靴是中筒靴，在腿肚与脚腕之间截取的一组是半筒靴，在脚腕高度附近截取的一组是矮筒靴。封闭式矮筒靴比较少见，而高腰鞋一般不设计封闭式鞋款，因为鞋口太敞，外形比例失调。

高度可选择的范围很广泛，利用开放式框架结构图可以设计不同高度的、具有开放结构的鞋款。如果改变葫芦头的造型或者断前帮、或者是开中缝等，只需要改变部件的造型，而框架结构的高度和宽度是不变的。

3. 半开放式框架结构图

半开放式框架结构图与开放式、封闭式的框架结构设计图的设计过程相似，区别在于脚腕的宽度不同。

在架设直角坐标、确定半面板方位、作出3条水平线以后，确定脚腕宽度要从后往前测量。这与开放式框架结构相同。在楦筒口后端加放5mm、在C点加放2mm、在D点加放3mm、在B点加放5mm，然后过这4个点顺连出后弧线，并顺势向上延伸，与脚腕平行线相交后定为T_1点。自T_1点向前量取脚腕宽度数值。

脚腕宽度前端点与E点的垂线位置相比较，会受到跟高的影响。在使用平跟楦时两者很接近，可以直接过脚腕宽前端点作垂线为靴筒前控制线，这与封闭式框架结构图是类似的。可以在控制线与腿肚和膝下水平线相交的位置直接测量出腿肚宽度和膝下宽度。

如果使用中高跟楦时，则脚腕宽度前端点会处于E点之后，为了不增加膝下和腿肚的宽度差，可以利用过E点的垂线作向前倾斜的靴筒前控制线，这与开放框架结构图是类似的。需要先作出腿肚宽度，利用宽度差确定膝下宽度。

膝下宽度前端升高10mm后与后端点相连得到筒口控制线。后端的3个宽度点相连得到靴筒后端控制线。在后弧位置，楦统口后端点加放5mm、C点加放2mm、D点加放3mm、B点加放5mm后连成后弧线。

由于带葫芦头的拉链筒靴是半开放式结构的典型代表，所以鞋帮部位用葫芦头图形来表示。利用前、上、后控制线，就可以设计出单侧拉链半开放式结构的外形轮廓线，见图3-187。

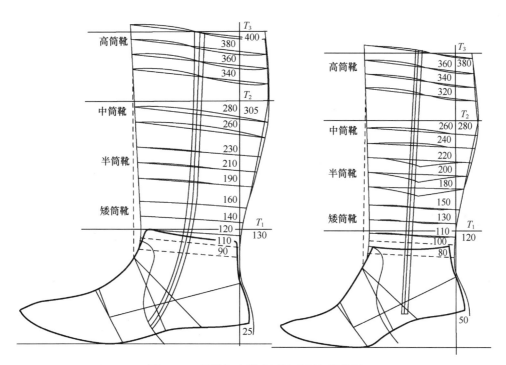

图3-187 男靴与女靴半开放式框架结构图

框架结构图包含了所有靴鞋的框架结构。在企业里，一种高腰楦可以设计多种筒靴，往往是把框架结构图制备成划线板。在设计某一结构、某一高度的筒靴时，可以直接描绘出框架轮廓线，然后再进行部件的设计。利用结构图进行不同高度、不同款式的靴鞋设计会变得灵活与方便。

思考与练习

1. 设计三款不同结构的高筒男靴，画出成品图和结构图，选择其中一款制取三种生产用的样板。
2. 设计三款不同结构的高筒女靴，画出成品图和结构图，选择其中一款制取三种生产用的样板。
3. 绘制出男靴和中跟女靴的开放式、半开放式以及封闭式框架结构图。

第五节 中筒靴的设计

中筒靴是指靴筒高度接近腿肚位置的一类鞋，由于避开了腿肚最肥的部位，而且去掉了腿肚到膝下的弯弧部位，所以显得简洁轻快。下面将以框架结构为基础，对不同款式的中筒靴进行说明。

一、中筒男靴的设计

筒靴的部件变化可以借鉴满帮鞋的结构。

1. 围盖式中筒男靴的设计

把围盖的结构运用在靴筒上就形成了围盖式中筒靴，见图3-188。这是一款前帮带有围盖结构的中筒男靴，对设计围盖的位置、外形、里外怀区别以及工艺跷等要求将会重新出现。鞋帮的外怀分为前后帮两大部分，之间用两条钎带来连接。靴筒的里怀如果也和外怀一样断开或者装配拉链，应该使用开放式框架结构图进行设计，如果不断开，只在外怀有开闭功能，则需要用半开放式框架结构图进行设计。本案例的里怀是不断开的。靴筒高度取280mm。

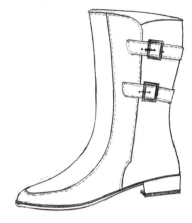

图3-188　围盖式中筒男靴成品图

（1）框架结构图的设计　设计出高度到达腿肚位置的半开放框架结构图。靴筒高度取在280mm，见图3-189。在纵坐标上截取280mm筒高并作水平线，可得到靴筒的控制线。由于脚腕宽度取在145mm，比较接近E点，可以直接作水平线的垂线为靴筒前控制线。此时会看到靴筒后上端比较宽。考虑到外观的均衡，可以将靴筒的宽度适当往前移动几毫米，重新连接靴筒的辅助线。如图中虚线所示。

（2）鞋盖的设计　鞋盖的前端位置取在J点之后2~3mm的J'点。自J'点设计出鞋盖的外形轮廓线，并继续往后、往上延长，一直到达筒口的位置。鞋盖的外形要与楦头的外形相似，鞋盖延长部分的宽度在40mm左右，见图3-190。

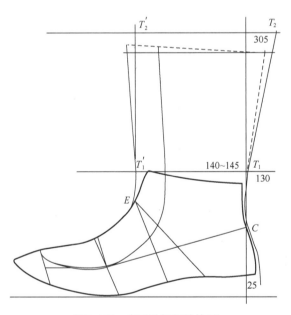

图3-189　半开放框架结构图

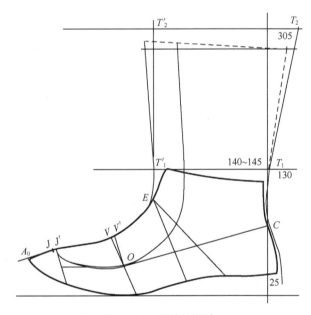

图3-190　鞋盖的设计

（3）前后帮部件的设计　在筒口部位除去鞋盖宽度后的长度上取中点，然后与F点连成辅助线。

自筒口前端开始设计一条外怀前帮筒口圆弧轮廓线，超过辅助线20mm后，顺势下滑逐渐往前收拢，在接近OC线与辅助线相交位置往前拐一小圆弧到底口。

自筒口后端开始设计一条外怀后帮筒口轮廓线，模仿前帮的弯曲弧线，超过辅助线20mm，然后顺势下滑，逐渐与前帮的小圆弧并行，相距有8mm压茬量。

里怀的筒口取平缓的弧线。后端靴筒轮廓线取饱满的弧线，并与后弧线顺连，见图3-191。

（4）钎带的设计　两条钎带起着连接前后帮的作用，受力要求均衡。外怀前帮锁口的位置在小圆弧线上，因此两条钎带要在小圆弧线之上均匀分配。钎带宽度取在30mm，不要太窄。鞋钎装配在前帮上，鞋钎中心孔位置设定在前帮部件边沿，里怀缝合钎带的位置与外怀对称，见图3-192。

（5）前帮的取跷处理　前帮鞋盖也要进行双转换取跷。在下段要进行双线取跷，在上段要进行旋转取跷。

在VE线范围内先作出鞋盖的背中线，然后确定取跷中心O'点。过O'点作背中线的垂线，交于V''点。要求V''点既落在背中直线上，也落在背中曲线上。在垂线的2/3确定第二个取跷中心O''点。

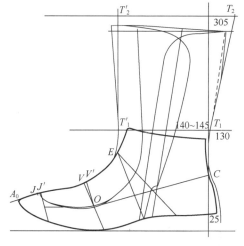

图3-191　前后帮部件的设计

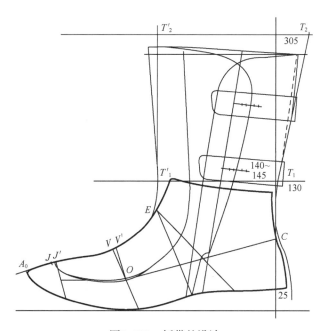

图3-192　钎带的设计

双线取跷时要制备鞋盖的拷贝板。此时鞋盖部位要作出里外怀的区别。在背中线的前端需要确定出A_2、A_2'点，并截取长度差的1/3定A_2''点，然后自A_2''点开始，一边旋转拷贝、一边描出鞋盖的轮廓线，到O'点止。鞋盖上也要作出里外怀的区别，见图3-193。

在上段进行旋转取跷时要注意，真正需要转换的部位是鞋盖的拐弯位置，靴筒上的直线部位并不需要转换。为此需要沿着靴筒连出一条直线，确定出直线与背中曲线的分界位置，定为a点。然后过a点作靴筒直线的垂线，与鞋盖轮廓线交于b点。ab线以下到V''O'线之间的部位就是需要旋转取跷的位置。

旋转取跷也需要制备拷贝板。然后以O''点为圆心、到a点的距离为半径作圆弧，交于鞋盖背中线

为a'点。接着用拷贝板旋转取跷,自a'点开始描出鞋盖轮廓线到b'点止,见图3-194。

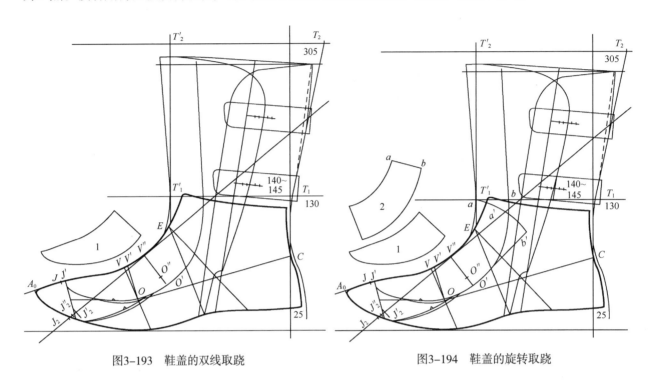

图3-193　鞋盖的双线取跷　　　　　　　　　图3-194　鞋盖的旋转取跷

　　鞋盖ab线以上的部分,需要与转换后的鞋盖对接。也同样制备拷贝板,直接描出轮廓线即可。由于ab线与a'b'并不重合,要以背中线的长度为基准描画轮廓线,见图3-195。

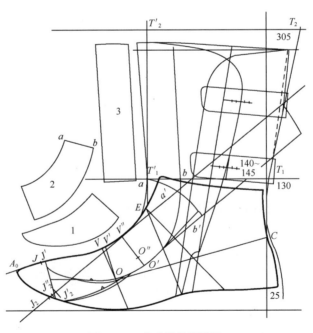

图3-195　完成鞋盖的设计

　　在J'点之后增加一个1/3长度差的位置,定为J"点。自J"点顺连出围条的位置。

围条与鞋盖镶接时处于被动的地位，也就是围条要按照鞋盖的轮廓来镶接。由于鞋盖的轮廓线比较短，拉伸底边后才能与围条顺利镶接，拉伸后鞋盖背中线自然弯曲，能符合楦面的弯曲度。由于双线取跷后出现的长度差比较大，需要进行修正才有利于围条与鞋盖的镶接。其中的1/3长度差补充在了鞋盖上，另外的1/3长度差补充在了围条上，所需要拉伸的长度差只剩下了1/3，所以很容易镶接成功。这就是围条要从J'点后移到J''点原因。

由于围条比较长，影响到制取样板。将A_0点下降5mm左右，重新连接围条的背中线并往后延长，会与围条部件相交，可见无法制取围条的样板。将里怀的断帮线取在延长线与围条交点之前的适当位置即。例如图中的cd线，见图3-196。

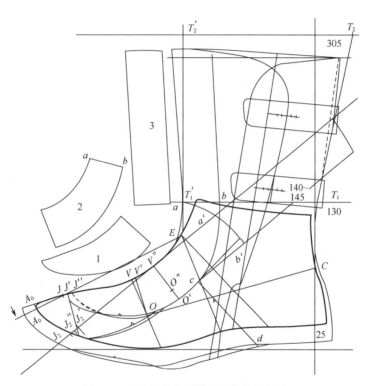

图3-196　围盖式中筒男靴帮结构设计图

加放底口的绷帮量。并作出里外怀的区别，经过修整后即得到帮结构设计图。

2. 大素头中筒男靴的设计

素头是前帮不加任何的装饰，大素头表示前帮比较长，底口到达1/2FP左右。大素头前帮在满帮鞋中很常见，如果应用在靴鞋中就会显得轻便，降低了厚重感，见图3-197。

大素头前帮压在靴筒和后包跟上，口门位置在V点，采用定位取跷处理。靴筒的背中线是断开的，外怀装配的是橡筋，里怀装配的是拉链。靴筒的里外怀都具有开闭功能，那么设计框架图时要使用开放式结构还是半开放式结构呢？由于外怀一侧的橡筋比较短，只能调节腿肚附近的围度，而不能增加脚腕部位的围度，所以要使用半开放式框架结构设计图。靴筒高度取270mm。

图3-197　大素头中筒男靴成品图

（1）框架结构图的设计　围盖式中筒男靴的框架图外观是经过调节的，如果借助于过E点的垂线，也能进行调节。首先设计出高度到达膝下位置的半开放框架结构图。

由于大素头中筒靴的脚腕宽度取在140mm，与围盖式中筒靴不同，脚腕前端点位置与E点之间还有一定的距离，所以要过E点作膝下水平线的垂线。过E点的垂线与膝下水平线相交后，就可以连接一条向前倾斜的靴筒前控制线。此时截取靴筒高度270mm也作水平线，就会得到调节后的筒口宽度位置，见图3-198。

通过外观调节或者作过E点的垂线调节，都可使筒口位置在保持小腿外形基础上达到左右均衡，如果部件过多偏向某一侧会感觉重心不稳定。

（2）前帮与后包跟的设计　由于前帮部件压在靴筒上，前帮部件是完整的，要从前帮开始设计。

过V'点连接出前帮背中线到A_0点，再过V'点作前帮背中线的垂线为辅助线，然后顺势设计出鞋口轮廓线，到达底口FP的1/2附近。后包跟的高度取在C点之上10mm位置，设计出轮廓线，前端要与前帮搭接，见图3-199。

（3）靴筒的设计　在筒口的前端上升10mm，与后端点相连得到统口控制线。

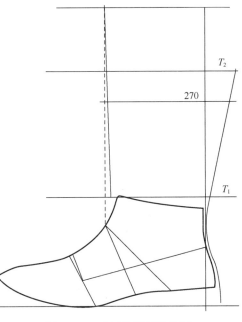

图3-198　半开放框架结构图

取筒口控制线的中点开始设计里怀拉链的中线，中线斜向F点方向弯曲下滑，并与前帮轮廓线相交。拉链的宽度取10mm。

设计外怀的橡筋位置可以借助于拉链的中线，控制宽度40mm左右，长度位置在脚腕宽度线之上25mm左右。然后修整轮廓线，橡筋的下端和两侧都设计成圆弧角。橡筋的轮廓线在两侧圆弧角的下端，见图3-200。

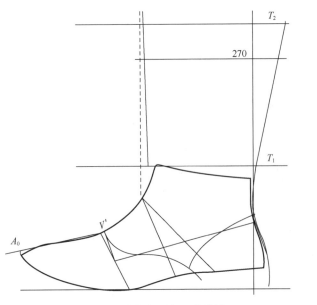

图3-199　前帮与后包跟的设计

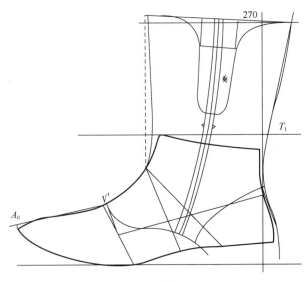

图3-200　靴筒的设计

（4）完成结构设计图　过靴筒前端的V点作出定位取跷角，并与前帮口门轮廓线顺连。

底口加放绷帮量、作出里外怀区别，经过修整后即得到帮结构设计图，见图3-201。

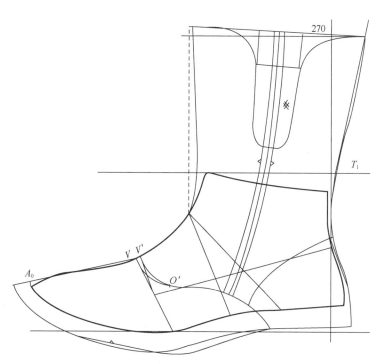

图3-201 大素头中筒男靴帮结构设计图

3. 双葫芦头中筒男靴的设计

葫芦头是靴鞋前帮常用的一种造型，双葫芦头是指在后跟部位也设计出葫芦头，由于前后有两个葫芦头，故叫作双葫芦头，见图3-202。

双葫芦头中筒男靴的部件很简单，靴筒分成前后两片，两侧都是对折中线；鞋帮分成前后帮部分，前帮有背中线，后帮有后弧中线。靴筒与前后帮的分割线为靴筒口宽度的中线。前葫芦头需要进行旋转取跷，后葫芦头需要进行工艺跷处理。在靴筒的上端有一提手。由于靴筒是封闭的，所以要使用封闭式框架结构设计图。靴筒高度取260mm。

图3-202 双葫芦头中筒男靴成品图

（1）框架结构图的设计 设计出高度到达膝下位置的封闭式框架结构图。需要找到脚腕的中心点位置，然后分别向两侧量取脚腕宽度的一半，见图3-203。

（2）葫芦头的设计 在楦统口的前下端设计前葫芦头，拐弯后落在OC线上。在C点之上略低于前葫芦头的位置设计后葫芦头，后葫芦头的后端是后弧曲线，前端拐弯后也落在在OC线上，并且前后帮对接，见图3-204。

（3）调整靴筒的位置 由于脚腕宽度已经超过了E点位置，所以采用观察外形来调节筒口的位置。在成品图上，靴筒的前后两片宽度是近似相等的，所以调节筒口位置时是将纵坐标后面的近一半宽度转移到筒口前端，然后作一条筒口中线与水平线垂直。

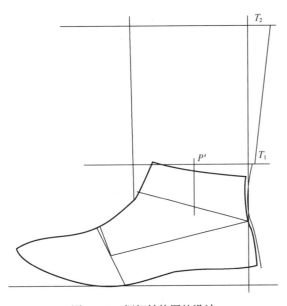

图3-203　框架结构图的设计

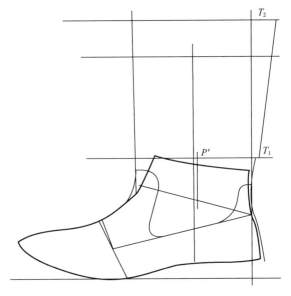

图3-204　葫芦头的设计

在脚腕位置也要作适当的调节，使左右两侧距离筒口中线相等。经过筒口与脚腕的宽度位置调整后再连接靴筒前后两侧的控制线，见图3-205。

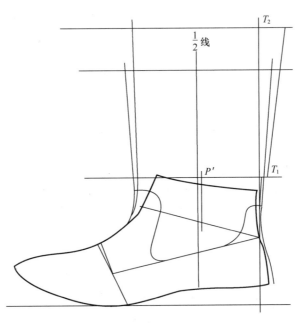

图3-205　调整靴筒的位置

（4）靴筒的设计　靴筒的前后两片都是对折中线，所以靴筒两侧的轮廓线要取直线。前轮廓线自筒口前端点向下延伸，到达前葫芦头位置，然后逐渐弯曲与楦背重合，并把葫芦头的宽度修整到前轮廓线上。后轮廓线自筒口后端点向下延伸，到达后葫芦头位置，然后逐渐弯曲与后弧线重合，并把葫芦头的宽度修整到后轮廓线上。

靴筒升高10mm的位置在中点，然后向两侧作圆弧线，形成筒口轮廓线。

在筒口中线位置设计提手，宽度24mm左右，超出筒口10mm，总长度在60mm左右，见图3-206。

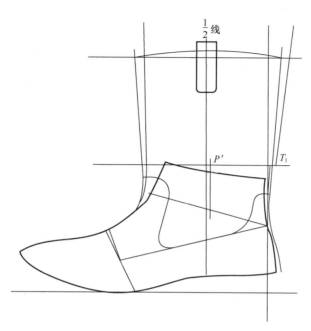

图3-206　靴筒的设计

（5）后葫芦头取工艺跷　成品图上后葫芦头的后端是一条弯曲的中线，而设计图的曲线只能是断开线，如果连成中线必定是直线，不能达到成品鞋的要求。所以要在后葫芦头进行工艺跷的处理，想办法得到弯曲的中线。

自后葫芦头的后端点与D点连成一条直线作中线，此时会看到直线与曲线之间有空隙，将空隙量的大小标在后葫芦头的拐弯部位。前面的线条是靴筒的轮廓线，后面的线条是后帮的轮廓线，两者之间会有间隙，接帮时把间隙合拢，必然会引起后中线弯曲变形。通过绷帮定型的作用，就能得到弯曲的后中线，见图3-207。

（6）前帮进行双转换取跷　首先在最贴近楦背的位置作一条后帮背中线，并向两端延长，然后在葫芦头拐弯的位置确定取跷中心O′点。要求过O′点的垂线与后帮背中线的交点既在背中直线上，也在背中曲线上。

在下段进行常规转换取跷。连接前帮背中线确定A_0点，以O点为圆心作圆弧确定A_2点，连接出$\angle A_0 O' A_2$确定取跷角。由于前帮后端与后包跟衔接位置有两个拐点，所以需要测量两次取跷角。先以O′点为圆心、到衔接的上拐点为半径作圆弧，截取一次取跷角的大小；然后再以O′点为圆心、到衔接的下拐点为半径作圆弧，截取第二次取跷角的大小。顺连出取跷后的轮廓线，见图3-208。

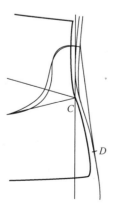

图3-207　后葫芦头取工艺跷

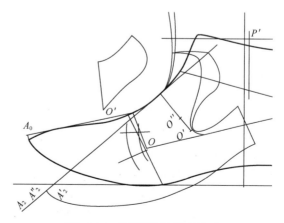

图3-208　前帮进行双转换取跷

231

在延长线上确定A_2、A_2'点，取长度差的1/3确定A_2''点，最后顺连出底口轮廓线到取跷角后端。

在上段进行旋转取跷。制备拷贝板、在过O'点的垂线上取2/3确定O''点，以O''点为圆心在延长线上确定葫芦头上端点，进行旋转取跷描出葫芦头轮廓线。

（7）完成结构设计图　分别加放前后帮底口绷帮量，作出前后帮里外怀的区别，经过修整后即得到帮结构设计图，见图3-209。

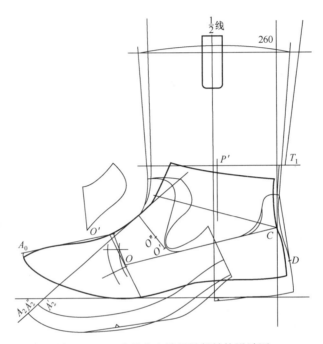

图3-209　双葫芦头中筒男靴帮结构设计图

二、中筒女靴的设计

中筒女靴的设计与中筒男靴的设计模式相同，但女楦的跟高变化比较大。下面以中跟、平跟和高跟的中筒女靴为例进行说明。

1. 后拉链中筒女靴的设计

后拉链属于开放式结构，要使用开放式框架结构设计图，见图3-210。这是一款跟高60mm的中跟后拉链中筒女靴，确定着地点W_0时需要使W点前移3mm，然后作底中线的垂线来确定着地边沿点K。观察鞋的前帮，类似于元宝式女鞋。靴筒高度取在250mm，筒口上有护口条。靴筒后端是拉链，长度到达D点位置，尾端有后挡皮。

（1）框架结构图的设计　设计出高度到达膝下位置的开放框架结构图。由于脚腕宽度与腿肚宽度相差悬殊，需要借助于过E点的垂线来调节筒口的宽度。截取靴筒高度250mm，与靴筒前后控制线相交得到靴筒宽度线。

从成品图上可以看出筒口的前后高度差比较大，所以将筒口前端上升10mm、后端下降20mm，然后连接出筒口控制线，见图3-211。

图3-210　后拉链式中筒女靴成品图

（2）靴筒的设计 在靴筒的前端顺连出前轮廓线到E点。在筒口顺连出马蹄造型的曲线，然后设计出宽度为20mm左右的护口条。在靴筒的后端，先顺连出后轮廓线与后弧线衔接，然后再设计出宽度5mm的拉链线。下端在D点位置设计后挡皮。在靴筒下端自E点开始设计元宝式鞋口线，与OC线接触后在尾端跷起5mm高度。断帮线为FO'，见图3-212。

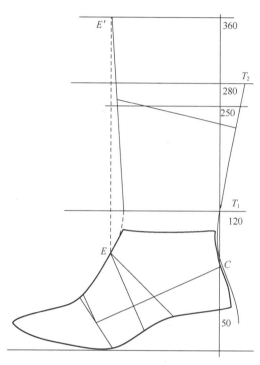

图3-211 框架结构图的设计

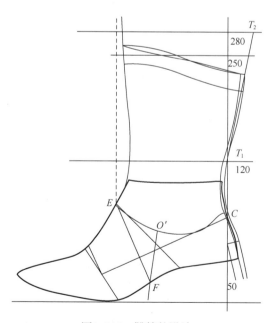

图3-212 靴筒的设计

（3）前帮的跷度处理 在前帮要进行转换取跷。过E点延长后帮背中线，取跷中心O'点定在鞋口线的前1/3位置。连接前帮背中线确定A_0点、以O点为圆心作圆弧确定A_2点，连接出$\angle A_0O'A_2$确定取跷角的大小。然后以O'点为圆心、到F点为半径作圆弧，截取取跷角大小确定F'点。

在背中线的延长线上确定A_2、A_2'点，取长度差的1/3确定A_2''点，顺连出底口轮廓线到F'点止，见图3-213。

（4）完成结构设计图　加放前后帮的底口绷帮量，作出里外怀的区别，经过修整后即得到帮结构设计图，见图3-214。

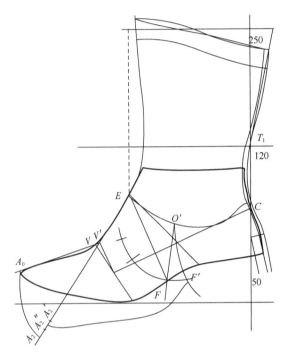

图3-213　前帮的跷度处理

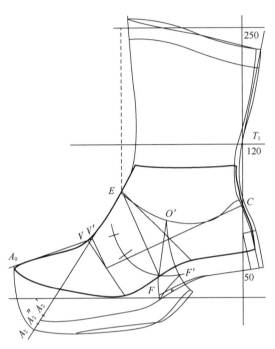

图3-214　后拉链中筒女靴帮结构设计图

2. 长耳式中筒女靴的设计

一般外耳式鞋的鞋耳长度控制在跖趾部位之后，如果长度到达小趾附近则叫作长耳鞋，见图3-215。这是一款跟高30mm的平跟长耳式中筒女靴，确定着地点W_0时需要使W点前移3mm，然后作底中线的垂线来确定着地边沿点K。靴筒高度取240mm。鞋耳自筒口向下顺延，到达前掌的2/3位置附近。后帮上有护口条和后包跟，断舌位置在V点。在里怀一侧装配有拉链。

靴筒上既有鞋耳又有拉链，那么按照哪种结构设计框架图呢？从穿鞋的习惯来看，使用拉链比系鞋带要方便。由于每个人小腿的肥度差异较大，可以通过系鞋带的方式调节靴筒容腔的大小，一旦确定后，鞋耳便不再频繁开闭，而成了一种装饰。因此要按照半开放式框架结构图进行设计。

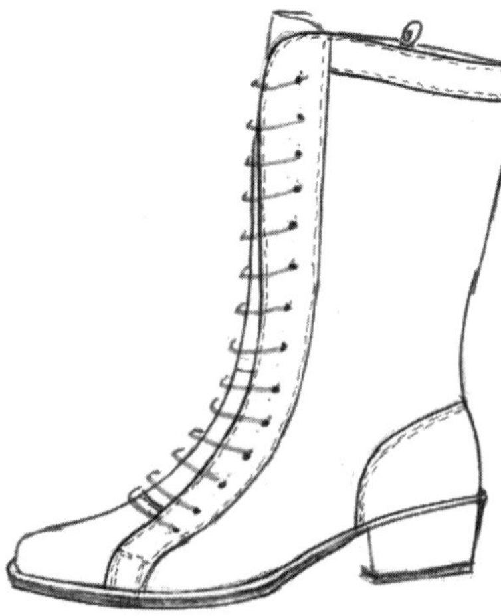

（1）框架结构图的设计　设计出高度到腿肚位置的半开放框架结构图。由于脚腕宽度与E点位置比较接近，可以通过脚腕宽度的前端作水平线的垂线为前宽控制线。截取靴筒高度240mm，可得到筒口宽度。前端上升10mm，连接出筒口控制线，见图3-216。

图3-215　长耳式中筒女靴成品图

（2）靴筒的设计　外怀鞋耳的前尖点确定在底口AH线的2/3附近。把筒口的前端设计成圆弧角，向下顺连出前轮廓线，到E点附近滑向前尖点。然后以边距30mm设计出鞋耳的分割线。沿着筒口圆弧角向后顺延，设计出筒口轮廓线。连接筒口中点与F点作为里怀拉链的中线，取拉链宽度10mm，长度到达后帮高度控制线的1/2位置。设计出拉链舌部件。

把靴筒后轮廓线设计成圆弧曲线，并与后弧线顺连。设计出后包跟部件，后上端收进2mm，见图3-217。

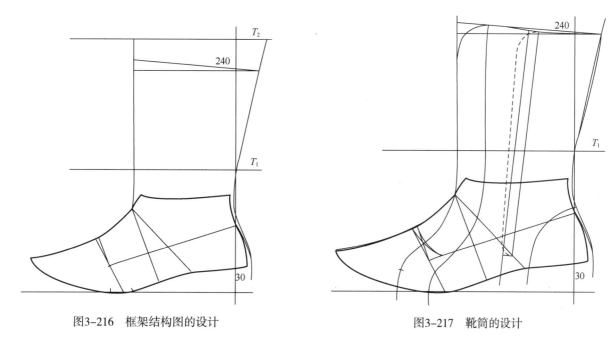

图3-216　框架结构图的设计　　　　　　　　图3-217　靴筒的设计

（3）前帮的设计　过V'点连接前帮背中线到A_0点，再过V'点设计口门轮廓线，与OC线相交于O'点。自O'点顺连前帮轮廓线，拐向鞋耳线，两者之间保留8mm压茬量，见图3-218。

在鞋耳前下端距离底口20mm左右的位置设计锁口线。

（4）鞋舌的设计　连接VE线并向后延长作为鞋舌的中线。鞋舌的长度要在对应的眼位线上测量，后端加10mm放量，前端加10~12mm压茬量。鞋舌的后宽取在40mm左右。然后与前端O'点顺连，见图3-219。

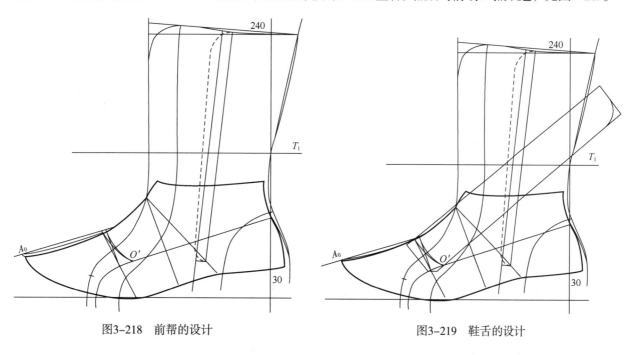

图3-218　前帮的设计　　　　　　　　　　图3-219　鞋舌的设计

（5）完成设计图　在鞋眼宽度1/2的位置设计眼位线，安排13个眼位。其中第一个眼位要超过鞋口，可以用鞋带遮掩口门的断帮线。里怀一侧鞋耳在外怀前尖点之前3mm位置。为了保持鞋舌的稳定，在鞋舌长度拐向小腿的位置设计一个收缩量。

加放底口绷帮量，作出里外怀的区别，经过修整后即得到帮结构设计图，见图3-220。

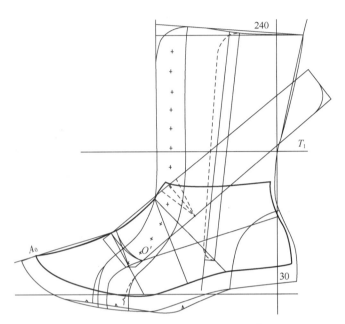

图3-220　长耳式中筒女靴帮结构设计图

3. 开胆式中筒女靴的设计

开胆鞋是围盖鞋的一种变型设计。鞋盖部件也叫作鞋胆，当鞋胆向前延伸到鞋头底口，形成了开放式鞋胆，故叫作开胆式鞋。把开胆结构运用到筒靴上就形成开胆式中筒女靴。

如图3-221所示，这是一款跟高80mm的高跟开胆式中筒女靴，确定着地点W_0时需要使W点前移6mm，然后作底中线的垂线来确定着地边沿点K。靴筒高度取260mm。鞋胆部件自前头一直向后延伸，上升到筒口附近，然后拐向靴筒后端。后跟部位有后包跟部件，在后包跟与鞋胆之间有一条分割线，使靴筒前中后的线条呈有规律的变化，产生韵律感。靴筒周边没有开闭功能，因此要按照封闭式框架结构图进行设计。对鞋胆部件需要进行双转换取跷。

图3-221　开胆式中筒女靴成品图

（1）框架结构图的设计　设计出高度到腿肚位置的半开放框架结构图。由于脚腕宽度超过E点，可以通过脚腕宽度的前端直接作水平线的垂线为前宽控制线。截取靴筒高度260mm，可得到筒口宽度。前端上升10mm，连接出筒口控制线。需要注意靴筒的后控制线与后跟弧线并不重合，这需要在设计后轮廓线时增加楦筒口后端的加放量，修整C点之上的一段弧线，形成完整的靴筒后轮廓线，见图3-222。

（2）靴筒的设计　沿着筒口前控制线向下逐渐弯曲与楦背衔接形成靴筒的前轮廓线。筒口前后以弧线顺连成筒口轮廓线。借助靴筒后控制线设计出凸起的弧线，并逐渐与后弧线的C点顺连，形成靴筒的后轮廓线。

设计鞋胆轮廓线时，要过J点作背中线的垂线并与底口相交。在垂线上截取1/2左右的宽度作为鞋胆的前宽点J'，连接OJ'线为辅助线。自J'点开始设计鞋胆轮廓线，前端与半面板的曲线平行，后端顺延出凸起的弧线，到辅助线的一半位置逐渐改为下凹的弧线，超过O点以后逐渐上扬，形成宽度均匀的鞋胆轮廓线。在接近筒口位置时拐向后轮廓线。鞋胆的线条要光滑流畅、宽窄变化有序。

接着设计出后包跟轮廓线，高度在C点之上10mm。在后包跟与鞋胆之间设计分割线，左右和上下的位置取中，见图3-223。

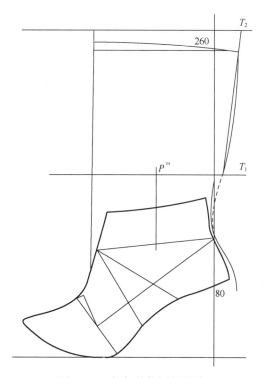

图3-222 框架结构图的设计

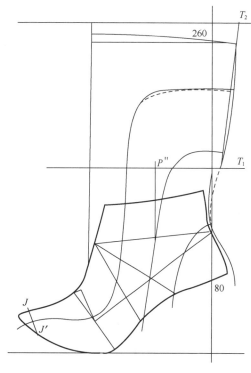

图3-223 靴筒的设计

（3）鞋胆的跷度处理 鞋胆取跷也需要制备拷贝板，见图3-224。

首先在最贴近楦背的位置作一条后帮背中线，并向两端延长，然后在鞋胆适当的位置确定取跷中心O'点。并过O'点作后帮背中线的垂线，要求垂足既在背中直线上，也在背中曲线上。把靴筒前轮廓线的直线与曲线的分界点定为E_1点，过E_1点作轮廓直线的垂线，与鞋胆宽度交于E_2点。E_1E_1线之下的部分就是拷贝板的轮廓。

在鞋胆前段，连接前帮背中线确定A_0点、以O点为圆心作圆弧确定A_2点。还要确定前帮的实际长度A_2'点，取长度差A_2A_2'的1/3确定A_2''点。接着在过O'点的垂线上取2/3确定O''点，以O''点为圆心、以$O''E_1$长为半径作圆弧，与延长线相交，过交点作垂线。然后自A_2''点开始描出拷贝板的轮廓线，一直到达垂线位置止。

鞋胆后面的部件比较大，不用去描画。制取样板时先制取鞋胆前面的小部件，然后再与后面的大部件拼接，形成完整的鞋胆部件。

（4）完成设计图 加放底口绷帮量，作出里外怀的区别，经过修整后即得到帮结构设计图，见图3-225。

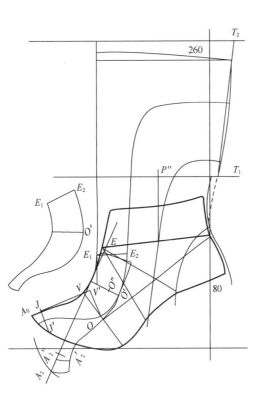

图3-224　鞋胆的跷度处理

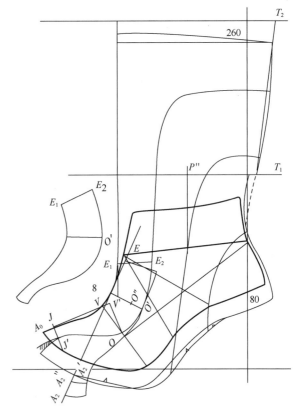

图3-225　开胆式中筒女靴帮结构设计图

思考与练习

1. 设计三款中筒男靴，画出成品图与结构图，选择其中一款制取三种生产用的样板。
2. 设计三款中筒女靴，画出成品图与结构图，选择其中一款制取三种生产用的样板。
3. 自行设计一款开放式中筒男靴或女靴，并制取三种生产用的样板。

第六节　半筒靴的设计

半筒靴是指靴筒高度处于脚腕与腿肚之间的一类鞋。由于其高度比矮筒靴高，但宽度不像中筒靴那样宽，所以造型显得格外清秀，一时间成为众多女士的追捧。发展到现在，半筒靴以其轻便、优雅的身姿占据着市场，随后许多男士半筒靴也相继推出。

一、半筒男靴的设计

半筒靴的高度介于脚腕与腿肚之间，需要借助于脚腕与腿肚的宽度进行设计。

1. 前开口半筒男靴的设计

前开口式鞋属于开放式结构，要使用开放式框架结构设计图。

如图3-226所示，这是一款运动风格的半筒男靴，靴筒高度在190mm。鞋帮上设计有前开口，开口的位置比较靠前，使用前帮降

图3-226　前开口半筒男靴成品图

跷处理比较方便。开口上有眼盖，眼盖上安排有12个眼位，眼盖之前有T形包头，眼盖侧身有装饰部件，眼盖的里怀断帮线就掩盖在装饰部件下面。后跟部位有后包跟，筒口后端有后眉片部件。鞋舌直接车缝在鞋口下面。

（1）框架结构图的设计　需要设计出高度在腿肚位置的开放式框架结构图，见图3-227。在框架结构设计图上截取靴筒高190mm作水平线，前端升高10mm后可连接出筒口辅助线。

（2）前开口的设计　首先进行前帮降跷处理。把半面板复原到设计图上，按住O点不动，然后旋转半面板，使V'点与V点重合，此时前帮会下降。接着描出背中线和前掌底口轮廓线。

设计前开口要在新描出的背中线上进行。V点之前15mm左右定口门位置V_0点，自V_0点设计一条宽度距离楦背10mm的开口轮廓线，一直延伸到筒口。把口门处理成圆弧角，把开口上端也处理成圆弧角。

在距离开口轮廓线10mm位置设计一条眼位线，并安排好13个眼位，其中的第一个眼位只需要半个眼位间距。

在距离眼位线10mm左右设计一条眼盖线。眼盖线的前端取15mm左右，在圆弧拐弯的位置前后顺连，见图3-228。

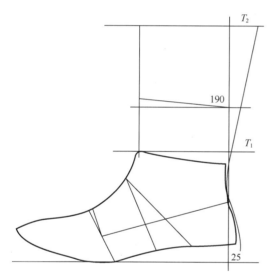

图3-227　框架结构图的设计

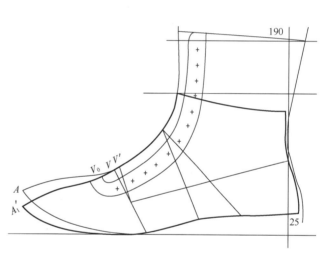

图3-228　前开口的设计

（3）帮部件设计　设计T形包头。包头后端宽度不要超过开口宽度，自眼盖位置向前延伸，大约到达包头一半的位置开始弯曲回转，最后落在H点之前12mm左右位置。

设计后包跟。后包跟的高度取在C点之上10mm位置，底口长度接近P点。

设计筒口。自开口上端的圆弧角向后顺延，在后端有意下降20mm，形成弯曲的筒口线，在筒口线后端设计出后眉片部件。后眉片是一条形部件，弯曲似眉，故叫眉片，在运动鞋中很常见，见图3-229。

（4）装饰部件的设计　装饰部件在鞋款中起着重要的作用，图案的设计要与鞋的风格接近。该鞋款属于休闲运动风格，所以

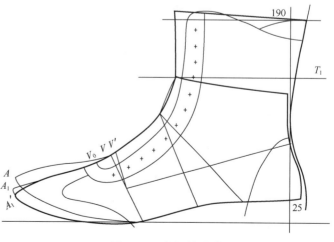

图3-229　帮部件设计

侧帮上的装饰好像是伸出手保护着脚踝，3个手指搭在眼盖上面。在第三个眼位下面设计有鞋盖里怀一侧的断帮线，见图3-230。

在装饰部件上进行logo设计，可以采用印刷、电脑绣、高频压花等方法。

（5）完成结构设计图 设计出鞋舌部件，加放底口绷帮量并作出里外怀的区别，经过修整后即得到帮结构设计图，见图3-231。

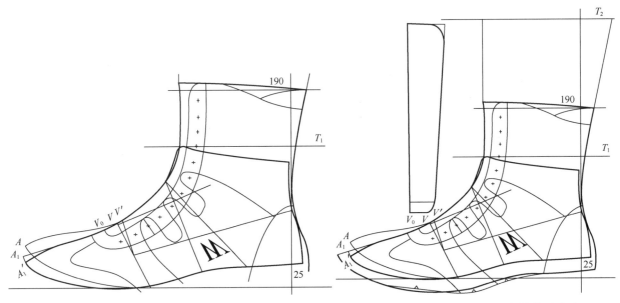

图3-230 装饰部件的设计　　　　　　　图3-231 前开口半筒男靴帮结构设计图

2. 单侧开口半筒男靴的设计

单侧开口可以设计在里怀，也可以设计在外怀。设计在里怀时常用拉链部件进行连接，设计在外怀时常用鞋扣连接，有一定的装饰作用，见图3-232。这是一款休闲风格的半筒男靴，靴筒高度在210mm。鞋帮外怀有侧开口，并用2粒4件扣和尼龙搭扣连接。前帮压在靴筒上，靴筒的前片搭在后片上，后包跟与后筋条合为一体，后筋条超出筒口20mm左右，反折后形成提手。单侧开口属于半开放式结构，要使用半开放框架结构图进行设计。

图3-232 单侧开口半筒男靴成品图

（1）框架结构图的设计 需要设计出高度在腿肚位置的半开放式框架结构图。在纵坐标上截取靴筒高度210mm，然后作水平线，即可得到筒口宽度。前端升高10mm连接出筒口控制线，见图3-233。

（2）帮部件设计

①前帮的设计：过V'点连接出前帮背中线。过V'点作前帮背中线的垂线，并顺势设计出鞋口轮廓线到腰窝位置附近。

②靴筒轮廓线的设计：自靴筒前端点以圆弧的形式连接到后端点，形成里怀的统口轮廓线。自筒口前端向下顺连到E点，并延伸到V点，形成靴筒前轮廓线。自V点作靴筒前轮廓线的垂线，并顺势与前帮鞋口连接，形成定位取跷角。自筒口后端向下顺连，并与后弧线衔接，形成完整的靴筒后轮廓线。

③外怀部件设计：外怀前片部件自筒口前端开始斜向后方下滑，在筒口一半宽度位置附近向下拐弯，并顺延到前帮上，到达鞋口线的一半位置。在轮廓线拐弯位置，设计装配两粒鞋扣的标记位置，边距在15mm左右，间距在20mm。并在下面设计一段尼龙搭扣位置。尼龙搭扣宽度取在20mm左右。

外怀后片部件参照前片进行设计。后片轮廓线自筒口后端开始斜向前方下滑，超过前片30mm左右向下顺延，在保证尼龙搭扣宽度的基础上与前帮相接，见图3-234。

（3）后包跟部件的设计 后包跟与后筋条是连成一体的。在C点收进2mm后与D点连接成直线，并向上延长。自C点向上量取靴筒后轮廓线的长度，并在上面增加后筋条的超出量20mm、折回量20mm以及压茬量8mm。宽度取10mm，在C点附近拐弯形成后包跟。

加放底口绷帮量，作出底口里外怀的区别，经过修整后即得到帮结构设计图，见图3-235。

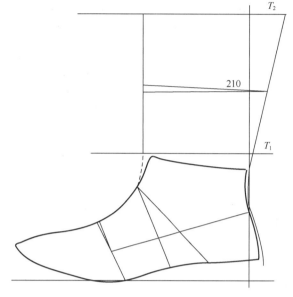

图3-233 框架结构图的设计

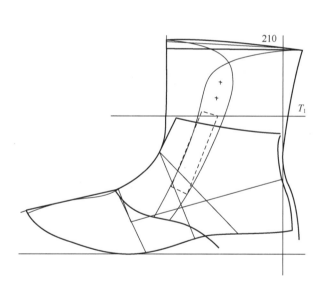

图3-234 帮部件设计

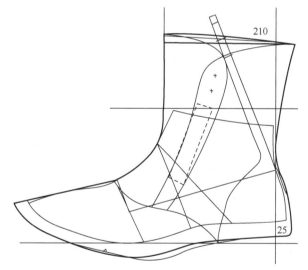

图3-235 单侧开口半筒男靴帮结构设计图

3. 长葫芦头半筒男靴的设计

在设计封闭式筒靴时，常把葫芦头的位置提高，好像是拉长了葫芦头，使得靴筒显得变瘦。

如图3-236所示，这也是一款休闲风格的半筒男靴，靴筒高度在230mm。鞋帮葫芦头的宽度取24mm，并不是很窄，但葫芦头位置比较高，到达脚腕部位，就显得葫芦头变窄。变窄的葫芦头镶接在较宽的靴筒上，也会使靴筒显得变窄。靴筒上有V字形分割线，也是为了使靴筒变瘦。要使用封闭式框架结构图进行设计。

（1）框架结构图的设计 需要设计出高度在腿肚位置的封闭式框架结构图。确定脚腕宽度时要从脚腕宽度的中心往两端测量。在纵坐标上截取靴筒高度230mm，然后作水平线，即可得到筒口宽度。

前端升高10mm连接出筒口控制线，见图3-237。

（2）帮部件设计　自靴筒前端点以圆弧的形式连接到后端点，形成筒口轮廓线。自筒口前端向下顺连到楦背，形成靴筒前轮廓线。自筒口后端以凸弧线形式向下顺连，并与后弧线衔接，形成完整的靴筒后轮廓线。

把靴筒宽度分成三等份，连接出V字形断帮线到底口。在中间一块部件上设计logo。

自脚腕高度位置设计前帮葫芦头轮廓线，宽度取24mm，顺着葫芦头轮廓线向下设计成弯弧线。弯弧的最凸起位置在OC线附近，把最凸的位置定为取跷中心O'点。

由于靴筒前宽要取中线，所以要注意葫芦头最凸位置距离筒口前轮廓的延长线要有8mm压茬量，见图3-238。

图3-236　长葫芦头半筒男靴成品图

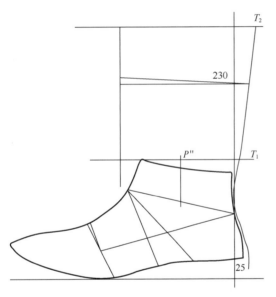

图3-237　框架结构图的设计

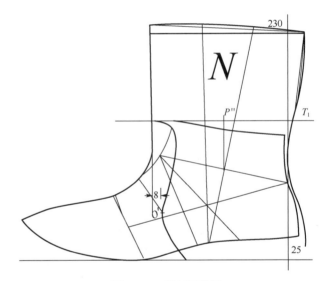

图3-238　帮部件设计

（3）前帮跷度处理　首先在最贴近楦背的位置作一条后帮背中线，并向两端延长，过O'点作后帮背中线的垂线，要求垂足即在背中直线上、也在背中曲线上。制备出葫芦头的拷贝板。

连接前帮背中线确定A_0点、以O点为圆心作圆弧确定A_2点。连接出$\angle A_0 O' A_2$确定取跷角的大小。然后以O'点为圆心、到断帮位置为半径作圆弧，截取取跷角大小。

在背中线的延长线上确定A_2、A_2'点，取长度差的1/3确定A_2''点，顺连出底口轮廓线到取跷角后端点止，见图3-239。

在过O'点的垂线上截取2/3定为O''点，然后以O''点为圆心，把葫芦头的长度截取在延长线上。接着自葫芦头开始用拷贝板旋转取跷，描出葫芦头轮廓线到O'点。

（4）完成帮结构设计图　分别加放前后帮底口绷帮量，作出前后帮里外怀的区别，经过修整后即得到帮结构设计图，见图3-240。

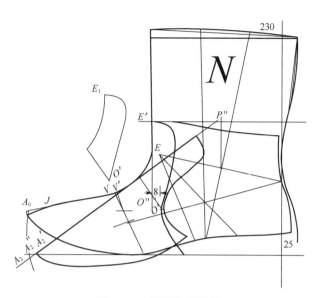

图3-239　前帮跷度处理

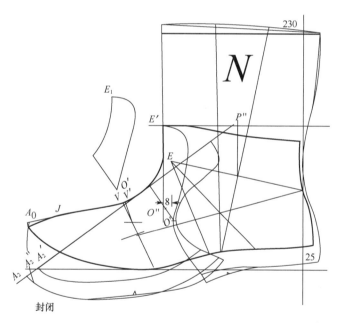

图3-240　长葫芦头半筒男靴帮结构设计图

二、半筒女靴的设计

半筒女靴的变化要比半筒男靴丰富多彩，总会有奇思妙想出现。

1. 缝暗骨半筒女靴的设计

缝暗骨也就是缝暗线，从帮面的背面缝合，见图3-241。这是一款靴筒高180mm、平跟、双侧橡筋的半筒女靴，属于开放式结构。橡筋处于靴筒中间位置，前帮类似于宽葫芦头，前帮的脚背与脚腕之间有三道暗缝短线作装饰。缝合三道暗线时鞋帮并不断开，显得比较硬，有筋骨，所以叫作缝暗骨。缝暗骨的工艺量是如何出现的呢？

设计皮鞋或者筒靴，最终在绷帮时都要求楦面光滑平整，不能出现皱褶，如果取跷不到位，在楦背部位就会出现皱褶。在经验设计中都是要经过试帮来检验的。由于试制筒靴耗材比较多，如果试帮失败而弃之不用会造成很大的浪费。如果把出现的皱褶缝起来会有何效果呢？于是就从帮料的背面车缝3道暗线，不仅解决帮面伏楦问题，而且缝暗线在帮面还具有装饰作用。缝暗骨的工艺量来自鞋帮不能伏楦时的皱褶。

（1）框架结构图的设计　需要设计出高度在腿肚位置的开放式框架结构图。在纵坐标上截取靴筒高度180mm，然后作水平线。由于靴筒不是很高，可以通过观察来调节筒口位置，也就是前移几毫米。然后使筒口前端升高10mm，连接出筒口控制线，见图3-242。

（2）帮部件设计　自筒口前端向下顺连到楦背，形成靴筒前轮廓线。自筒口后端向下顺连，并与后弧线衔接，形成完整的靴筒后轮廓线。

把靴筒宽度分成三等份，橡筋宽度占据中间的一份。橡筋前轮廓线连接到F点，长度取在后帮高度控制线的一半位置，下宽少于上宽，连接出倒梯形的橡筋后轮廓线，见图3-243。

图3-241　缝暗骨半筒女靴成品图

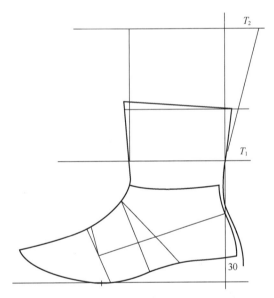

图3-242　框架结构图的设计

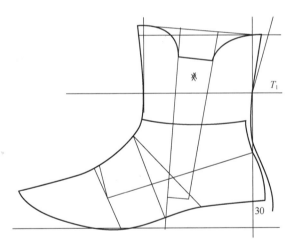

图3-243　帮部件设计

自靴筒前端向后作圆弧角，设计出靴筒前片轮廓线。自靴筒后端向前作圆弧角，设计出靴筒后片轮廓线。在前后圆弧角的下面确定橡筋的上轮廓线。

（3）前帮跷度处理　楦背上出现皱褶是指绷帮的效果，对于宽葫芦头的整前帮来说，还需要进行跷度处理，这样才能制取样板、开料试制。

首先在最贴近楦背的位置作一条后帮背中线，并向两端延长。过E点作背中线的垂线，与靴筒前片轮廓线相交点定为取跷中心O'点。延长靴筒前端的直线段，与曲线相交的位置定为E_1点，过E_1点作直线段的垂线，与宽葫芦头交于E_2点。在E_1E_2线与EO'线之间的部分是需要进行转换取跷的位置。制备出宽葫芦头的拷贝板。

连接前帮背中线确定A_0点、以O点为圆心作圆弧确定A_2点。连接出$\angle A_0O'A_2$确定取跷角的大小。然后以O'点为圆心、到断帮位置为半径作圆弧，截取取跷角大小。

在背中线的延长线上确定A_2点，自A_2点顺连出底口轮廓线到取跷角后端点止。然后以O'点为圆心、到靴筒顶点为半径作圆弧，把葫芦头的长度截取在延长线上。接着在延长线上先直接描出E_1点之上的葫芦头轮廓线，然后再自E_1点开始进行旋转取跷，描出宽度轮廓线到O'点止。

注意上述两个步骤与前面的截取1/3长度差和以O''点为圆心是不同的，因为转换取跷以后不是为了伏楦，而是要出皱褶，所以转换后多出的量不用去掉，用来缝暗骨，见图3-244。

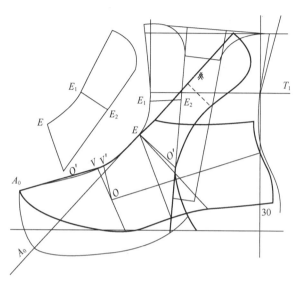

图3-244　前帮跷度处理

（4）缝暗骨的位置　前帮与宽葫芦头都有了多余的量，才有了缝暗骨的可能性，要把缝暗骨的位置安排在靴筒拐弯的部位，也就是在舟上弯点前后，见图3-245。

首先测量楦背的实际长度和转换后的长度，两者的长度差就是皱褶量。把皱褶量分成三等份，就可以确定缝暗骨的量。缝暗骨的位置控制在E点与E_1点之间。把转换后的EE_1长度分成三等份，均匀安排出三个皱褶。

（5）完成设计图　底口的前后帮分别加放绷帮量，作出里外怀的区别。经过修整后即得到帮结构设计图，见图3-246。

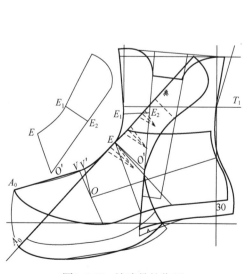

图3-245　缝暗骨的位置

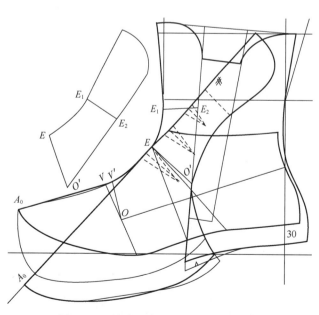

图3-246　缝暗骨半筒女靴帮结构设计图

2. 出皱半筒女靴的设计

出皱半筒靴与缝暗骨半筒靴有着异曲同工之处，如果缝暗骨的皱褶不去缝合，而是明摆浮搁在楦背上，就形成了出皱半筒女靴，见图3-247。这是一款靴筒高200mm、中跟、里怀拉链的半筒女靴，属于半开放式结构。前帮类似于宽葫芦头，前帮的脚背与脚腕之间有三道均匀排布的皱褶作为装饰。皱褶的工艺量与缝暗骨的工艺量相同。明皱褶不要缝合、也不要粘住，要自然弯曲，悬浮在楦背上，这样的皱褶才显得鲜活。

图3-247　出皱半筒女靴成品图

（1）框架结构图的设计　需要设计出高度在腿肚位置的半开放式框架结构图。

在纵坐标上截取靴筒高度200mm，然后作水平线。由于脚腕宽度与筒口宽度比较接近，可以不用调节筒口位置。筒口前端升高10mm，然后连接出筒口控制线，见图3-248。

（2）帮部件设计　自筒口前端向下顺连到楦背，形成靴筒前轮廓线。自筒口前端向后设计出弯曲的统口轮廓线。自筒口后端向下顺连，并与后弧线衔接，形成完整的靴筒后轮廓线。

自筒口的1/2位置与F点连成一条直线，设计出里怀拉链位置，设计出拉链舌部件，见图3-249。

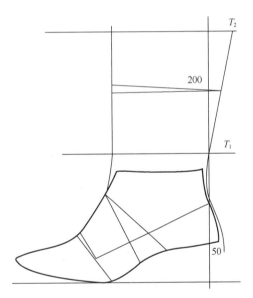

图3-248　框架结构图的设计

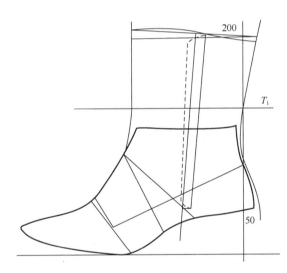

图3-249　帮部件设计

（3）前帮跷度处理　首先在最贴近楦背的位置作一条后帮背中线，并向两端延长。过E点作背中线的垂线，与靴筒前片轮廓线相交点定为取跷中心O'点。延长靴筒前端的直线段，与曲线相交的位置定为E_1点，过E_1点作直线段的垂线，与宽葫芦头交于E_2点。在E_1E_2线与EO'线之间的部分是需要进行转换取跷的。制备出宽葫芦头的拷贝板。

连接前帮背中线确定A_0点，以O点为圆心作圆弧确定A_2点。连接出$\angle A_0O'A_2$确定取跷角的大小。然后以O'点为圆心、到断帮位置为半径作圆弧，截取取跷角大小。

在背中线的延长线上确定A_2点，自A_2点顺连出底口轮廓线到取跷角后端点止。然后以O'点为圆心、到靴筒高度点为半径作圆弧，把葫芦头的长度截取在延长线上。接着在延长线上先直接描出E_1点之上的葫芦头轮廓线，然后再自E_1点开始进行旋转取跷，描出宽度轮廓线到O'点止，见图3-250。

（4）完成设计图 在底口的前后帮分别加放绷帮量。作出里外怀的区别，经过修整后即得到帮结构设计图，见图3-251。

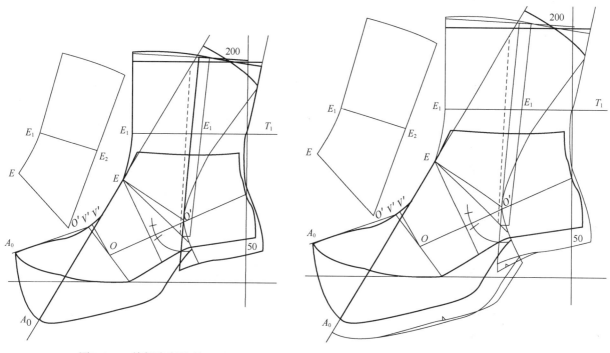

图3-250 前帮跷度处理　　　　　图3-251 出皱半筒女靴帮结构设计图

在绷帮时把皱褶推向楦统口部位，与鞋里不要粘住，就可以形成活褶。绷平与出皱是两种不同的概念，传统的鞋靴就要求把帮面绷平在楦面上。如果采用逆向思维进行思考，出皱靴的出现也就顺其自然了。

3. 开中缝半筒女靴的设计

传统鞋靴的前帮都是一整块皮料，给鞋帮设计带来了困难，因此就需要进行各种的取跷处理。如果把背中线部位断开不就解决问题了吗？于是开中缝鞋应运而生，特别是经常出现在不容易取跷的高跟女鞋上。

如图3-252所示，这是一款靴筒高220mm、高跟、封闭式半筒女靴，靴筒前帮开中缝，里怀压外怀，后中缝合缝，靴筒周边没有开闭功能。

（1）框架结构图的设计 需要设计出高度在腿肚位置的封闭式框架结构图。在纵坐标上截取靴筒高度220mm，然后作水平线。由于脚腕宽度比较宽，应该从脚腕的中心点向两端测量一半的脚腕宽度数值。不用调节筒口位置。筒口前端升高10mm，然后连接出筒口控制

图3-252 开中缝半筒女靴成品图

线。从图中可以看到靴筒后控制线与后弧线并不重合，这要在设计后轮廓线时进行修正，见图3-253。

（2）帮部件设计 首先进行前帮降跷处理。把半面板复在设计图上，按住O点不动，然后旋转半面板，要使V'点与V点重合。接着描出前帮背中线和底口轮廓线。

自筒口前端向下顺连到楦背，与新的前帮背中线顺连靴筒前轮廓线。自筒口前端向后设计出圆弧轮廓线。自筒口后端以凸弧线向下顺连到C点与后弧线衔接，形成完整的靴筒后轮廓线。最凹的位置在C点之上，见图3-254。

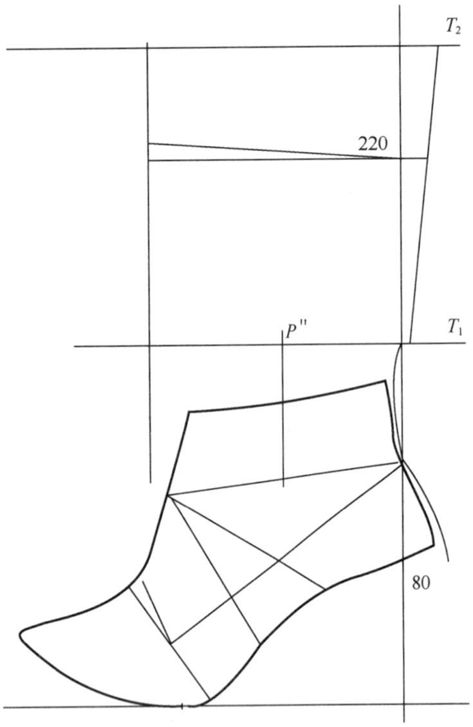

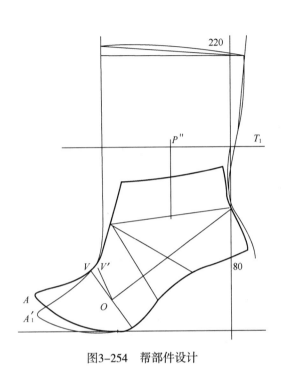

图3-253 框架结构图的设计

图3-254 帮部件设计

（3）完成结构设计图 在底口加放绷帮量，并作出里外怀的区别，经过修整后即得到帮结构设计图，见图3-255。

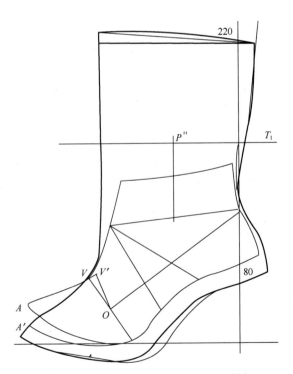

图3-255 开中缝半筒女靴帮结构设计图

1. 设计三款不同结构的半筒男靴，画出成品图与结构图，选择一款制取三种生产用的样板。
2. 设计三款不同结构的半筒女靴，画出成品图与结构图，选择一款制取三种生产用的样板。
3. 自行设计一款半筒男靴或女靴，画出成品图与结构图，并制取三种生产用的样板。

第七节　凉靴的设计

凉靴是指高帮女凉鞋，款式属于凉鞋结构，而后帮比较高，类似于靴鞋，故叫作凉靴，见图3-256。

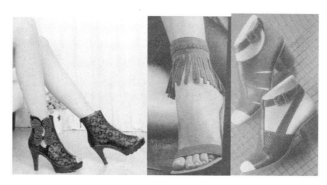

图3-256　凉靴

凉靴是目前出现的一个新品类，很多时尚服装都用凉靴来搭配，有很好的市场前景。设计凉靴需要选择专用的凉靴楦，然后按照靴鞋的控制方法来设计凉靴部件。凉靴的实质还是凉鞋，要利用凉鞋的控制点和控制线来设计鞋帮部件。由于后帮比较高，在超过统口高度以后需要考虑靴筒的歪正，所以要利用直角坐标和三点共面来控制半面板的方位。凉靴楦是在凉鞋的基础上演变出来的，楦前头厚度比较低，只适用于设计前空结构凉靴。如果要设计满前帮样式的透空靴鞋，应该选用高腰楦来进行设计。

一、凉靴楦的特点

凉靴楦是在凉鞋楦的基础上演变出来的，见图3-257。这是一款70mm跟高的女凉靴楦，测量楦底样长237mm。它的前头比较薄，头厚只有16mm，只能用于设计前空结构。该楦的鞋号是多少呢？可以通过楦底面的特征来进行判断，见图3-258。

图3-257　凉靴楦

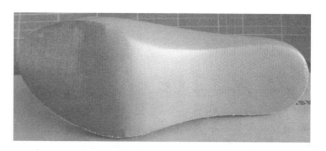

图3-258　凉靴楦底面

在楦底面的跖趾部位可以看到两个明显的凸起，这是第一和第五跖趾部位的边沿点。通过边沿点可以分别测量出第一跖趾部位长度约163mm、第五跖趾部位长度约143mm，与230号女凉鞋楦的数据基本吻合，可以推断出该楦的鞋号为230号。230号鞋楦的楦底样长237mm，是用来设计全空凉鞋的。

通过第一和第五跖趾关节可以测量出楦跖围约213mm。查得70mm跟高230号（一型半）全空女凉鞋楦跖围长度是217mm，如果折算成一型鞋楦则为213.5mm，与该楦的测量数值基本吻合。可以推算出该楦为一型楦，比较瘦。

测量该鞋楦的统口长度为90mm，与凉鞋楦长度相同，这适用于设计鞋类产品而不是靴类产品。如果测量后身高，得到的数据是90mm，比凉鞋楦后身的66mm要高，比高腰楦后身的95mm略低。在观察后弧曲线成S形，有利于设计高后帮结构，见图3-259。

测量凉靴楦的跗围，得到的数据是215mm，与一型全空凉鞋楦的214mm接近，说明这是用来设计凉鞋的。虽然凉靴楦的后身比较高，但统口比较短，跗围不会太大，而是与脚的跗围相似。

通过上述测量比较可知，凉靴楦既具有凉鞋楦的特点，也具有高腰楦的特点。

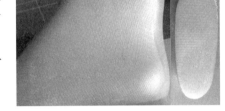

图3-259　凉靴楦后身

二、设计前的准备

设计凉靴也需要复制楦底样板和制备半面板。

1. 复制楦底样板

在复制楦底样板时，要按照凉鞋的设计要求找到楦底控制点，并分别连接前嘴控制线、小趾控制线、跖趾控制线、腰窝控制线、跟口控制线。还要找到70mm跟高楦的着地部位点W_0，并连接出着地部位边沿点K。

2. 制备半面板

在制备半面板时，先贴楦，然后连接出前帮的5条控制线，并连接出后帮高度控制线到C点，见图3-260。

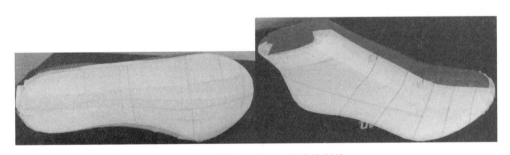

图3-260　贴楦、找点、连接控制线

揭下贴楦纸分别展平，可得到楦底样板和半面板，见图3-261。楦面展平时要按照全空凉鞋楦面展平取长跷的方法进行，保证背中线的长度和底口的长度不变。在统口部位要按照高腰楦展平的要求进行，也就是在C点之上和E点之上可以打剪口，以保证统口的长度不变。

在楦底样板上，自前掌凸度点W前移5mm定着地点W_0，然后过W_0点作底中线的垂线与外怀楦底棱线相交定K点。

3. 半面板的应用

应用凉靴的半面板，首先要按照靴鞋的设计要求确定半面板的方位。需要架设直角坐标、在纵坐标上标记出楦

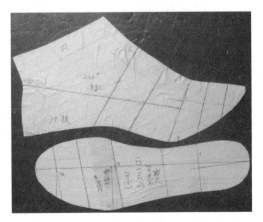

图3-261　复制楦底样板和制备半面板

跟的高度（70mm）定为B'点，然后将半面板的K点落在横坐标上、C点落在纵坐标上，接着描出半面板的轮廓线。这样处理是通过三点共面来确定半面板的方位，以保证靴筒的端正，见图3-262。

在半面板上还需要按照全空凉鞋的设计要求连6条控制线，其中5条为利用前帮面积控制线，1条为后帮高度控制线。

测量楦统口的半面板的宽度并作记录（107mm），这是设计凉靴筒口宽度的基础数据。

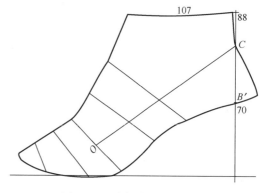

图3-262 凉靴半面板的应用

三、凉靴设计举例

凉靴楦也有不同的跟高变化，下面是一组用70mm跟高楦设计的案例。

1. 后拉链凉靴

后拉链结构的开闭功能比较大，对设计尺寸的要求比较小，见图3-263。这是一款前有鱼嘴、后有拉链、背中线开中缝的凉靴。鞋帮分为前后帮两段，中间用网纱连接。

设计参数：后帮高度105mm，统口长度以顺势连接为准。

其中后帮高度是自己设定的，而统口的宽度则是在楦后弧轮廓线的基础上增加了5mm加工量，连接筒口前后端点得到的。凉靴不是筒靴，不需要额外加放宽松量。

（1）框架结构的设计　首先画出直角坐标，利用跟高70mm点、C点和K点确定半面板的方位，然后描出轮廓线，连接5条帮部件控制线和后帮高度控制线。在纵坐标上自底口位置向上量取后帮高度105mm，并作一条水平线为统口控制线。

由于后拉链凉靴有完整的后帮部件，加工时需要加放主跟，所以后弧的加放量要按照筒靴来处理。也就是在C、D、B、统口后端点分别加放2、3、5、5mm，然后按照加放量顺连出光滑的后弧轮廓线。将后弧线顺势向上延伸，与统口控制线相交后得到统口的后端点。

图3-263 后拉链凉靴成品图

将半面板背中线也顺势向上延伸，超过统口控制线10mm左右为统口的前端点。筒口前后端点之间的长度即为凉靴的宽度。

（2）凉靴部件的设计　凉靴有前帮、后帮、网纱、网纱上下连接条、拉链、后挡皮7种部件，共计12块。拉链选用锁头宽10mm的规格，拉链舌用后帮里怀鞋里代替。

沿后弧轮廓线向内均匀收进5mm为后帮的后轮廓线。在D点或稍下的位置设计后挡皮，宽度在13mm。将背中线修整成光滑曲线为前帮前轮廓线。在第一和第二条鞋帮控制线之间，设计出鱼嘴的轮廓线，并作出里外怀的区别，见图3-264。

自统口长度线的中点到腰窝的F点连一条辅助线。在辅助线的两端模仿高腰橡筋鞋的外形设计出统口轮廓线，轮廓线以葫芦形向下顺延，宽度适当控制，以外形协调好看为准。葫芦形的中间为网纱部件，上下两端分别设计出宽10mm左右的上下连接条。

最后加放底口绷帮量，宽度在14、15、16mm，并作出底口的里外怀区别。经过修整后即得到帮结构设计图。由于是凉靴结构，还需要设计出飞机板，见图3-265。设计飞机板的方法同全空凉鞋。

可以仿照其他的后拉链凉靴进行设计练习，见图3-266。

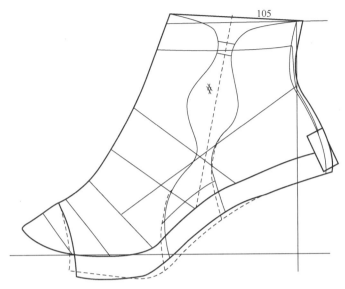

图3-264　后拉链凉靴帮结构设计图

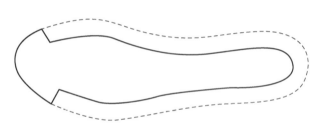

图3-265　后拉链凉靴的飞机板

图3-266　后拉链凉靴练习参考图

2.前拉链凉靴

　　前拉链结构的开闭功能也比较大，对设计尺寸的要求同样比较小，见图3-267。这是一款前帮、后中帮、后帮条相搭配的凉靴。后中帮的背中线位置装配拉链。后帮条由前后两块部件组成，其中前一块部件形成立柱，在统口部位形成自后向前的波浪形轮廓。前帮压在后中帮上，控制住拉链的前端位置。

　　设计参数：后帮高度100mm，统口长度以顺势连接为准。

　　其中后帮高度是自己设定的。由于后一块后帮条需要合后缝，所以在楦后弧轮廓线的基础上增加了5mm加工量。

　　（1）框架结构的设计　首先画出直角坐标，利用跟高70mm点、C点和K点确定半面板的方位，然后描出轮廓线，连接5条帮部件控制线和后帮高度控制线。在纵坐标上自底口位置向上量取后帮高度100mm，并作一条水平线为统口控制线。

图3-267　前拉链凉靴成品图

　　后帮结构为后空的造型。后空的高度控制在C点之上5mm位置，长度控制在跟口附近，先设计出后空轮廓线造型。后帮条部件是在C点之上，加工时需要加放加工量，在统口后端点加放5mm，在C点之上位置加放2mm，然后顺连出光滑的后弧线。将后弧线顺势向上延伸，与统口控制线相交后得到统口的后端点。

　　（2）凉靴部件的设计　凉靴的前帮是一块横条部件，前端位置取在第一和第二条鞋帮控制线之

间，后端取在第二条控制线上，连接成直线为前帮背中线。

前端底口到达第一条控制线位置，鱼嘴设计成弧线，并作出里外怀区别。后端底口到达第二和第三条控制线之间的位置，也设计成弧线。

后帮条部件呈后压前的镶接关系，后帮条的总宽度占统口长度的60%左右，前后两块后帮条各占30%左右。设计后一块部件时要从后端点向上作弧线，一直到达后空线上。设计前一块部件时，后端点位置要低于后一块部件10mm左右，呈阶梯状排列。模仿后一块部件的造型，一直延伸到底口部位，控制下脚的宽度在25mm左右，并作出里外怀的区别。

前后帮之间是后中帮部件。由于背中线的位置有拉链存在，所以要先把背中线用光滑曲线圆顺，然后再下降5mm的位置作一条背中线的平行线。平行线的上端以圆弧线的形式顺连到后帮条部件上，高度位置也要下降10mm左右。装配拉链的位置控制在后中帮上端圆弧线的拐弯之下，并作出一个标记。后中帮的底口采用透空的结构，在前帮后轮廓线的下1/4位置设计一条向后延伸的断帮线，在超出后帮高度控制线5mm左右的位置与后帮条镶接。

最后加放底口绷帮量15、16mm，作出里外怀的区别。经过修整后即得到帮结构设计图，见图3-268。

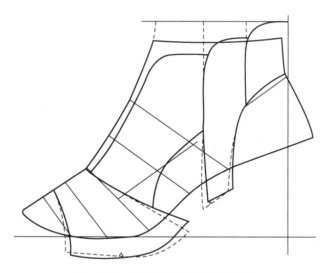

图3-268 前拉链凉靴帮结构设计图

同样需要制备飞机板，见图3-269。

可以仿照其他的前拉链凉靴进行设计练习，见图3-270。

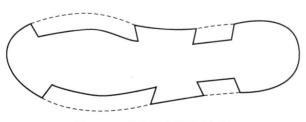

图3-269 前拉链凉靴的飞机板

图3-270 前拉链凉靴练习参考图

3. 独立后包跟凉靴

后包跟部件对脚有稳固作用。对于独立的后包跟部件来说，绷帮时没有前面的拉伸作用，所以要采用合后缝的工艺，见图3-271。这是一款简单的凉靴。前帮是两条部件，抱脚能力比较弱。后帮为独立的后包跟，上面也有两条部件。由于在后包跟的内部有后主跟来定型支撑，所以稳定性好，后包跟上的横条部件采用鞋钎来紧固，可以调节开闭功能，所以能增强抱脚能力。

设计参数：后帮高度110mm，统口长度以顺势连接为准。

其中后帮高度是自己设定的。由于主跟的存在，所以鞋楦的后弧线需要加放主跟容量和部件加工量。绷帮时后包跟的前面没有其他部件牵制，所以后弧线要采用合后中缝工艺。

图3-271 独立后包跟凉靴成品图

（1）框架结构的设计 首先画出直角坐标，利用跟高70mm点、C点和K点确定半面板的方位，然后描出轮廓线，连接5条帮部件控制线和后帮高度控制线。在纵坐标上自底口位置向上量取后帮高度110mm，并作一条水平线为统口控制线。

在后弧部位的C、D、B点、统口后端点依次加放2、3、5、5mm，然后按照加放量顺连出光滑的后弧轮廓线。将后弧线顺势向上延伸，与统口控制线相交后得到统口的后端点。该后弧线也是后包跟的后轮廓线。

（2）凉靴部件的设计 凉靴的前帮是两条部件。在第一条鞋帮控制线位置向后延伸15mm左右设计前一条部件，向前下方作弧线延伸到底口部位。在第二条鞋帮控制线位置向前延伸15mm左右设计第二条部件，也向前下方作弧线延伸到底口部位。由于条形部件容易移动，底口前后的里外怀区别可以不用表示出来，而是利用飞机板在绷帮时区分出里外怀。

后包跟的上端宽度控制在20mm左右，下端宽度控制在50mm左右，然后自统口后端点向前设计出圆弧曲线，一直延伸到底口部位，并作出里外怀的区别，见图3-272。

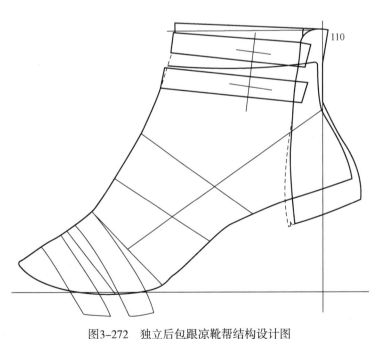

图3-272 独立后包跟凉靴帮结构设计图

自鞋楦背中线向上顺延，在延长线上设计后帮横条。上横条位置取在距离后包跟顶端10mm左右的位置，作后包跟前轮廓线的垂线，与背中线延长线相交后即得到横条的基准长度。后条的宽度也在15mm左右，作垂线的平行线。钉鞋钎的位置取在横条基准长度的后2/5位置，留出5个钎孔位置，外怀一侧控制穿鞋钎一段的长度载40mm。这与钎带女浅口鞋的设计要求是相同的。

下横条距离上横条10mm左右，宽度、鞋钎位置也相同，只是由于楦背中线有斜度，两横条在长度上略有区别。

最后加放底口绷帮量15、17mm，经过修整后即得到帮结构设计图。

同样需要制备飞机板，见图3-273。

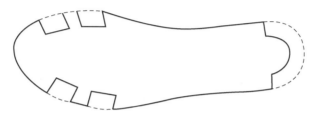

图3-273　独立后包跟凉靴的飞机板

可以仿照其他的独立后包跟凉靴进行设计练习，见图3-274。

4. 内耳式凉靴

凉靴也可以模仿外耳式或者内耳式的鞋帮变化，见图3-275。这是一款有8个眼位的内耳式凉靴。前帮只有一块部件，而后帮是由鞋耳条、护口条、后包跟以及前后连接条组成。后包跟内有主跟，后弧需要加放量，护口条的位置应该在后弧放量的延长线上。

设计参数：后帮高度100mm，统口长度以顺势连接为准。

其中后帮高度是自己设定的。由于后包跟在绷帮时会受到连接条的牵制，因此可以设计成整后包跟。

（1）框架结构的设计　首先画出直角坐标，利用跟高70mm点、C和K点确定半面板的方位，然后描出轮廓线，连接5条帮部件控制线和后帮高度控制线。在纵坐标上自底口位置向上量取后帮高度100mm，并作一条水平线为统口控制线。

图3-274　独立后包跟凉靴练习参考图

在后弧部位的C、D、B、统口后端点依次加放2、3、5、5mm，然后按照加放量顺连出光滑的后弧轮廓线。将后弧线顺势向上延伸，与统口控制线相交后得到统口的后端点。

将背中线圆整成光滑曲线并向上延伸，与统口控制线相交后再加高10mm得到统口前端点，统口前后端点连接后得到统口长度线。

（2）凉靴部件的设计　凉靴的前帮是一块部件，前端取在第一和第二条帮部件控制线之间的位置，后端取在第二条帮部件控制线位置，连接成背中线。前后两端分别作弧线延伸到底口，并作出里外怀的前后区别。

设计鞋耳条与护口皮同时进行。自口门位置沿着背中线向上延伸，在与统口长度线接近时改为圆弧线，并顺连到后端点。鞋耳条的宽度取在25mm，护口皮宽度取在20mm，前后要顺势连接。后口皮的长度取在接近鞋耳拐弯的位置。

后包跟的高度取在C点之上5mm位置，底口长度取在跟口位置附近，上端设计成圆弧线，后端在收

图3-275　内耳式凉靴成品图

进2mm后与"D-1"的位置连接成后中线。在适当的位置设计出前后两块连接片，使后包跟与鞋耳条进行有效连接，外形为上宽下窄造型。

最后加放底口绷帮量15、17mm，经过修整后即得到帮结构设计图，见图3-276。

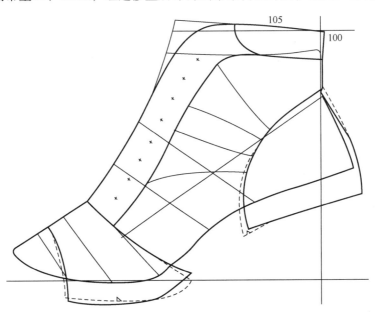

图3-276　内耳式凉靴帮结构设计图

同样需要制备飞机板，见图3-277。

可以仿照其他的内耳式凉靴进行设计练习，见图3-278。

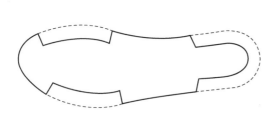

图3-277　内耳式凉靴的飞机板

图3-278　内耳式凉靴练习参考图

5. 高立柱凉靴

立柱在后帮中起着重要的支撑作用。凉靴的立柱一般都比较高，见图3-279。这是一款高立柱凉靴。前帮只有一块部件，后帮是在立柱的支撑线，上有脚腕环带，后有后帮条，通过协同配合来增加抱脚能力。脚腕环带用尼龙搭扣来固定，上面有两粒装饰件。

设计参数：后帮高度110mm，统口长度以顺势连接为准。

其中后帮高度是自己设定的。后弧部位由于只有整条后帮条部件，所以不用加放加工量。

（1）框架结构的设计　首先画出直角坐标，利用跟高70mm点、C点和K点确定半面板的方位，然后描出轮廓线，连接5条帮部件控制线和后帮高度控制线。在纵坐标上自底口位置向上量取后帮高度110mm，并作一条水平线为统口控制线。

在后弧部位顺势向上延伸，并与统口控制线相交得到统口后端点。在背中线位置也顺势向上延伸，与统口控制线相交后再加高10mm得到统口前端点。统口前后端点连接后得到统口长度线。

（2）凉靴部件的设计　凉靴的前帮是一块部件，前端取在第一和第二条帮部件控制线之间的位置，后端取在第二条帮部件控制线位置，连接成背中线。前后两端分别作弧线延伸到底口，并作出里外怀的前后区别。

立柱位置设计在跟口位置前后，宽度取在20mm左右，向上延伸成直条状。

借用统口控制线设计脚腕环带。长度取与统口长度相同，宽度取25mm左右，两端成垂直线便于开料。尼龙长度为40mm，环带重叠量为55mm。后帮条设计在后帮高度控制线之上5mm位置，前宽20mm左右，后宽取12mm。

最后加放底口绷帮量15、16mm，前帮要作出里外怀的区别。经过修整后即得到帮结构设计图，见图3-280。

图3-279　高立柱凉靴成品图

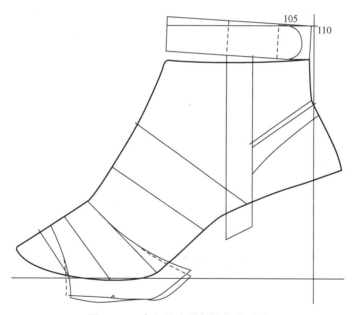

图3-280　高立柱凉靴帮结构设计图

同样需要制备飞机板，见图3-281。

可以仿照其他的高立柱凉靴进行设计练习，见图3-282。

6. T形带凉靴

T形带俗称丁带，当与前帮部件连成一体时，就类似于满帮鞋结构，需要进行转换取跷处理，否则无法制取样板，见图3-283。这是一款T形带凉靴，丁带与前帮部件连成一体。后帮为全空凉鞋的前襻带结构，用鞋钎来束缚脚背。在丁带的顶端有脚腕围带，也用鞋钎来束缚。

设计参数：后帮高度105mm，统口长度以顺势连接为准。

其中后帮高度是自己设定的。后弧部位由于只有整条后帮条部件，所以不用加放加工量。

（1）框架结构的设计　首先画出直角坐标，利用跟高70mm点、C点和K点确定半面板的方位，然后描出轮廓线，连接5条帮部件控制线和后帮高度控制线。在纵坐标上自底口位置向上量取后帮高度105mm，并作一条水平线为统口控制线。

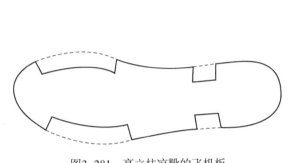

图3-281　高立柱凉靴的飞机板

图3-282　高立柱凉靴练习参考图

在后弧部位顺势向上延伸，并与统口控制线相交得到统口后端点。在背中线位置也顺势向上延伸，与统口控制线相交后再加高10mm得到统口前端点。统口前后端点连接后得到统口长度线。

（2）凉靴部件的设计　凉靴的前帮一直延伸到统口位置，围带就设计在统口长度线上。围带宽取在12mm左右，两端作垂线。钉鞋钎的位置在长度的后1/3附近，安排5个眼位，中心孔距离穿鞋钎的后端点为35mm。

设计前帮时要自围带的前端点沿着背中线向前延伸，一直到第一和第二条帮部件控制线之间为止，这是前帮的背中线。然后自前端位置作弧线延伸到底口边为前轮廓线，要作出里外怀的区别。接着再从围带顶端，以10mm左右的宽度作背中线的平行线，向下延伸到第三条帮部件控制线后逐渐拐向底口，这是前帮后轮廓线。控制底口部位长度在30mm左右，也作出里外怀的区别。

图3-283　T形带凉靴成品图

背中线处于弯曲状态时无法制取前帮样板，要进行转换取跷。具体的操作是自前端点开始向后延长背中直线，然后在前帮后轮廓线拐弯的位置定出取跷中线O'点。接着以O'点为圆心、到统口前端点的长度为半径作圆弧，与背中直线相交后得到前帮的长度位置。同样作出10mm左右的宽度，作背中直线的平行线，然后逐渐拐向O'点。

直线背中线的长度比曲线背中线的长度略短，在绷帮时直线条要被弯曲在楦面上，在部件拐弯的地方会被拉伸变长，弥补长度上的差异。在标接帮规矩点时，要从T形带的后端向前量取，避开有变形的部位。

后帮的设计与全空凉鞋相同。在C点之上5mm位置定出后帮条的高度位置，然后作弧线顺延到跟口位置之前。接着以条带10mm的宽度再作弧线，顺延到跟口位置之后。控制下脚长度在20mm左右。

自第五条帮部件控制线位置开始设计前绊带部件，画一条略有弯曲的弧线与后帮条搭接。前绊带宽度取在12mm左右，钉鞋钎的位置在后帮条的上轮廓线上，定出5个钎孔位置，中心孔距离穿鞋钎的后端点为35mm。

最后加放底口绷帮量15、16mm，前帮要作出里外怀的区别。经过修整后即得到帮结构设计图，见图3-284。

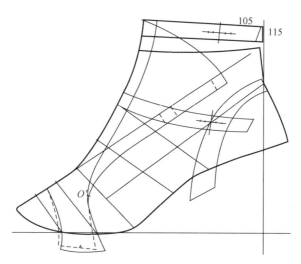

图3-284 T形带凉靴帮结构设计图

同样需要制备飞机板，见图3-285。

可以仿照其他的T形带凉靴进行设计练习，见图3-286。

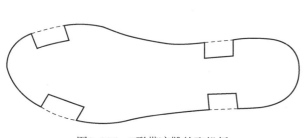

图3-285 T形带凉靴的飞机板

图3-286 T形带凉靴的练习参考图

思考与练习

1. 选择凉靴楦制备帮面板和复制楦底样板。

2. 根据凉靴楦的跟高设计三款不同结构的凉靴，要求画出成品图和帮结构设计图。

3. 从三款凉靴中选择一款制取样板，制作出帮套并进行检验。

综合实训三　靴鞋的结构设计

目的：通过试帮的实训操作，验证靴鞋帮结构设计的效果。

要求：重点考核思考练习中结构设计效果。

内容：

（一）高腰男鞋的设计

1. 选用思考与练习中高腰男鞋的基本样板、开料样板和鞋里样板进行开料、制作和试帮。

2. 绷帮后进行检验。

（二）矮筒女靴的设计

1. 选用思考与练习中任意一款矮筒女靴的基本样板、开料样板和鞋里样板进行开料、制作和试帮。

2. 绷帮后进行检验。

（三）高筒男靴或女靴的设计

1. 选用思考与练习中任意一款高筒男靴或者女靴的基本样板、开料样板和鞋里样板进行开料、制作和试帮。

2. 绷帮后进行检验。

标准：

1. 跗面、腰窝、后跟弧等部位要伏楦。

2. 鞋口、靴筒端正。

3. 绷帮量的大小基本合适。

4. 整体外观造型与成品图对照基本相同。

考核：

1. 满分为100分。

2. 鞋帮不伏楦，按程度大小分别扣5~10分。

3. 出现鞋口、靴筒不端正等问题，按程度大小分别扣10~20分。

4. 绷帮量出现问题按程度大小分别扣5~10分。

5. 整体外观造型有缺陷，按程度大小分别扣5~10分。

6. 统计得分结果：60分为及格、80分左右为合格、90分及以上为优秀。

第四章
时装鞋的设计

要点：了解时装鞋设计中的色彩搭配、材质搭配、风格搭配的应用，掌握时装鞋设计的思维方法并能应用于生产实践中去

重点：色彩搭配的应用
材质搭配的应用
风格搭配的应用
时装鞋设计的应用

难点：把握时装鞋的设计风格

时装鞋泛指与流行服装款式相搭配的鞋类。时装鞋不拘泥款式、色彩和材质，只要能与时装和谐搭配，都可称其为时装鞋，平跟鞋很普通，但是与不同款式的时装和谐搭配后就成为时装鞋，见图4-1。

在结构设计课程之后安排时装鞋设计，是为了把所学的设计知识应用于生产实践中去，这才符合应用型本科教育培养人才的精神。通过学习结构设计，我们掌握了单款鞋的设计，对靴鞋的内在结构有了深刻的了解；通过学习造型设计，我们又掌握了系列产品设计和鞋靴专题设计，对如何创造一种新的表现形式有了总体把握。但结构设计和造型设计终归是两种设计的手段，如何将所学到的知识应用于生产实践，还需要有一个切入点。这个切入点就是时装鞋的设计。

随着社会的发展与生活方式的改变，人们逐渐认识到，穿着方式影响着自己的社会形象与职能效应的发挥，并开始不再满足服饰的实用功能，而专注服饰的品位、个性以及附加值的体现，因此着装时尚就变得很普及。看看我们周围，现在的男女老少几乎都是在穿时装，甚至许多职业装也设计成时装。

穿时装自然要选择时装鞋进行搭配。虽然市场上充斥着各种类型的靴鞋产品，但是还会听到不少的人在抱怨"买不到鞋"。这里的"买不到鞋"不是指无鞋可买，而是指买不到合适的鞋。这里的合适不仅仅是大小号、肥瘦型和舒适度，更重要的是无法与时装协调搭配。

在人体的服饰中，占据大部分比例的是服装，鞋只是一小部分，此外像丝巾、手套、帽袜、包袋、眼镜、遮阳伞、配饰等也占据着一部分。那么，鞋在服饰中的地位又如何呢？用句老话讲就是"脚下没鞋穷半截"。手套可以不戴、遮阳伞也可以不打，但鞋子不能不穿，因为没有鞋穿不是穷半截而是穷一截。可见鞋在整体的服饰中有着举足轻重的作用。其实在很多场合，如果鞋子穿着得体，人们就不会过分关注他的衣着。现代人都在穿时装，那么设计时装鞋也就顺理成章。许多效益好的企业，有意无意间都是在开发产销对路的时装鞋，只不过是没有明确提出设计时装鞋的概念而已。

如何去设计时装鞋呢？时装鞋的款式不是关键，花色品种也可以多变，但无论如何变化，都应与流行的时装和谐搭配，以达到着装整体的完美效果。各式浅口鞋、矮帮鞋、半筒靴、高筒靴等都可以设计成时装鞋。那么这些普通的鞋款又是如何摇身一变成为时装鞋呢？这就需要对时装、对时装鞋、对时装与时装鞋的搭配有一个明确的认识。所以在掌握结构设计和造型设计基础上再设计时装鞋，就不是技术手法问题，而是设计理念问题。

图4-1　平跟时装鞋

第一节　时装与时装鞋

业内人士都明白，现在鞋类市场上"同质化"的产品太多。对于被看好的适销产品，都蜂拥而上，等到销售旺季一过，过剩的产品只能降价处理或者积压。为何会出现这种状况呢？现在有一种新职业叫作买手，买手通过市场考察，会买回下一季预测流行的款式，作为产品开发的依据。买手们的眼光都很有水平，被一家买手看上的样品同样也会被其他的买手看上，于是众多的买手选购的几乎都是相同产品。相同产品虽然经过改头换面，但本质上并无大区别。于是在下一季推出的新样品中，不同厂家新产品的模样几乎相同，款式、颜色不分彼此，都成了同胞兄弟，其结果就是同质化。

如果改变一下思路会如何呢？买手不只是看适销的鞋款，而是想一想这种鞋款为何会畅销。现在人们的穿着打扮是讲究协调搭配的，顾客购买某款时装鞋一定会想到与何种时装相搭配，如果搭配不上就不会掏腰包。所以但凡流行的鞋款一定是会与流行的时装相配套。买手如果把眼光放在时装上，把下一季将要流行的时装信息带回供设计人员参考，那设计效果将会有根本性的改变。

这好比老师出了一道作文题，题目是相同的，而不同的学生会按照自己的思维模式进行发挥，其结果会是几十篇不同的文章。评判文章的好坏自然会有一定的标准，但雷同的文章就减少了。如果老师出的作文题目是"时装"，要求学生为时装搭配协调的"时装鞋"，由于思维的方法不同、设计的经验不同、对时装的认知不同，其结果是搭配的时装鞋会各有千秋，同质化就会大大减少。与时装搭配的鞋款不是唯一的，而是多彩的，为时装配鞋，不仅能克服同质化现象，而且还能最大限度满足客户要求，既丰富了市场、又产生了效益，可谓一举两得。

通过结构设计和造型设计的学习，要想设计单款鞋是件很容易的事，但能否成为时装鞋，那就看鞋款是否能与时装和谐搭配。市场就好比是老师，所出的作文题目就是每季推出的新时装，而学生就是鞋类设计人员，题目的要求就是为时装设计协调搭配的时装鞋。所以要想进行时装鞋的设计就需要弄清时装与时装鞋的概念、了解相关的设计元素、从中找到设计的规律和方法，这样才能把这道作文题做好。

一、时装

时装是指在当时、当地最新颖、最流行，具有浓郁时代气息，符合潮流趋势的各类新装。

如果解读，可以说时装是一种新款服装，新在符合潮流趋势、具有时代气息，并在当时当地是最新颖的装束，且受到大众的追捧、广为流行。

时装与服装有什么区别呢？在《服饰辞典》中，对时装有这样的描述："按照传统原则，服装是以造型、材料、色彩构成的三度空间立体结构，而时装则在三度空间以外，再设法体现服装的时代特征。"

三度空间立体结构，强调的是功能性，而时装则在三度空间之外进行再设计，体现出具有时代特征的风格。时装的基本作用是向消费者一季复一季地传达最流行的风尚以及变化趋势，其中由款式、面料和细节的持续快速变化为先导的风格占据着至高无上的地位。由此可见，服装与时装的根本区别在于风格，而风格的设计则是要在三度空间之外来做文章。

时装流行是有时效性的，按照流行时间长短，可以分为定型时装与流行时装两种类型。

1. 定型时装

这是一种经过流行的筛选而相对固定下来的款式，见图4-2。在市场上可以经常看到，如西装、中山装、夹克衫、旗袍等。

图4-2 定型时装

2. 流行时装

这是一种流行周期性很强的款式，流行一段时间后就会消失。所谓周期性强，是指产品要经历孕育、萌芽、成长、成熟及衰退的明显周期变化，产品一旦进入衰退期，就不再流行。

定型时装总在流行，但流通量比较平稳，不会出现大起大落的现象。而流行时装则恰恰相反，在流行的高峰阶段销售量很大，一旦进入低谷则会无人问津。

比如说中山装，这是一种定型时装，是中国近现代典型男式服装。在孙中山先生倡导下，依据中

服和西服的特点改进而成。现成的中服和西服都是三度空间的立体结构，而中山装前门襟的直排扣以及4个贴袋，传承了中服的特点，翻领、袖窿又吸收了西服的特点。这种中西合璧的搭配就是在三度空间以外的设计，体现出的是一种新文化、新思潮的风格。

再比如说旗袍，这也是一种定型时装，是具有中国民族特色的女装。旗袍源自于清代的旗装，又吸收了古代其他袍服的长处，所以具有民族特色。其中在结构处理上借鉴了西式的立体裁剪，所以穿着旗袍会很贴身，可以显现身材的优美曲线。旗袍流行于民国时代，现代人也很喜爱，虽然历经了各种变化，但不管是长袖的、短袖的或者是无袖的旗袍，都能够展现人体的美感。传统的旗服或者袍服，采用的都是平面裁剪，遮盖住了人体的曲线，只是提供了三度立体空间。而旗袍的立体剪裁则是在三度空间之外的设计，可以展现人体曲线的美感。旗袍体现的是一种展示自我、追求自由的风格。

中山装和旗袍都很经典，所以被保留下来成为定型时装。而曾经风靡一时的流行时装，也会在某一时期各领风骚。像列宁装、海魂服、蝙蝠衫、喇叭裤、金姬领、泡泡袖等，在当时、当地也都曾经是最流行的时装，现在流行过时了，市场上也就看不到了。

时装的风格是具有时代性的，不同的时代会有不同的流行热点。虽然在细节上，颜色、材质、结构、造型的应用都会有区别，但在整体上，则是体现具有时代特征的风格。时装不会是一成不变的，总会随着时间的推移而推出新款时装，展现不同的新风格。

风格本是指艺术家或设计师在创作中所表现出来的特色和个性，运用到服饰设计上就出现了时髦产品。新风格的时装面市，人们就会去争先购买，穿着的人多了，就变成一种流行。有了新时装就需要有鞋子来搭配，旧鞋子配不上就要购买新鞋子。倘若新鞋款买不到，就会抱怨没有鞋穿。如果鞋类设计师能够抓住时装变化的商机，设计一批与之对应时装鞋，那又何愁没有市场呢？

二、时装鞋

时装鞋泛指与流行服装款式相搭配的鞋类。时装鞋的款式并不固定，花色不固定，色彩也不固定，但都应与流行的时装和谐搭配，以达到着装整体的完美效果。

着装整体的完美效果是设计的最终目标。如果时装鞋太抢眼，冲撞了时装，就不会有人购买；如果鞋款太平淡，衬托不出时装，也不会有人购买。只有与时装能和谐搭配的时装鞋才会有广阔的市场。

时装鞋固然在人体服饰中有着举足轻重的作用，但要明白，鞋是为时装服务的，要分清主次关系，要围绕时装的风格进行设计。从颜色材质的选择、结构造型的设计以及表现出的风格，都要借鉴时装的设计元素，这样才能相吻合，以达到整体完美的效果。

在结构设计中，练习的是单款鞋的设计，谈不到风格，只是从技术的角度解决穿着舒适与结构合理的问题。在造型设计中，练习的是系列鞋和专题鞋设计，往往是自己先设定出风格，然后再发挥想象，最后完成设计任务。在时装鞋的设计中，要发挥的是协调思维的能力，通过分析时装的风

图4-3　与时装风格一致的多款时装鞋

格，汲取其中的设计元素，再加以发挥运用到自己的设计中去。要使时装鞋的风格与时装的风格保持一致，而不是独辟蹊径，自立门户。

如图4-3所示，模特身着一款华丽的时装，淡淡的肉粉色营造出温馨的氛围。通身上下镶嵌的蕾丝花边，好像层层浮云，又好像重重花瓣。脚上穿的是高台底凉鞋，增加鞋底的厚度不仅仅使身材变高，在行走时还会产生飘忽感，能与时装的格调保持一致。根据时装风格设计的一组时装鞋，在色调上、花饰上、风格上都能找到时装的影子，能够与时装和谐搭配。

观察顾客的穿着可以发现，一种时装有时可以搭配多种款式的时装鞋，因为时装鞋的款式并不是固定的，但不同的款式都应该具有与时装相同的风格。现在许多人都穿牛仔裤，这是一种休闲装，可以搭配不同款式、不同颜色、不同质地的休闲鞋，休闲是它们共有的风格。有时还会看到，一种鞋款可以和多种时装相搭配，那这种鞋款一定是经典的品种。比如女浅口鞋，可以搭配多种女士时装，又如男式三节头鞋可以搭配多种男士时装。这样一来，为时装设计时装鞋并不是束缚了手脚，而是开阔了视野，所学过的知识都可以得到运用发挥，所具备的能力都能得到展现。

如果鞋类设计是由买手在操作，那么买手所看到的流行款式已经步入到流行的成长期。如果抓紧时间生产，还会赶上一个流行的尾巴，如果延误了时间，出货时可能会遭遇流行的衰退期，营销则会变得十分艰难。

鞋类设计是为人服务的，设计产品要目中有人，依据时装进行时装鞋的设计并不与此相矛盾，因为时装的背后就是穿时装的具体的人。至于人的性别、年龄、职业、经济收入、社会地位、信仰爱好等，设计时装时已经做足了功课，设计时装鞋则需要从时装中分析出这些隐性的因素。分析得越透彻，设计目标的定位也越准确，成功率就会越高。

三、时装鞋与时装的搭配

设计时装鞋与时装的搭配需要把握哪些基本要点呢？作为三度空间的基础设计来讲，形、色、质是必不可少的，作为三度空间以外的设计，把握设计风格最为重要。要想把握鞋的设计风格与时装风格吻合，首先要了解服装的风格。

设计风格是产品特色与个性的表现，在服装领域中风格可以分成下面几大类型。

①代表某一地域特征的风格：例如中国风格、欧美风格、日韩风格等。

②代表某一时代特征的风格：例如古希腊风格、古罗马风格、爱德华时期风格等。

③代表艺术流派特征的风格：例如哥特风格、波普风格、浪漫主义风格等。

④代表文化群体特征的风格：例如摇滚风格、朋克风格、吉普赛风格等。

⑤体现人的气质、风度和地位的风格：例如骑士风格、绅士风格、学生风格等。

⑥以人命名并与其外貌相关的风格：例如崔姬风格、蓬巴杜夫人风格、吉普森风格等、

⑦代表特定服装造型的风格：例如多层风格、超大风格、中性风格等。

服装风格可以分成几大类型，而在每一类型中还有多种变化，所以时装的风格是多种多样的。要记住这么多的风格品类当然要下工夫，但对于每款时装来讲，只会有一种风格，只要能从中分析出它的特色、个性、时代特征，就抓住了要点，就能与其他的不同风格时装区别开来。

时装鞋的类型也和时装一样，分为定型时装鞋和流行时装鞋两种类型。比如男式内耳鞋、外耳鞋，都属于定型时装鞋，可以与西服等定型时装和谐搭配。其中典型的代表就是男式三节头鞋，西服革履也就由此而生。再比如女浅口鞋，也属于定型时装鞋，可以和连衣裙、晚礼服、职业套装等定型时装完美结合。而流行时装鞋由于其不确定性，会随着时代的不同演绎出多种变化。

鞋的分类可以从款式、结构、材料、工艺、功能等多方面来独立划分，如果要从风格上来划分，也是依托在时装上，例如正装鞋、礼服鞋、运动鞋、休闲鞋等。因为鞋只是人体服饰中的一小

部分，为了使整体造型的完美，必须要服从时装的整体风格。如果两者之间有冲突，势必造成搭配的不和谐。

所以设计时装鞋的关键是抓住时装的风格，向时装的风格靠近。通过分析时装的风格，从中提取色彩、质地、风格等设计元素，把相关联的设计元素运用在鞋款上，通过三度空间的设计完成基础造型，通过三度空间以外的设计把握时装鞋的风格。时装鞋与时装的共性特征越多，就能搭配得越和谐，从而实现整体的着装美感。

三度空间之外的设计是一种创意设计，是一种思维模式，别人无法代替，只能靠发挥自己的聪明才智。不过通过别人成功的经验可以进行学习和效法，通过自己的悟性，去理解和掌握，所以后续的设计举例只是起到一种启迪作用。

思考与练习

1. 什么是时装？什么是时装鞋？
2. 什么是风格？在服装领域内风格可分为哪几大类？
3. 设计时装鞋与时装的搭配要点是什么？

第二节　色彩搭配的应用

俗话说"远看颜色近看花"。时装或者时装鞋首先引人注目的就是颜色，只有颜色受到消费者的喜爱才能把顾客吸引过来，才能进一步进行挑选、试穿，进而购买。

在构成的课程中我们已经对色彩有过系统的学习。色彩的类型可分为无彩色系、有彩色系以及特殊色。色彩的属性包含有明度、色相和纯度。在色彩搭配中，好看的时装或时装鞋会引起消费者共鸣，而真正起支配作用的不是色彩本身而是色调。色调是明度、色相和纯度这三个要素综合作用的结果。那么在色彩搭配的应用时，则要通过色彩的对比、调和以及色彩的情感表现等把时装鞋与时装统一起来。

一、鞋服色彩搭配分析

时装在用色方面会有主色调，用以表达设计的主题。此外还会有副主色调，通过对比调和等手段，使主题更加突出。主副色调都是时装鞋的用色元素，如何选取则是要以整体的协调为基准，要起到积极的作用，不要破坏时装的色调所营造的情感氛围。下面选择几款鞋服整体搭配协调的案例进行分析。

1. 无彩色系的搭配

由黑、白、灰所形成的色系为无彩色系，只有明度的变化而不具有色相和纯度。其中黑、白两色由于没有色度差异故叫作极色，介于黑、白两色之间是深浅不同的灰色。黑、白、灰色被称为永久的流行色，可以和其他色彩协调搭配，也可自身相搭配，见图4-4。

图中第一款时装为白色西装礼服，有白色领结和白色腰封，脚上配黑色正装皮鞋。白色象征着纯洁光明，又表示轻快恬静，如果单纯使用会产生单调空虚感。但是与黑色皮鞋搭配可以显示出暖性，使色调变得丰富。黑色的量感比较重，对白色西装礼服有着衬托的作用。

图中第二款时装为黑色休闲装配白色短靴。黑色有严肃庄重的一面，也有悲哀恐怖的一面，但是用白色短靴搭配，能克服消极的因素，会使着装变得轻巧和生动。服饰上的流苏增加了活泼性，挎包上的金色logo与白的短靴形成明度上的呼应。

图中第三款时装为深灰色外衣、黑色内衣和浅灰色裙装配黑色女浅口鞋。灰色给人的感觉是轻盈、柔弱、平稳，深灰色与黑色性格相近，浅灰色与白色性格相近。但不同深浅的灰色相搭配就出现了层次感，在平稳之中出现活力。在黑色皮鞋与黑色内衣衬托下，灰色好像获得重生，变得生动有力。其中黑色的色袜增强了黑色背景的衬托作用。

图4-4　无彩色系的鞋服搭配

2. 色彩情感的搭配

　　色彩具有情感因素，直接影响着人的精神。当眼睛看到色彩时，必然会受到视觉生理的刺激，同时也必将迅速引起人们的情绪、精神、行为等一系列的心理反应。色彩搭配得美与不美是相对的，关键在于主客体之间的关系。作为主体的人，会有一定的审美标准，这个标准会因人而异，而作为客体的产品，则是通过情感特征的表现由主体来作出审美判断。如果客体的审美特征恰好符合客体的审美尺度，双方则会有亲和力，产生美与美感。双方如不亲和，就不会有美感产生。双方如果排斥，就会觉得很丑。通过分析鞋服之间的色彩情感搭配，就是要了解主体与客体之间是如何水乳交融，达到心物共鸣的，见图4-5。

　　图中第一款时装的红色奠定了着装的主色调。红色富有刺激性，给人以扩张感、热烈感，与白色内衣相搭配会使这种感觉更加强烈。但是裤装搭配的是咖啡色，由于灰度比较大，起到了平静和熄灭热度的作用，视觉上得到平衡。脚上搭配的是粉色浅口鞋，色彩个性柔和，在整体搭配中起到使色调趋于平和的作用。红+蓝+橙形成咖啡色，红+白形成粉色，所以鞋服色彩的搭配是一种纯度上的对比，使红色上衣虽然热烈但不狂躁、虽然鲜艳但不刺目。

　　图中第二款时装为深蓝色天鹅绒连衣裙，上面有浅蓝色花饰。蓝色给人的感觉是深邃、沉静、理智，深蓝色应用的范围比较广，由于明度接近黑色，容易与其他颜色配合。时装上的浅蓝色花饰，在深蓝色背景下露出闪亮的光彩。脚上搭配的是淡紫色缠绕带凉鞋，淡紫色与蓝色是相邻色相，邻近色相对比有含蓄感，使着装变得典雅。此外淡紫色的明度比较高，增加了着装的轻松感。

　　图中第三款时装为一身深绿色丝绸套装，脚上搭配的是灰色前空凉鞋。绿色的波长居中，人的视觉对绿色的反应最平静，所以绿色象征着和平、青春与新鲜。丝绸衣料虽然飘逸并闪烁着光泽，但由

于深绿色的衣装增加了成熟感，所以并不显得轻浮。凉鞋的中性灰与深绿色搭配，从中获得了活力，同时也削弱了衣料的光亮度，使得整体着装产生端庄的效果。

图4-5　色彩情感的搭配

　　图中第四款时装为黄色太阳裙，脚上搭配的是同色调的凉鞋。黄色是明度最高、色彩最亮的颜色，有活泼、快乐、光明等情感。但高明度会产生尖锐感和扩张感，所以在太阳裙上出现了红色与黑色的纹饰图案。红色与黄色搭配，产生欢欣喜悦的效果，黄色用黑色衬托，显得更加鲜艳和明亮，使穿者显得活泼可爱。同样是黄色调的凉鞋，可以加强黄色调产生的效果，凉鞋上同样也有红色与黑色的配饰与太阳裙的色调呼应。

　　在上述几款鞋服搭配中，鞋款的色调起到的是积极配合的作用。这种鞋服色彩搭配案例举不胜举，但总的原则是要能和谐搭配。

二、色彩的选择

　　时装鞋的色彩一定要与时装的色彩搭配和谐，那么时装的色彩又是如何选择呢？我们经常会遇到这种状况：比如路人甲身穿一件色彩非常亮丽的上衣，显得年轻、健康、充满活力。路人乙看见后也买了同样的上衣，穿着后的效果恰恰相反，映衬得脸色苍老、疲惫。这是为什么呢？其实是因为服装的颜色与人体的肤色有一种作用关系，特别是上衣对脸色有很大影响。在服饰色彩与人体肤色搭配适宜时，会给人以年轻、健康的感觉，能迅速提升整体形象和品位；而不适合的色彩和不协调的搭配，在人身上会很产生疲倦、苍老、品位不高的感觉。

　　原来人的视觉在没有其他外在因素影响下，会趋向于舒服、协调和平衡，"补色残像"的现象就是视觉自我调节的生理反应。比如我们注视某一红色物体时，一闭上眼就会在脑海里产生一个绿色的残像来中和，以维持视觉的生理平衡。从原理上讲这个残像会影响到与之相邻的颜色。比如黑、白两色的对比，黑色的残像是白色、白色的残像是黑色，相互影响的结果就是白色更白、黑色更黑。在戏剧舞台上，关公的脸谱是红色，而关公身穿的是绿色袍服，绿色的残像是红色，作用在红色脸谱上会加重成枣红色，形成"面如重枣"的效果，更能突出关公的忠义形象。

　　人体的肤色也是一种颜色，也具有色相、明度和纯度三要素。由于体内所含的血红素、核黄素、黑色素的比例不同，就形成不同的体肤颜色，造就了黑、白、黄、棕等不同的人种。即使是在同一人

种中，也会由于三种色素比例不同而形成体色差异。亚洲人种的黄色皮肤，集中在色相中红与黄这一特定的区域内，由于明度和纯度的不同，形成了不同的肤色特征。明度高肤色偏白、量感轻，明度低肤色偏黑、量感重；皮肤较厚的人纯度高、色调均匀，皮肤较薄的人纯度低、色调不均匀；肤色偏红色属于暖色调，肤色偏黄色属于冷色调。其实肤色判断是相当专业的领域，目前国内已经有多家色彩服务企业。为了便于记忆，专家们根据人体肤色以及眼睛、头发的颜色不同，划分出春、夏、秋、冬四个季节的类型，便于选择衣装的颜色以及化妆的颜色。男女肤色类型大同小异，现以男性肤色为例简介如下。

1. 春季型肤色

春季型肤色属于暖色调系列。皮肤处于中高明度、中低纯度时，会形成浅淡色调。皮肤处于中高明度、中高纯度时，会形成明亮色调。皮肤处于中明度、中低纯度时，会形成柔和色调。也就是说浅淡的、明亮的、柔和的暖色调是属于春季型肤色。

春季型肤色与大自然的春天色彩有着完美和谐的统一感。他们往往有着明亮的双眼，皮肤白皙透明，神情充满朝气，给人以年轻、活泼、健康、时尚的感觉。春季型肤色的人群适宜用浅淡、鲜明、生动、活泼的暖色系时装装扮自己，例如亮黄色、绿色、杏色、浅水蓝色、浅金色等，都可以作为主要用色穿在身上，突出朝气蓬勃与柔美魅力同在的特点，见图4-6。

2. 夏季型肤色

夏季型肤色与春季型肤色明度、纯度相当，但属于偏冷色调。皮肤成泛青的米白色、乳白色，或者是健康的小麦色。

夏季型肤色给人以清新、儒雅、柔和、潇洒的感觉，犹如一潭静水，使人从浮躁中沉静下来。此类型的人群适宜用清新、浅淡、恬静的时装装扮自己，例如穿深浅不同的各种粉色、蓝色和紫色，以及有朦胧感的色调。在色彩搭配上，最好避免反差大的色调，适合在同一色相里进行浓淡搭配，或者在蓝灰、蓝绿、蓝紫等相邻色相里进行浓淡搭配，见图4-7。

图4-6　春季型男时装与配饰

图4-7　夏季型男时装与配饰

夏季型肤色人群不适合穿黑色，过深的颜色会破坏柔和的氛围，可用一些浅淡的灰色、蓝灰色、紫色来代替黑色，做上班的职业套装，既雅致又干练。如果穿灰色会显得非常高雅，但注意选择浅至中度的灰；不同深浅的灰与不同深浅的紫色及粉色搭配最佳。

3. 秋季型肤色

秋季型肤色有着高贵、浑厚、浓郁的色彩，属于暖色调系列。皮肤处于中低明度、中高纯度时，会形成深沉色调。皮肤处于中低明度、中低纯度时，会形成灰暗色调。也就是说深沉的、灰暗的、暖色调是属于秋季型肤色。

秋季型肤色的人端庄而又成熟，有着瓷器般平滑的皮肤，眼神沉稳给人一种处变不惊的感觉。秋季型肤质厚重，皮肤为象牙白、褐色或略深的棕黄色，很少有红晕。深棕或深褐色眼睛沉稳有深度，配上深棕色的头发，给人以亲切、随意、成熟、稳重、敦厚的感觉，是四季色中成熟与华贵的代表。秋季型肤色人群适宜穿浓郁深厚的暖色调时装，与自身肤色特征相协调，并配以暖色系服饰，会显得自然、高贵和典雅，如金色、苔绿色、橙色等深而华丽的颜色，选择红色时一定要选择砖红色与暗橘红色相近的颜色。不适合纯黑、白色、粉色、淡蓝色、玫瑰红色、明亮的黄色等冷色调的颜色，这些颜色无法体现秋季型人的成熟华贵，见图4-8。

图4-8　秋季型男时装与配饰

4. 冬季型肤色

冬季型肤色的人群与秋季型肤色明度、纯度相当，但属于冷色调系列。黑发白肤与眉眼间的锐利成鲜明的对比，给人的印象深刻，充满个性而与众不同。

图4-9　冬季型男时装与配饰

冬季型肤色给人以鲜明、纯正、庄重、理性、大气的感觉，其适合所有对比鲜明、饱和纯正的颜色来装扮自己。无彩色以及大胆热烈的纯色系非常适合冬季型肤色的人群。藏蓝色及黑、白、灰是冬季型人的专属色，只有冬季型人群最适合黑、白、灰这三种颜色，也只有在冬季型人群身上，黑白灰这三个大众常用色才能得到最好的演绎，真正发挥出无彩色的鲜明个性。夸张的几何造型，钻石、亮片感材质也都是冬季型肤色人群的选择。需要注意的是冬季型肤色人群不适合浑浊、轻柔、发旧的中间色进行装扮搭配。

纯白色是国际流行舞台上的惯用色，通过巧妙的搭配，会使冬季型人奕奕有神。穿着深浅不同的灰色，并与色彩群中的玫瑰色系搭配，可体现出冬季型肤色人群的都市时尚感，见图4-9。

如上所述，自己喜欢的颜色不一定是适合自己的颜色，只有适合自己的颜色才能使视觉变得舒适，使肤色显得健康，达到肤色与服饰的协调关系。在选择时装时，首先要选对最适宜自己的颜色，然后才是搭配服饰的颜色。这样一来，在设计时装鞋时就会有的放矢，至少在色彩的搭配上可以少走弯路。比如私人定制鞋，如果顾客选择的颜色与自身的肤色相悖，就可以通过沟通、探讨，然后善意地提出建议，力求达到双赢的结果。

如何判断自己的肤色呢？可以对着镜子做观察。暖色调的皮肤可能是春季型或者是秋季型，而冷色调则偏重于夏季型或者是冬季型。皮肤明度高可能是春季型或夏季型，明度低可能是秋季型或冬季型。综合冷暖和明度的变化基本上能够确定自己皮肤的季节类型，同时还应该用不同颜色的色布围在自己的胸前，观察色布对脸色的影响。如果色布能使脸色增亮，显得更精神更健康，就是与皮肤能和谐搭配的颜色；反之对比的结果使脸色暗淡、苍老，就不是协调的颜色。对于某些具有中性皮肤的人来说，颜色变化对肤色没有太大影响，那么这种肤色可以适应各种颜色。找到适合自己皮肤的搭配色以后，还可以验证推断肤色季节型是否准确。

三、流行色

谈到色彩的搭配，不可回避的就是流行色。在某一时期内被许多人注目并采用的颜色就是流行色。时装的设计离不开流行色，同样时装鞋也离不开流行色。

流行色的产生是一个十分复杂的社会现象，是经济文化的反映。它首先涉及人的生理和心理感受，此外还会受到社会政治、经济、文化、科学技术的影响。

1. 流行色的分类

通过研究表明，流行色有以下几种类型：

①预测流行色：是指根据各种要素分析的结果预测的色彩。

②标准流行色：是指作为基本色而广泛被人接受的颜色。

③前卫流行色：是指仅在少数赶时髦者、尤其是新潮年轻人中流行的颜色。

④话题流行色：是指最新色，在普遍采用成为流行色之前，部分人已率先使用的颜色。

⑤市场青睐流行色：是指在服饰市场最为流行的颜色。

⑥多量流行色：是指在某部分人中间作为风格而稳定流行的颜色。

在设计时装鞋时，要观察所针对的时装颜色是属于那种流行色，因为流行色是有周期性的。比如说设计黑色正装鞋，可以搭配深色西服等定型时装，定型时装采用的是标准色，被人广泛接受，生命周期就长，没有过时一说。如果选择市场青睐色进行搭配，生命周期就短，过季就会成为滞销品。为多量流行色的搭配是比较稳妥的，为前卫流行色搭配必须要有针对性。如果能抓住商机，为话题流行色搭配时装鞋，就可以抢占先机。

2. 流行色的预测

流行色的预测与发布，是由流行色研究机构负责的。英国是世界上最早设立流行色研究机构的国家，其后美国、法国、德国、意大利等也先后设立了类似的部门。1963年9月由法国、瑞士、日本共同发起成立了国际时装与纺织品流行色委员会，我国在1982年也加入了该组织。流行色的发布，可以指导时装的设计，也同样指导时装鞋的设计。下面是一组针对2015年秋冬男时装与配件流行色趋势的预测，见图4-10。

男装色彩的运用在服饰设计中演变得越来越重要，不同的色彩和设计细节能帮助穿者在人群中脱颖而出。作为穿者，不同的色彩搭配可以显露出个人的审美与鲜明的个性。男士配件包括包袋、围巾、手套以及鞋子等，同样要符合色彩流行趋势。

流行色的发布，为时装鞋的设计带来了方便。其中黑色流行的时间最长，被称为永久流行色，适合与各种颜色进行搭配。

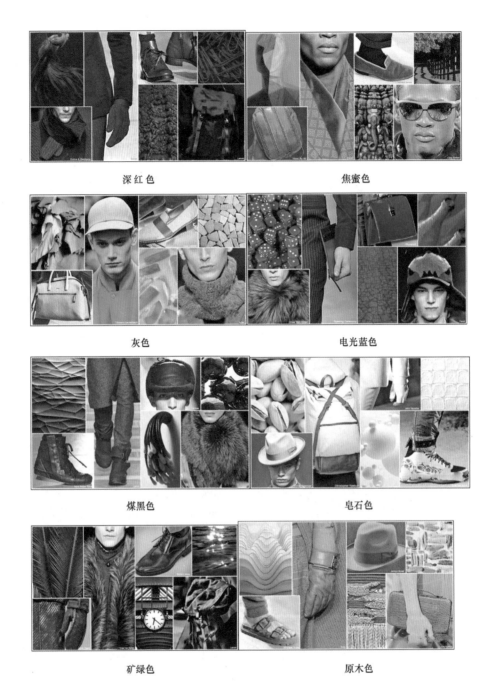

深红色　　　　　　　　　　　　　焦蜜色

灰色　　　　　　　　　　　　　　电光蓝色

煤黑色　　　　　　　　　　　　　皂石色

矿绿色　　　　　　　　　　　　　原木色

图4-10　2015年秋冬男时装与配件流行色趋势预测

思考与练习

　　1. 对着镜子来观察自己脸部肤色的变化，分析出属于哪种季节的肤色；并用几种不同颜色的色布围在胸前，挑选出两种适合自己皮肤的颜色。

　　2. 逐一分析出2015年秋冬男时装与配件流行色，分别适用于哪种季节型肤色。

　　3. 为下列时装（图4-11）搭配和谐的时装鞋。首先分析时装的主副色调，然后确定时装鞋选用的颜色，最后画出成品图，并用彩铅涂上选定的色彩。

图4-11　男士时装

第三节　材质搭配的应用

材质是指材料的质地、结构与性质。由不同成分、不同结构组成的材料其性质也不同，表现在外观上的颜色、光泽、花纹肌理等也都会有区别。材料是完成产品设计的物质基础，选择材料的实质是在选择材料的质地和外观。设计人员应该对材料的质地和外观有足够的认识和使用经验，并且能灵活运用流行的、新颖的、过时的或传统的材料，设计出适合各种不同需求的产品。

一、材料的质地

构成服装的主体材料是面料，常用的服装面料有纺织面料、毛皮和皮革等。其中纺织面料又包括机织物、针织物、编织物和非织造布。而制鞋材料主要是皮革，也会用到人工革、毛革、织物等。因此需要了解几种常见材料的质地与性质，以便进行合理的开发利用。

（一）纺织面料的质地

纺织面料的质地是由构成面料的纤维成分和加工方法决定的。其中纤维成分决定了面料的性质，加工方法决定了外观效果。

1. 纺织面料的纤维成分

纺织面料的原始材料是各种纺织纤维，纤维经过加工后形成面料，由于不同的纺织纤维具有不同的性质，所以纺织面料的成分不同其性质也各不相同。面料的性质不同，人体的穿着感受就不同，比如说透气与不透气、吸湿与不吸湿、柔软与坚挺等，不同性质材料穿着的舒适度就不同，这都与纺织纤维有直接的关系。纺织纤维的来源主要有以下三种。

（1）天然纤维　棉、麻、毛、丝纤维都属于天然纤维，加工成的是天然纤维织物。例如棉布、麻纱、毛料、丝绸，都是常用的天然面料。天然纤维的共性是吸湿性好，穿着舒适，可用作各种服装的面料、里料和衬料以及服饰用品。但天然纤维洗涤后容易出皱，需要熨烫，而且易发霉和被虫蛀。棉麻毛丝虽然同属天然纤维，但由于属性或生长的环境不同，它们的性质也是各不相同。比如丝纤维纤细柔长、手感滑爽，且具有自然光泽；毛纤维则蓬松卷曲、有弹性和保暖性，毛干上有鳞片容易缩绒；棉纤维也很柔软、有保暖性，而且耐热性好、湿强大与干强；麻纤维强度高、挺括性好，特别是导热性好，穿着有凉爽感。

（2）合成纤维　合成纤维是通过人工合成的方法制造的纤维，例如涤纶纤维、锦纶纤维、氨纶纤维等。加工后的合成纤维织物具有了商品名称，例如的确良、尼龙绸、莱卡等。合成纤维的共性是强度高，弹性好，挺括抗皱，易洗快干免熨烫，不易发霉和虫蛀，可用作各种服装的面料、里料和衬料以及服饰用品。但合成纤维面料的吸湿性差，贴身穿有闷热感，易起静电吸附粉尘。由于不同种合成纤维的分子结构不同，表现出的性质也是各有区别。

（3）再生纤维　再生纤维是指把含有天然纤维的原料经过再加工而制造的纤维，例如黏胶纤维、醋酯纤维、蛋白质纤维等。加工成的织物也具有商品名称，例如人造棉、人造丝、人造毛等。由于再生纤维中有天然的纤维素，所以表现出的共性是吸湿性好、悬垂性好，但强度较低、抗皱性差，可用作衬衫、裤子、连衣裙等面料及服装里料。再生纤维的特性与天然纤维素结构有直接的关系。

合成纤维与再生纤维又合称为化学纤维。

2. 纺织面料的组织结构

纺织面料的性质是由纤维成分决定的，而不同的加工方法会影响到外观效果，也会影响到一些使用性能。例如外观的质朴与华丽、挺括与蓬松、悬垂与飘逸，以及面料的厚与薄、轻与重等。不同加工方法的产品主要包括机织物、针织物、编织物和非织造布等。

（1）机织物　机织物是由互相垂直的经纱和纬纱在织机上按照一定规律上下沉浮而相互交织的织物。例如常见的平纹布、斜纹布、呢绒、绸缎等都是机织物。机织物的共性是强度高、外观平整、尺寸稳定性好、保形性好，但一般机织物的延伸性和弹性较差，可用作各种服装的面料、里料和衬料以及服饰用品。牛仔布和毛呢都是机织物，经常出现在鞋款上，见图4-12。

图4-12　机织物在鞋上的应用

（2）针织物　针织物是利用织针等成圈设备将纱线弯曲成圈，并将线圈依次串套而成形的织物。如罗纹织物、棉毛织物、毛巾布等都属于针织物。针织物有经编针织物和纬编针织物的区别，但表现的共性是柔软适体，有良好的弹性、延伸性和透气性。但尺寸稳定性差、易卷边、起毛、起球和勾丝，广泛用于内衣、外衣、紧身服、运动服、功能服，以及帽、袜、包袋等服饰用品和辅料。鞋帮上的网布、翻口里以及鞋带使用的都是针织材料，见图4-13。

图4-13　针织物在运动鞋上的应用

（3）编织物　编织是一种工艺，也叫作编结。编织物是指用编织针把线编织成线圈，然后再把线圈串套连成织物，其中的手工编织有棒针编织和钩针编织的区别。棒针编织物弹性好、柔软蓬松、保暖性好，例如织毛衣毛裤；而钩针织物质地紧密、不易走形，例如勾花边、勾拖鞋等，见图4-14。使用机器编织的效率高、花色品种繁多，延伸性、弹性、柔软性都较好。

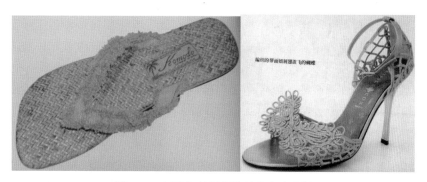

图4-14 用编织材料制作的内底和凉鞋

（4）非织造布 非织造布也叫作不织布，俗称无纺布，是指不经过纺织而制成的布。主要的加工过程是把所用的纤维铺成纤维网，然后再经过针刺，使上下纤维相互缠结勾连，经过整理后即得到非织造布。由于所用的纤维成分不同、成网的方法不同，产品性能会有差异，其共性是横纵向的性能差异小、富有延伸性。产品规格分为薄型、中型和厚型三种系列。薄型产品常用于服装的衬料，中型产品用于合成革的底基，厚型产品制作无纺毡，浸胶后可做合成内底革，见图4-15。

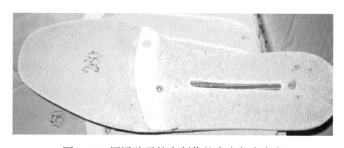

图4-15 用浸胶无纺布制作的内底与半内底

（二）皮革的质地

皮与革是两个不同的概念。"皮"是指从动物体表剥下的一层组织，也叫作生皮，而"革"是指生皮经过鞣制加工后所得到的产品，俗称熟皮。自从人工革出现后，人们就习惯把天然皮革叫作皮，而把人造的仿天然革材料叫作革。

1. 皮革的分类

皮革是指各类动物皮经过脱毛、膨胀、鞣制、整饰加工后的产品。皮革的质地是皮纤维，皮纤维是一种天然的蛋白质纤维，皮纤维在三维空间紧密无规则地排列交织而构成生皮。生皮的使用性能并不理想，但经过鞣制后，改变了蛋白质的性质，使得皮革材料变得耐曲折性好、强度好、富有弹性，而且具有良好的吸湿性和透气性。

皮革是制作皮鞋、皮衣、皮包的好材料，但皮革的种类比较多，可以按照原料皮、加工方法、整饰工艺和用途来进行划分。

（1）按原料皮划分 按原料皮划分有家畜皮制作的革和稀有动物皮制作的革。例如牛皮革、羊皮革、马皮革、猪皮革等属于家畜革。而爬行动物的蛇皮、蟒皮、鳄鱼皮、蜥蜴皮，淡水的草鱼皮和海水的鲨鱼皮，鸟类的鸵鸟皮，海兽的海豹皮等制作的革属于稀有动物革。动物皮的来源不同，皮表面的花纹不同，表现出的性能也各不相同。其中强度最高的是黄牛皮革，稀有动物皮革主要使用其特有的花纹。

（2）按鞣制方法划分　按鞣制方法划分有铬鞣革、植鞣革、油鞣革、醛鞣革、结合鞣革。最常用的鞋面革、服装革都属于铬鞣革，而鞋底用革则是植鞣革。铬鞣革是以三价铬盐络合物为鞣料生产的革，革身丰满、柔软、有弹性，用于制作鞋面革、服装革、手套革和包袋革。植鞣革是用植物鞣料（栲胶）生产的革，纤维结构紧密、坚实丰满、耐磨性好，用于制作鞋底革和服装配饰。油鞣革是以不饱和鱼油为鞣料生产的革，多为双面绒革，纤维特别柔软、松散滑爽，有较好的耐磨性、耐水洗性，可用于擦拭光学仪器和过滤汽油。醛鞣革是以醛类化合物为鞣料生产的革，表面粒纹细腻、弹性好、手感柔软，可作为假肢用革。结合鞣革是结合了铬鞣革与植鞣革的特点，例如生产的软底革，见图4-16。

图4-16　用黄牛植鞣革制作的外底

（3）按整饰工艺划分　皮革生产的后期需要进行整饰加工，整饰的方法不同，外观效果也不同。按整饰工艺划分主要类型包括光面革、苯胺革、打光革、花纹革、效应革等。

光面革是指通过对革身压光而生产的革，这是用量最多、最为普通的一种革，见图4-17。

苯胺是一种合成染料，用苯胺染料涂饰剂整饰的革就叫苯胺革。由于苯胺涂饰剂中不加颜料，涂饰效果为透明状，可以清晰地看到粒面上天然的毛孔花纹。后来就把透明涂层产生的效果叫作苯胺效应，即使不用苯胺染料，也把具有苯胺效应的革叫作苯胺革，见图4-18。

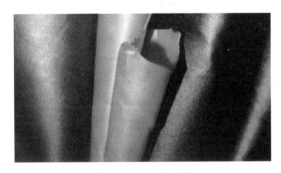
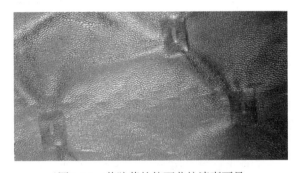

图4-17　光面牛皮革　　　　　　　　　图4-18　苯胺革的粒面花纹清晰可见

打光革是指通过打光机打出光亮表面的革。革身经过打压，变得坚实挺括，粒面层光滑并产生高度的光泽。

花纹革是指在革的表面加工出各种花纹的革，常用的加工方法是压花，压花板上有雕刻的花纹，通过热压使皮革表面产生立体的花纹效果。此外通过揉搓、摔打或者药剂处理使表面收缩也能产生自然的花纹。

效应革是指在革的表层能产生各种色彩光泽变化的一类革。比如擦色革、变色革、仿旧革、梦幻革、珠光革、漆光革、金银革、疯马革等，见图4-19。

图4-19　印花革、压花革、金属效应革

（4）按皮革用途划分　按皮革用途划分有鞋面革、鞋底革、服装革、手套革、包袋革、箱用革、球用革、工业革等。用途不同，要求的物理化学性能也不同，因此加工方法也就有差异。

2. 皮革的表面特征

皮革的质地是皮纤维，皮革的表面层为粒面层，具有天然的花纹。

切开皮革观察断面，会看到明显不同的两层结构。两层结构都是用一种纤维编织而成连在一起的，较细的纤维编织成粒面层，较粗的纤维编织成网状层，见图4-20。

皮革的强度主要取决于网状层，而外观则取决于粒面层。毛被去掉以后留下的是毛孔，毛孔的粗细、深浅、排列方式不同就形成了不同的天然花纹。不同种动物皮的花纹是各不相同的。由于原料皮上往往有伤残存在，在制革过程中就会根据伤残的轻重而分别处理，最终在粒面层上会出现差异，形成全粒面革、半粒面革、修饰面革、绒面革和二层面革等。

全粒面革是指粒面保留完整的革，粒面上毛孔形成的花纹清晰可见。全粒面革也叫作正面革、光面革、头层革，见图4-21。

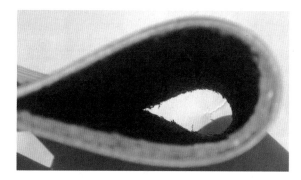

图4-20　皮革断面的两层结构

图4-21　用全粒面革制作的时装鞋

半粒面革是指革的表面有轻伤，经过轻度磨砂去掉了部分粒面层的革，但毛孔和纹理依然可见，半粒面革也叫作轻磨革、轻饰革，品质略低于全粒面革。

修饰面革是指革的表面伤残略重，经过重度磨砂形成的革。粒面经过重度磨砂，表层天然花纹就不见了，再通过涂饰和压花来形成再造花纹，但依然保留粒面层和网状层结构，品质低于半粒面革。

绒面革是指把革面磨出绒毛状的一类革。革身伤残较重，重度磨砂也掩盖不住，就采用磨出绒毛的办法解决。绒毛的出现，改变了革的外观，反而形成了一个新的品种。如果是在粒面层磨出绒毛，就叫作正绒革；如果在网状层磨出绒毛，就叫作反绒革，用绒面革制作的鞋见图4-22。

图4-22　用绒面革制作的鞋

绒面革的表层是一层被砂轮磨出的细细绒毛，成亚光状，与光面革明显不同。

二层面革是指没有粒面层的一类革。生皮本身比较厚，需要经过片皮来制作头层革，而剩余的二层皮还可以再利用，就通过整饰再造粒面形成二层革。二层革只有网状层，强度低、延伸性大、品质较差。不过在二层革上进行贴膜形成的贴膜革，使二层革的外观有了根本的改变，贴膜色彩鲜艳、光亮绚丽，但透气性、透水汽性降低。图4-23中所示的是在二层革表面进行压花处理，形成蜥蜴皮和鸵鸟皮的花纹。

图4-23 二层面革压花

（三）毛革的质地

皮革和毛皮是一对亲兄弟，在加工时如果去掉毛被层、只保留真皮层，得到的产品就是皮革。如果既保留真皮层、又保留毛被层，得到的产品就是毛皮。毛皮也叫作裘皮，又叫作皮草。制作毛皮的原材料要求毛被好，而制革的原材料要求皮板要好。最典型的例子就是绵羊皮，如果毛被好就制作毛革，例如羊剪绒。如果毛被差就制作绵羊革，如服装革、鞋面革。毛革的质地是毛纤维，毛革的表层为毛被，具有美丽的动物毛。

1. 毛革的表面特征

毛皮的毛被是由锋毛、针毛、绒毛单独或按比例有规律地成簇排列而成。其中绒毛最细、最短、最柔软，色调较一致，占总毛量的95%以上，是御寒的主要组成部分。而针毛较粗、较长、较直，有弹性，颜色、光泽较好，占毛被总量的2%~4%，其质量、数量、分布状况决定了毛被的美观程度，是影响毛被外观质量的重要因素。锋毛最粗、最长、最直，弹性最好，对毛被有着保护作用，占毛被总量的0.5%~1%。毛皮的御寒性强，轻柔美观，高雅珍贵，经济价值较高，以从立冬到立春所产的毛皮质量最好。毛皮既可做面料，也可做里料与填充材料，适用于制作裘皮服装、披肩、毛领、毛皮帽、毛皮靴、围巾、手套、服饰镶边和饰件等，见图4-24和图4-25。

图4-24 羊剪绒制作的雪地靴

图4-25 不同的动物毛皮有不同的花纹

2. 毛革的分类

毛革的分类是根据毛的长短、粗细、色泽和皮板厚薄不同可分为小毛细皮、大毛细皮、粗毛皮和杂毛皮四类。

①小毛细皮：是指毛短而珍贵的皮，例如水貂毛皮、紫貂毛皮、黄鼬毛皮、灰鼠毛皮等。

②大毛细皮：是指毛长而价值较高的皮，例如白狐、蓝狐、红狐、草狐皮，山猫皮等。

③粗毛皮：是指各种羊皮，例如各种山羊皮、绵羊皮等。

④杂毛皮：是指猫皮、兔皮、狗皮、狼皮、豹皮等。

从图4-26中可以看到大量的绒毛和少量的针毛。

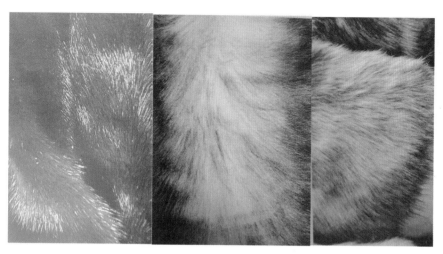

图4-26 小细毛皮、大细毛皮和粗毛皮

（四）人工革与人造毛皮的质地

人工革是用人工方法制造的仿革制品，区别于天然革。而人工毛革是指人工制造的仿毛革制品，区别于天然毛革。

1. 人工革

人工革是在底基层上面涂覆树脂层而形成的，其结构、外观以及性能都尽量模仿天然革。人工革的共性是质地轻、外观颜色鲜艳、不怕水洗、不生霉、无虫蛀。其发展过程经历了人造革、合成革和超纤革三个阶段。

最早的人工革是人造革，是以织物为底基，表层涂饰聚氯乙烯树脂，这是在结构上模仿真皮的粒面层和网状层。但它的透气性很差，遇冷后还会变硬。第二阶段是合成革，改用不织布做底基，外观很像皮革的网状层。不织布经过浸渍聚氨酯溶液和表层涂饰PU树脂，再经过水浴凝固，把聚氨酯溶液中的溶剂溶出，形成微细连通的气孔。所以水浴法生产的合成革具有透气性，而用普通烘干法生产的合成革是没有透气性的。合成革的外观、手感、性能比较接近天然革。第三阶段是超纤革，以超细纤维作为底基，同样是浸渍PU溶液、涂饰PU树脂和经过水浴凝固，使制得的超纤革不仅具有透气性，而且还具有透水汽性，很像天然革。蚕丝的细度在1.3dtex，而超细纤维的细度在0.3dtex，所以超纤比普通纤维细得多，使得超纤革更轻，更加柔软和蓬松。特别是超细纤维间的缝隙细小，产生了虹吸现象，使得超纤革具有透水汽性，性能远远超过人造革与合成革。

人工革表层的质地是树脂膜，使用人工革要根据它们的性能来合理利用，不是说只有真皮才是最好的，而是要物尽其用，合成革材料见图4-27。合成革材料的表面光鲜亮丽，是成卷生产的，幅面比较宽。从材料的横断面很容易区分天然革与人工革，合成革材料的横断面见图4-28。

图4-27 合成革材料

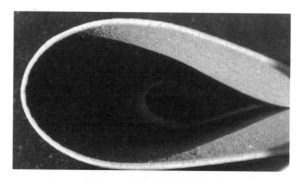

图4-28 合成革的横断面

在天然革的横断面上可以看到细纤维紧密编织的粒面层和粗纤维编织的网状层，在合成革的横断面上看到的是表面涂层和均匀一致的底基层。

2. 人造毛皮

人造毛皮属于粗纺毛织物，但外观、色泽和花纹酷似各种动物毛皮，如仿紫貂皮、仿狐狸皮等，故叫作人造毛皮。所以人造毛皮的质地是纺织纤维。

人造毛的原料以腈纶和改性腈纶为主，毛被分为两层，外层是仿针毛的刚毛，光亮粗直，由异形纤维构成；内层是仿绒毛的短绒，细密柔软，由收缩纤维构成。在制造过程中，是将毛条植在底基上，绒毛附着在织物表面形成人造毛被。人造毛皮质地轻软、保暖性好，外观酷似毛皮，适宜制作各种服装的面料和衬里。在人造毛皮上可以看到仿绒毛的短绒和仿针毛的刚毛，见图4-29。

区别真毛皮和人造毛皮的方法很简单，观察它们的底基会发现，真毛皮的底基是皮纤维，而人造毛皮的底基是纺织纤维，见图4-30。

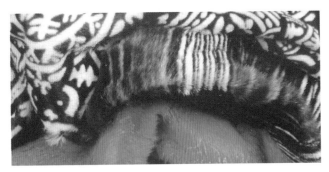

图4-29　人造毛皮

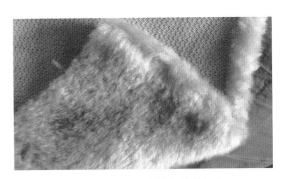

图4-30　人造毛皮的底基是织物

如果观察单根毛会看到，真皮毛的毛干从根底到尾稍是逐渐变细的，而人造毛的毛干上下粗细是相同的。通过闻烧毛的气味也可以鉴别，真毛是烧糊毛发的气味，灰烬成粉末状，而仿毛是刺鼻的烧塑料气味，灰烬成硬珠状。

面料的色彩、光泽、质地和服用性能，在很大程度上决定了服装的品质。设计不同的时装鞋需要与不同的时装面料搭配，所以要选择适宜的鞋材，以形成着装的整体美感。

二、材料的外观

从材料的外观可以看到颜色、光泽以及花纹肌理。其中颜色大多为加工成的色彩，与前面内容相同，不再另述。

1. 材料的光泽

光泽是材料表面反射出来的亮光，材料表面越平整，质地越紧密，其反光就越强。

对于皮革来说，漆皮革的反光最强，光泽性好，叫作高光革，又称为镜面革。一般的皮革也有淡淡的光泽，强度不高，叫作亮光革。如果在亮光革上印花，光泽性就会减弱。而在磨面革上，虽然磨掉了平整的粒面层，但磨出的绒毛纤维也会反光，不过失去了光晕，形成的是漫射光，属于亚光革。高光革、亮光革、亚光革都是常用的鞋面革。

如图4-31所示，左侧的鞋面是高光革，有明显的高光点，反光强烈；中间的鞋面为亮光革，反光柔和；右侧

图4-31　真皮的高光革、亮光革、亚光革比较

的鞋面为亚光革，反射的是漫射光，形成亚光。

在人造革的表面往往涂有明亮的修饰层，形成光泽较好的人造革，许多金属效应革也具有很强的光泽。在湿法生成的合成革表面，由于有细微的气泡存在，所以光泽并不强，属于光面革类型。人工革也能制作出绒毛效果，例如人造麂皮，属于亚光革类型。

图4-32 人工的高光革、亮光革与亚光革比较

如图4-32所示，左侧粉红色鞋款为高光人造革材料，右侧鞋款的白色部件为亮光合成革材料，黑色和灰色部件为亚光人造麂皮材料。

无论是天然革还是人工革，表面都会出现不同的光泽。高光材料明亮华丽比较吸引人，使用时注意服饰上要有呼应点，要形成整体的协调搭配，而不是把眼光只盯在鞋上。而亮光材料光泽自然、亲切，最为常用，与一般服饰都能搭配。亚光材料稳重素雅，没有炫光不刺眼，显得比较温馨柔和，与厚重的材料能很好协调搭配。

2. 材料的花纹肌理

肌理是指皮肤的纹理，借此指材料表面的纹理。不同的纹理会表现出不同的花纹，故合称为花纹肌理。下面主要介绍鞋用材料的肌理。

不同动物皮的粒面表层会有不同的肌理，这是由毛孔的粗细、深浅、排列的方式不同而形成的。不同的肌理又会给人以不同的感受，见图4-33。

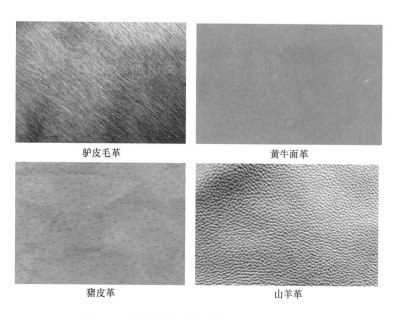

驴皮毛革　　　　　　　黄牛面革

猪皮革　　　　　　　　山羊革

图4-33 鞋用毛革、黄牛革、猪皮革与山羊革

驴皮毛革的毛虽短但很致密、服帖，经过染色和印刷，可形成多种外观。黄牛面革由于毛孔细密排列，使革表面感觉细腻，是制作高档鞋的必备材料。水牛革与黄牛革有很大差异，由于毛孔粗大，就显得粒面粗犷，由于强度低，一般不做鞋面革。猪皮革毛孔又粗又深，三个一组成品字形排列，显得很粗糙。山羊革毛孔花纹呈瓦楞形排列。绵羊皮的肌理比山羊皮要细致一些，用作服装革。

较高档的鞋面革是用稀有动物皮制成的革，例如鸵鸟皮、鳄鱼皮、蛇皮、鱼皮、蜥蜴皮等。真皮材料的花纹有很强的质感，装饰作用强，见图4-34。

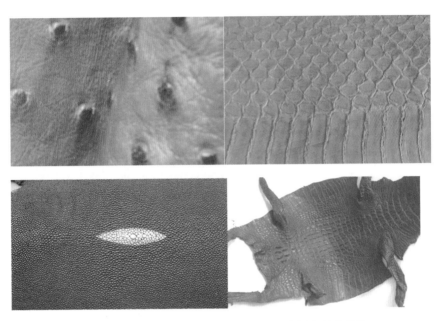

图4-34　鞋用鸵鸟皮、蛇皮、珍珠鱼皮和蜥蜴皮制成的革

　　人工革经过压花处理也会有黄牛皮纹、山羊皮纹以及稀有动物皮纹。如图4-35所示，这是在再生革的底基上压出的鳄鱼皮花纹和在人造革上压出的团形花纹。花纹图案清晰可见，但是仔细观察会发现只有凸凹变化而没有质感。压出的花纹经过拉伸后会变得模糊、甚至消失，而真皮纹是天然的，好比皮肤上的毛孔，拉伸也不会消失，甚至会更加清晰。

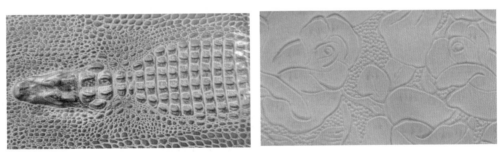

图4-35　鳄鱼皮花纹和团形花纹

　　材料肌理的应用，不仅使鞋子变得美观，而且还可以提升档次，在设计男女礼服鞋时，就常常使用稀有动物皮作为点缀，在设计女装礼服鞋时常用到具有金属光泽的皮料，与珠光宝气的配饰相搭配，见图4-36。

图4-36　男女款礼服靴鞋

三、材料的物性

材料的纹理光泽决定外观效果，而材料的服用性能则是由材料的物性决定的。材料的物性包括吸湿性、透气性、透水汽性、柔软性、弹性、可塑性等，这都与穿着是否舒适有关。下面主要介绍鞋用材料的物性。

1. 吸湿性

吸湿性是指材料吸收水分的性能。皮革材料有较好的吸湿性，这是由于皮纤维的结构上有亲水基团，此外棉麻毛丝等天然材料制作的产品也都有很好的吸湿性。吸湿性好的材料可以吸收汗液，不管是鞋还是衣服，穿起来会觉得爽利，出汗后不粘身、不粘脚。合成材料或者化纤制品的吸湿性较差。

2. 透气性

透气性是指材料透过空气的性能。皮革材料具有一定的透气性，这是由于皮纤维之间存有细小的缝隙。由于皮纤维编织的比较紧密，所以透气性并不太大。对于由纤维编织成的材料来说透气性都好，编织的越紧密，透气性越小，而编织稀疏的材料透气性会很大，改叫作通透性。对于人造革来说，表面上涂有一层塑料膜，阻隔了透气性。对于湿法生产的合成革来说，表面的涂层是聚氨酯，水浴干燥时会产生气泡，气泡沟通后就会有透气性。透气性好的材料穿起来会觉得舒畅，透气不憋闷，没有透气性的材料穿起来会觉得捂脚、难受。

3. 透水汽性

透水汽性是指材料透过水蒸气的性能。皮革具有较好的透水汽性，也就是脚上蒸发的水蒸气可以被皮纤维吸收，然后传导到皮革表面被蒸发掉。像棉麻毛丝等天然材料都具有透水汽性，其中以毛织物的透水汽性最好。比如夏天穿一件羊毛织成的T恤衫，并不会比同类的棉织物感觉热，因为羊毛的吸湿性比棉好、透水汽性比棉更好。人工革是仿天然革的材料，第一代是人造革，只模仿了天然革的两层结构，没有透气性；第二代是湿法合成革，有了透气性但还没有透水汽性；第三代是超纤革，既有透气性、又有透水汽性，外观也与天然革很相像，可以达到以假乱真的程度。穿有透水汽性材料的制品会觉得很舒服。材料的吸湿性、透气性和透水汽性合称为材料的卫生性，天然织物和天然革的卫生性能都比较好。

4. 柔软性

柔软性是指材料质地的手感不坚硬。比较好的鞋面革材料柔软、丰满。有弹性，用手触摸是柔和的。鞋底革材料比较硬挺，而鞋面革有一定的柔软性，一是便于剪裁车缝加工，二是穿起来不板脚、舒适。另有一种软面革，柔软度比较大，用于轻便女鞋的设计。服装用的面革比鞋用面革更加柔软，摸起来就像触摸绸缎，光滑细腻柔和。柔软、丰满、有弹性是一个整体概念，用手触摸皮料有身骨就是丰满，也就是软中要有挺括性，如果是颓软无力，则属于质量问题。

5. 弹性

弹性是指材料受力发生形变后恢复原状态的能力。皮革具有较好的弹性，用手攥住皮料、松开手后立即回复原状就表示弹性好，如果出现皱褶不易消失就表示弹性差。利用皮革的弹性，绷帮后可以使鞋帮表面平整光滑。弹性好的材料一般延伸性也比较好，容易被拉伸。在绷帮时，通过拉伸皮革可以使帮部件很好地贴伏在楦面上。皮面革的延伸率在30%左右，如果延伸性太小就容易被拉断，如果延伸性太大就不容易定型。人工革的弹性都很好，都容易被拉伸。但人工革的回弹性也大，拉伸后容易回缩。因此在绷帮时就不能用力过大，否则出楦后会使鞋腔变小。

6. 可塑性

可塑性是指材料被塑制成型的性能。皮革材料不但具有很好的弹性，而且还具有可塑性，所以皮鞋的造型就比较稳定。弹性与可塑性是一对矛盾，一个是受力后要恢复原来的形状，另一个是受力后

要保持被改变的形状，由于皮革纤维的特殊结构可以将两种性能集于一身。超纤革虽然能以假乱真，但超纤革的可塑性差，外观造型不如真皮精致。此外超纤革的强度也低于天然革。其实真皮有真皮的优势，人工革有人工革的特点，只要能充分了解不同材料的性能，达到物尽其用就好。现在许多名牌运动鞋都是用超纤革制作，价格并不比真皮鞋低，关键是如何充分发挥不同材料的性能。

鞋用皮革材料的服用性能比较好，首先是卫生性能好、其次是柔软适中、再有就是具有良好的弹性和可塑性，所以穿着舒适、外观定型好，是生产高档鞋的好材料。由于皮鞋材料档次较高，所以与高档时装面料或低档时装面料都很容易搭配成功，需要注意的是颜色选择、款式变化和风格的搭配。

四、材料的搭配应用

在流行色预测、时装流行趋势预测发布的同时，鞋业界相关机构会根据时装流行趋势发布下一季流行鞋款。这些鞋款都是与时装的颜色、材质以及风格相搭配的，为下一季的产品设计与开发提供了参考。下面是2015春夏纽约时装周女鞋的信息，借此可以了解制鞋材料的搭配应用。

2015年春夏纽约时装周女鞋设计的宗旨是奢华运动风。奢华运动风造型的影响力在上升，全新运动风的设计细节和精致廓形让休闲鞋款和正装鞋款的界限不再那么分明。其产品主要包括经典凉拖鞋、摩登乐福鞋、舒适厚底鞋、平底凉鞋、仿男式运动鞋、中性沙色鞋、水蓝色鞋、混搭图案鞋、丝网鞋、花卉轮廓鞋、珠饰鞋、笼状鞋头鞋、吉利鞋式系带鞋、绑带鞋，共计14个品类，见图4-37。

所谓奢华运动是一种运动情结，是把运动情结通过色彩、质地以及风格体现在各种鞋款的造型上。由于时装鞋的风格是与时装协调搭配的，所以设计的重点就突出在色彩和材质的运用上。其中的中性沙色和水蓝色是该季产品的突出色调，丝网、珠饰、厚底将成为流行材料，经典凉拖鞋、摩登乐福鞋、仿男式运动鞋会再度受到顾客青睐，时髦的混搭图案、笼状鞋头、花卉轮廓造型以及各种绑带将会使鞋类市场更加繁荣。

流行色预测、时装流行趋势和时装鞋信息三者之间有什么关系呢？起主导作用的是流行色，在色彩的流行趋势引导下，时装界推出下一季时装的流行趋势。传递到鞋业界，再以时装为蓝本推出时装鞋的流行趋势。分析流行色、分析时装或者分析时装鞋，关键是要把握住色彩、质地、造型所体现的风格。

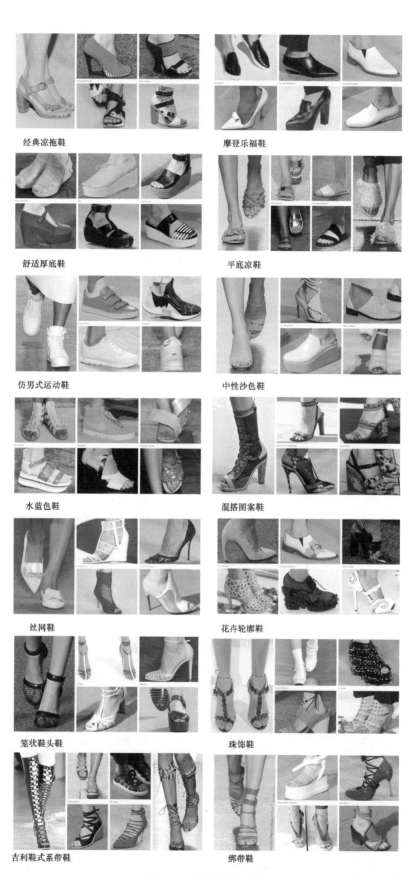

经典凉拖鞋　　　　　　　　摩登乐福鞋

舒适厚底鞋　　　　　　　　平底凉鞋

仿男式运动鞋　　　　　　　中性沙色鞋

水蓝色鞋　　　　　　　　　混搭图案鞋

丝网鞋　　　　　　　　　　花卉轮廓鞋

笼状鞋头鞋　　　　　　　　珠饰鞋

吉利鞋式系带鞋　　　　　　绑带鞋

图4-37　女鞋流行款式

思考与练习

1. 机织物、针织物、编织物材料的质地各有什么特点？
2. 天然皮革和天然毛革材料的质地各有什么特点？
3. 到市场观察常用的皮革材料和稀有动物皮革材料的肌理特点。

第四节　风格搭配的应用

设计时装鞋的关键是要与时装相搭配，包括色彩、材质以及风格。色彩与材质的应用是一种选择搭配，而风格则需要设计。每年在巴黎、伦敦、纽约、米兰等国际大都市都会有春夏时装周和秋冬时装周发布会，涵盖了时装、鞋、帽、包等服饰产品的流行趋势。从发布的信息当中，可以了解时装与时装鞋在风格上的搭配。

一、2016年春夏男装流行趋势

2016年春夏男装流行的趋势是新简学主义。忙碌的都市人不能做负能量的俘虏，释放压力与运动就成为主流趋势。新简学主义主题归于本质的保留，经典简约的服装被运动元素所影响，用严谨的态度重新审视，删除法会让格调更加清晰，传统设计与简约重新结合能营造出朴实的美感。

如图4-38所示，黑白灰和中性单色基调表现出素雅与稳重，更加体现简单生活的韵味。高科技材料应用和精致的裁剪是现代格调的最佳匹配。线条穿插、精确网格、扭曲团和混凝土块面的图案设计，简捷而有力地体现出现代感。

图4-38　新简学主义时装

新简学主义系列时装有四个主题，分别是太空漫步、视觉幻想、破茧框架和都市慢跑。

主题一：太空漫步

如图4-39所示，把休闲风格融合未来科技进行设计，使光泽表面或线条视觉融入干净无瑕的空间里，朴素的白色或单色调的运用，营造出宽松却不邋遢的轮廓，这是都市人讲究生活品位的体现。

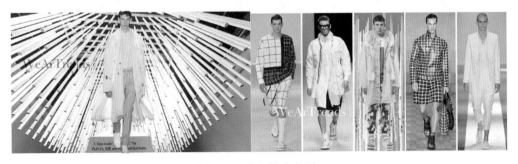

图4-39　太空漫步主题

主题二：视觉幻想

如图4-40所示，超现实主义的设计成为热门话题，并且延续着艺术形态的精髓，在经典简单的单品上运用，可以让乏味的视觉变得丰富，在平面与立体之间的千变万化中营造出多层次效果。

图4-40　视觉幻想主题

主题三：破茧框架

如图4-41所示，简洁的块面拼接手法巧妙地把条带设计融入其中，不规则的线条打破基本单品的原本结构，对比色的块状或条带穿插，使纯粹利落的整体造型轮廓被缩小，体现出简约的美感。

图4-41　破茧框架主题

主题四：都市慢跑

如图4-42所示，运动能激发正能量的爆发，以及激素的调节，让都市人处于平衡健康状态。新运动风格的设计有了变化，其灵感来自西服套装的搭配，配套风格更能突出男性阳刚而优雅的品位。

图4-42　都市慢跑主题

2016年春夏男装流行的趋势是新简学主义，为了表达这一设计目标，进而选择了四个主题，也就是从四个方面对简学主义来进行诠释。在每个主题下面都设计了一组时装，每款时装的风格可以变化，但都是围绕主体来进行设计。主题是方向，而风格是展现的手段。从中可以看到，为每款时装搭

配时装鞋的颜色、风格都能与时装搭配。至于时装鞋的款式则是依据时装款式来变化的，只要不违背时装的整体风格，都能和谐搭配。

二、人体风格

人的体貌各不相同，除了五官外，体型也各不相同，这些因素都是与生俱来的，因此就形成了不同的人体风格。在时装设计中，会考虑顾客的年龄、职业、收入、喜好等因素，但真正起作用的还是人体风格。人体的风格是由"人体型特征"决定的，而"人体型特征"是由人体的外形轮廓、体量轻重和比例感觉这三个方面构成的。

对于人体的外形轮廓，可以分成曲线型、直线型和中间型三种类型。曲线型就显得柔和、圆润、优雅，而直线型就显得硬朗、直接、端正。对于人体的量感，并不是真正意义上的体量尺度，而是对形体、颜色、高矮、宽窄、胖瘦的综合感觉，可以分为量感小、量感大和量感适中三种类型。量感大骨架也大，量感小骨架也小。而比例是体现均衡与否的一种定量概念，比例和谐会带来均衡感，比例夸张或者特殊会给人以个性、新颖的感受。

如果一个人有线条清晰、硬朗、匀称的外形，会让人产生骨感、挺拔、方正、锐利、肯定、严谨的感觉；如果是外形线条柔和，会让人产生亲切、随意、温和、愉悦的感觉；如果是五官小巧、身材小巧的外形，会让人产生轻巧、灵活、可爱、年轻的感觉；如果是五官立体夸张、身材高大的外形，会给人以大气、醒目、成熟、夸张、有威慑力的感觉。

由于人体型特征是千变万化的，所以就把感受倾向最明显的因素作为判断人体型特征的重要依据。如果综合考虑男性或女性人体的外形轮廓、量感和比例，有关专家把男性划分出6种典型的人体型特征风格，把女性划分成8种典型的人体型特征风格，现简介如下。

（一）男性人体型特征风格

男性人体型特征风格包括自然型、古典型、浪漫型、戏剧性、阳光前卫型和新锐前卫型风格。

1. 自然型风格

自然型风格人群的面部及五官棱角不过于分明，有一定的柔和感，神态随意、轻松、不造作，身材健硕、行走潇洒自如、有运动感。给人的感觉是潇洒、自然、亲切、随意，敦厚、大方，可信赖，无距离感。

自然型风格人群适宜搭配随意、宽松型风格的服装、饰品和天然的面料，见图4-43。回避过于华丽和标新立异的装束。

图4-43　自然型男士典型服饰

2. 古典型风格

古典型风格人群的面部线条适中、五官端正、精致，面部整体有成熟感、严谨的感觉，身材板正、体型匀称适中。给人以端正、知性、高贵与正式感，性格严谨、稳重而传统的感觉。

古典型风格人群适宜搭配精致合体的服装，高级细腻的面料以及精致的饰品，见图4-44。回避个性另类、夸张醒目或随意粗糙的装扮风格。

图4-44 古典型男士典型服饰

3. 浪漫型风格

浪漫型风格人群的面部与五官线条柔和、轮廓不硬直、无硬汉形象，眼神柔和性感、身材成熟、饱满，给人以华丽、性感、风度翩翩的感觉，性格成熟、适合华丽的服饰、氛围大气而夸张。

浪漫型风格人群适宜搭配线条柔和的服装，面料柔软华丽有光泽感，见图4-45。配以较为夸张华丽的饰品，回避过于随意粗糙、另类个性的服饰。

图4-45 浪漫型男士典型服饰

4. 戏剧型风格

戏剧型风格人群的面部轮廓线条分明、硬朗，存在感强、五官夸张而立体，浓眉大眼、量感强。身材骨感、宽厚、高大，看起来比实际身量显高。给人以摩登、夸张的感觉，成熟大气、引人注目，在人群中比较醒目、视觉冲击力强、甚至会有一种威慑力，有强大的气势。

戏剧型风格人群适宜搭配时尚、量感较大的服装，醒目的装饰图案、大气的饰品，见图4-46。回避平凡、老实、小气的装扮风格。

图4-46　戏剧型男士典型服饰

5. 阳光前卫型风格

阳光前卫型风格人群的面部线条明朗、五官偏小、比例个性化，小骨架身材、带有年轻化特征。给人活泼可爱、调皮幽默的个性化印象，看起来比实际年龄年轻。擅长驾驭年轻朝气、时尚都市化的服饰。性格活泼、外向、调皮、古灵精怪。

阳光前卫型风格人群适宜搭配利落合体、动感较强的服装，以及流行的面料和图案，搭配年轻时尚的饰品，见图4-47。回避中庸的、平淡的、不流行的、过于正统的装扮风格。

图4-47　阳光前卫型男士典型服饰

6. 新锐前卫型风格

新锐前卫型风格人群的面部轮廓线条分明、清晰，五官个性立体，身材比例匀称、骨感、小骨架。给人以个性化强、骨感、有酷的感觉。服饰风格与众不同、引领潮流、标新立异，性格新锐、有超前的思想。

新锐前卫型风格人群适宜搭配引领时尚、与众不同的另类服装与造型奇特的饰品，见图4-48。回避平淡、中庸、不流行、华丽、正统的服饰风格。

图4-48　新锐前卫型男士典型服饰

通过对男性人群风格的分析，我们可以回想一下在绪论中提到的唐僧师徒四人。唐僧端庄是古典型风格，悟空灵动是前卫型风格，八戒随性是自然型风格，沙僧夸张是戏剧型风格。确定人体风格后再来确定、选择或者设计适宜的着装，就会容易操作。

（二）女性人体型特征风格

女性人体型特征风格比男性要复杂，除了要考虑体貌、脸型外，还要考虑发型和五官特征，因此划分的类型多于男性。主要包括自然型、古典型、浪漫型、戏剧性、优雅型、前卫型、少女型和少年型风格。由其中的自然型延伸出了异域型风格，由浪漫型延伸出了罗曼蒂克型风格，由少年型延伸出了睿智少年型风格，合计有11种类型。

1. 自然型风格

自然型风格又称为运动型风格、随意型风格。自然型风格人群的面部及五官整体呈现直线感，神态随意、轻松、不造作。身材直线型、有运动感、走起路来潇洒。给人以自然、随和、亲切大方的感觉。

自然型风格人群适宜搭配造型简洁大方、随意、潇洒、略宽松、运动感较强的服装；面料要淳朴质感、大方自然；图案设计追随面料风格，如自然的花纹、格子纹、几何图案等，见图4-49。回避华丽的、夸张的、可爱而调皮的服饰风格。

图4-49　自然型女士适合的服饰

在自然型风格的基础上还可以延伸出异域型风格，也称作民俗型风格。服饰上更加强调民族或异域化特征。尤其是在服装的面料、图案、饰物上，大量应用民族或异域的装饰来体现自然的异域风情，见图4-50。

图4-50　异域型女士适合的服饰

2. 古典型风格

古典型风格又称为传统型风格、保守型风格。古典型风格人群的面部偏直线感、五官端正、精致，有一种都市成熟女性而高雅的味道。身材适中、以直线型为主。给人以端庄、严谨、高贵、传统的整体印象。

古典型风格人群适宜搭配精致合体的服装，面料要高级、挺括细腻；图案纹样均匀有规律，整体妆容柔色细腻、注重细节，见图4-51。回避流行的、随意的、可爱的、过分夸张的服饰风格。

图4-51　古典型女士适合的服饰

3. 戏剧型风格

　　戏剧型风格人群的面部轮廓线条分明、硬朗，存在感强、五官夸张而立体，量感十足。身材骨感、高大，看起来比实际身量显高。给人的印象是夸张大气，在人群中总让人觉得她们很引人注目。

　　戏剧型风格人群适宜搭配戏剧型风格的服饰，服装个性、宽大、摩登、有舞台表演感，配以华丽、时尚的面料和夸张、大气的图案，见图4-52。回避中庸的、不成熟的、可爱的服饰风格。

图4-52　戏剧型女士适合的服饰

4. 优雅型风格

　　优雅型又称为小家碧玉型、温柔型风格。优雅型风格人群的面部轮廓柔美、圆润、精致、曲线感强，量感轻盈。身材为曲线型、圆润，走起路来很优雅。给人以小家碧玉的感觉，性格温柔、文静，面部柔和，带给人一种优雅的女人味。

　　优雅型风格人群适宜搭配剪裁多曲线的款式，穿雅致、合体、有飘逸感的服装，面料要柔和、轻盈，配以流线感较强的花朵、圆点类图案，以及精致、高雅的饰品，见图4-53。回避有力度的、直线

感的、过于个性化的、可爱的服饰风格。

图4-53　优雅型女士适合的服饰

5. 浪漫型风格

　　浪漫型风格又称为华丽型风格、性感型风格。浪漫型风格人群的面部轮廓圆润、五官曲线感强，女人味足，眼神迷人而妩媚。身材为曲线型、圆润，性感。给人以华丽而多情的感觉，性格夸张而大气。

　　适宜搭配做工华美、夸张的曲线裁剪服装，面料多华丽、光泽感强。配以女性味浓的花卉图案和梦幻般的流线型图案、波点图案等，见图4-54。回避直线型的、中庸的、可爱的、随意的服饰风格。

图4-54　浪漫型女士适合的服饰

　　在浪漫型风格的基础上还可以延伸出罗曼蒂克型风格。在服装的装饰上减少了浪漫的华丽装饰，更加强调女性化的细腻和田园美。尤其在服装的面料、图案、饰物上大量应用繁杂的花边、花朵、串珠来体现女性化氛围，见图4-55。

图4-55 罗曼蒂克型女士适合的服饰

6. 前卫型风格

前卫型风格又称为现代型风格、个性型风格、革新型风格、摩登型风格。前卫型风格人群的面部线条清晰、明朗、五官偏小、个性化十足。身材为骨感型、小骨架偏多。拥有个性的五官和小巧而骨感的身材，性格活泼、外向、观念超前。

前卫型风格人群适宜搭配合体利落、别具一格、引领潮流或以直线裁剪为主的反传统的服装，面料适合当今的流行趋势，配以时尚感较强、对比分明的图案，见图4-56。回避、中庸的、不时尚的、优雅的、浪漫的服饰风格。

图4-56 前卫型女士适合的服饰

7. 少女型风格

少女型风格又称为可爱型风格、甜美型风格。少女型风格人群的面部轮廓圆润、脸庞偏小、五官稚气、小巧可爱，量感小。身材不高，骨架小，小巧玲珑，给人以天真无邪、甜美、可爱的印象，性格活泼、好动。

少女型风格人群适宜搭配小圆领短款类套装，以曲线设计为主，以及圆润的、小巧的服装；面料选用各种绒类棉质的面料、羊毛、兔毛等，配以纤细可爱风格的图案和饰品，见图4-57。回避成熟的、夸张的、中庸的、随意的服饰风格。

图4-57 少女型女士适合的服饰

8. 少年型风格

少年型风格又称为俊秀型风格、帅气型风格、男孩型风格。少年型风格人群的面部轮廓分明、五官直线感强、有力度、英气十足。身材直线感强、干练、帅气，走起路来非常潇洒。给人以帅气、利落、干练的中性味道。性格直爽、外向、活泼、好动。

少年型风格人群适宜搭配合体利落、以直线裁剪为主的服装；面料以牛仔布、灯芯绒、混纺类等有硬度的挺括类面料；图案和配饰的搭配多直线，造型独特，见图4-58。回避多皱的、华丽的、中庸的、保守的、松散的服饰风格。

在少年型风格的基础上，还可以延伸出睿智型风格，也叫作干练型风格、男士风格、成熟风格。这类人群适宜穿直线裁剪的上衣，以及有力度的、时尚的服装。面料硬挺、有光泽感，选择直线感的图案，佩戴时尚化的、中性的饰品，见图4-59。

图4-58 少年型女士适合的服饰

上述的分析，是针对人群脸型特征、身材特征以及整体印象等因素进行轮廓、量感和比例的综合考评，进而划分成不同的人体风格，这些都是与生俱来的特征。对于人体的着装，如果服饰的风格与人体型特征所带来的氛围一致时，才能形成一个人的服饰风格，达到整体的美感，提升社会形象。因此时装要针对人体风格来进行设计，

这样才能有的放矢。

对人群风格定位与服装分类并不矛盾。比如穿韩式风格的时装，会有多种款式提供选择。那么具体穿时装的人还是要根据自己的体貌特征选择与人体风格相同的服饰进行搭配。风格搭配适宜，能提升穿着者的形象。风格不搭配不是不能穿，而是降低或有损穿着者的形象。田园风格的时装很可爱，糖果风格的时装很甜美，但不是对每个人都合适。从人体型特征研究穿着打扮以及时装设计，是为了提升服饰的品位、提升穿着者的社会形象。

在具体的时装风格确定之后，再针对时装来设计时装鞋就会变得简单而且有新意。以往参照别人的鞋款进行变化，只是在作表面文章，造成的后果就是产品的同质化。而如今把眼光瞄准在时装上，为同一款时装可以设计多种时装鞋款来搭配，这样就可以不断创新、不断发展，就可以有效避免产品的同质化。

图4-59　睿智少年型女士适合的服饰

三、三度空间以外的设计分析

对于衣装或者鞋款的造型来说，形、色、质构成了三度的立体空间，有了形、色、质的存在也就有了成衣或者成鞋。但对于时装以及时装鞋来说，还需要有自己的风格，而风格的设计只凭三度空间的形、色、质是无法完成的，所以就引出了三度空间之外的设计。三度空间外的设计虽然也离不开形、色、质，但这些形、色、质是在为风格服务，借以来表达出某种意境、氛围或情感。

1. 色彩的应用

利用色彩可以形象地勾画出三度空间外的意境。例如脸谱鞋的设计。

花脸是京戏里的一个行当，剧中人物需要用彩粉勾脸，所以叫花脸。对于喜爱京戏的女士来说，穿一件花脸衫是很惬意的事，那穿什么风格的鞋搭配呢？于是就想到了脸谱鞋。花脸的脸谱有多种，设计脸谱鞋也不是照搬脸谱的图案，而是提取脸谱中最主要的黑、红、白三色，然后勾勒出眼、嘴、鼻等形象，再用抽象的线条纹饰加以烘托，见图4-60。

如图所示，把美纹纸贴在鞋楦上，按照女浅口鞋的结构，在帮面上用水粉进行图案描画，就可以得到脸谱鞋的雏形。后续的工作就是揭下拷贝纸，制作出样板。一方面利用样板进行开料，另一方面通过扫面提取花脸图案，再通过电脑喷绘，把脸谱的图案转移到鞋帮部件上。之后经过缝制、绷帮等加工操作就能得到一双具有传统意味的脸谱鞋，见图4-61。

图4-60　用水粉勾勒的花脸线条　　　　　　　　图4-61　脸谱鞋的色彩运用

从脸谱图案的设计、喷绘，再到成鞋的制作，这是设计脸谱鞋的一个完整过程。其中色彩已不是材料本身的颜色，而是围绕脸谱的风格在三度空间以外的一种色彩运用，突出了花脸图案，达到与京剧结缘的一种意境。

类似花脸鞋的设计，还可以变化出其他风格意境的鞋款。例如含有绿色环保意境、营造绿色家园优美环境的"绿色梦幻"鞋；不规则的格纹图案，为盛夏带来一股清凉的"格外有情"鞋；呼唤蓝天白云、减少空气污染的"玉鸟鸣春"鞋等，都是突破材质原有的颜色，营造三度空间外的色彩氛围，见图4-62。三鞋款的色调都比较柔和，可以搭配夏季女孩子穿的相近色短裙短衫。

图4-62　绿色梦幻鞋、格外有情鞋和玉鸟鸣春鞋

2. 饰品的点缀应用

用饰品来点缀三度空间外的氛围，往往有着画龙点睛的作用，可以达到意想不到的效果。用来点缀的饰品可以是羽毛、串珠、水钻、亮片、蕾丝、金属扣、金属链等。

用羽毛点缀可以产生轻盈感，与薄纱相似，有些飘飘欲仙，见图4-63。

比较常见的是蝴蝶结点缀，蝴蝶结既展现了少女情怀又增加了立体感，与同色面料的连衣裙或同色腰带相呼应，成为女士的最爱，见图4-64。

图4-63　用羽毛作点缀

图4-64　用蝴蝶结作点缀

　　同样是用流苏点缀，但选用的材质不同所营造的风味也不同，见图4-65。

　　银色金属质地的流苏，在西南少数民族头饰上很常见，运用到鞋款上就带来了民族风。用柔软咖啡色绒面皮作流苏，展示着一种波西米亚风情，体现出自由浪漫、奔放热情的风格。

　　如果用串珠作点缀带来的是华贵气质。在淡蓝色的拖鞋上装饰淡蓝色串珠，并且与淡蓝色手袋上的淡蓝色串珠相映成辉，也堪称蓝色经典，见图4-66。

图4-65　用流苏作点缀

图4-66　用串珠作点缀

　　用花饰和仿宝石作点缀，可以展示华丽的风采。虽然只是一款简单的凉鞋，但是在宝石花饰的映衬下就可以使足下生辉，体现出高贵的气质，见图4-67。

　　刺绣是中国一项古老的传统手工艺，其中绣花鞋是中国最具代表性的鞋款。电脑工艺的出现使刺绣技术得到普及，点缀在现代的鞋款上，将传统与时尚完美结合，产生一种复古的中国风。例如在白色丝绸斜面上散布着点点梅花，感觉既素雅又温馨，见图4-68。

图4-67　用花饰和宝石作点缀

　　用绸缎做花边点缀在鞋口上，会产生一种花团锦簇的效果。下面是一款南韩版的婚礼鞋，紫罗兰色的花边围绕在脚踝，既突出了少女情窦初开，又彰显出高雅气质，见图4-69。

　　用闪亮的金属件作点缀会显得华丽多彩。在一款简单的拖鞋上，由于选用用金属件作装饰，亮晶晶的金属光泽来吸引不少眼球，使整个鞋款变得卓尔不凡，见图4-70。

图4-68　用刺绣作点缀　　　　图4-69　用花边作点缀　　　　图4-70　用金属件作点缀

可作为点缀装饰的材料还有许多，举不胜举，只要运用得当，与时装的整体风格保持一致，都会有很好的装饰效果。

3. 肌理变化的应用

肌理的变化会给人带来不同的感受。如果采用在鞋面底基上烫钻，再配上尖头金属钉，会使普通鞋面的肌理发生重大变化，产生金碧辉煌的效果，在社交晚宴上能大放异彩，见图4-71。

用服装面料作鞋帮的肌理，会显得温馨舒适。例如用白色条绒作为前帮的拖鞋，有一种恬静、柔美的效果，见图4-72。

用编织物做鞋帮，肌理会很有特色。编织是一种工艺，编织物的图案生动活泼，色彩淳朴高雅，质地挺括不易变形，用来做鞋帮会显得别具一格，见图4-73。

图4-71　烫钻与金属饰件质地　　　　图4-72　条绒质地　　　　图4-73　编织物质地

用稀有动物皮革做鞋帮，会表现出特殊的花纹。比如使用鱼皮纹肌理，鳞状的纹路排列产生了律动感，感觉很惬意，见图4-74。

用动物毛皮做鞋帮会有温暖感，特别是再经过染色或印花，会显得很高雅，见图4-75。

用网布做鞋帮肌理会产生半透明的朦胧效果，深浅相隔、时隐时现，有一种飘逸感，见图4-76。

在天然材料的质地上如果进行再造，还会产生特殊的肌理。例如褶皱肌理皮革，就是将平整的皮革加工成褶皱，消除了平淡无奇，产生了半立体的厚重感，见图4-77。

开发人造肌理，可以充分进行想象，把不可能转化为可能。下面是一组学生通过构成课程学习后绘制的人造肌理纹饰，见图4-78。

图4-74 鱼皮纹质地

图4-75 毛皮质地

图4-76 网布质地

图4-77 人造肌理质地

木材纹　　　　　　叶脉纹　　　　　　岩石纹

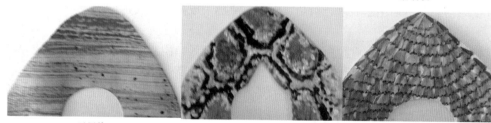

云层纹　　　　　　莽皮纹　　　　　　蓑衣纹

渐变纹

图4-78 人造肌理纹饰（2014级学生 设计色彩　指导教师：陈安琪）

上述肌理纹饰只是绘画作品有了纹路样本，就可以通过扫描、喷绘等技术手段转化为鞋材面料，使其具有实用价值。

三度空间以外的设计，是在营造一种风格，可以通过色彩变化、点缀变化、肌理变化等手段来达到设计要求。三度空间以外的设计是依附在结构设计与造型设计基础之上的一种创意设计。在时装鞋的设计中，色彩、肌理以及点缀的应用都是一种装饰，要在整体风格中起到积极的作用，如果破坏了整体的风格就会失去装饰的意义。

> **思考与练习**
>
> 1. 理清人体风格与服装风格的关系。
> 2. 分析自己的人体型特征属于哪种人体风格。
> 3. 设计出三款适应不同人体风格的女鞋效果图，分别用色彩、点缀和肌理变化来表达。

第五节　时装鞋的设计

通过对时装与时装鞋的认识，已经知道了时装鞋与时装的搭配关系是要塑造整体的和谐美感。时装的设计、选择以及穿着都是与人体型特征密切相关的，当人体风格与时装的风格保持一致时，可以提升自身形象，人们已逐渐认识到"只有适合自己的才是最好的"。

进行时装鞋的设计要先从分析时装入手，判定时装的风格，从中提取色彩、风格的设计元素，然后再着手进造型设计。具体到鞋的款式、选用的材质，要依据穿着的环境来灵活变化，但不要破坏时装的整体风格。

一、为时装选择搭配适宜的鞋款

在人体风格与时装的风格达到一致后，就应该为时装选择适宜的时装鞋进行搭配。选择鞋款的关键是分析时装的风格，而时装的风格是与人体风格相关联的。下面通过几款搭配适合的女装案例来进行分析，从中掌握对时装的分析方法。

1. 自然型风格

对自然型风格的简单描述是随意、亲切、朴实、潇洒、成熟、直线，见图4-79。

图中模特着装简洁，黑色上衣配白色西服裙，脚穿黑色浅口中跟鞋，既随意大方，又朴实亲切。时装的颜色黑白对比强烈，突出的是朴实无华和精明干练的形象。从身体廓形、脸型、发型看，带来的是直线感，特别是手中的购物包，造型方正，加重了直线感，该成熟女性应属于自然型风格。该人群适宜搭配造型简洁大方、随意、潇洒、略宽松、运动感较强的服装；面料淳朴质感、大方、自然；图案设计追随面料风格，自然的花纹、格子纹、几何图案托。回避华丽的、夸张的、可爱而调皮的服饰风格。

从中可提取的色彩元素是黑色与白色，时装的主色点为黑色，相对而言搭配黑色鞋款或黑白两色的鞋款更适宜，鞋的款式以浅口鞋为主，与裙装相协调。可以通过变换鞋跟的高度或造型来满足不同环境的需求。

图4-80中第一款为尖头女浅口鞋，突出了线条的直线杆；第二款为黑白两色搭配的变型浅口鞋，突出了色彩的平衡感；第三款为坡跟浅口鞋，鞋跟的量感增加，突出了成熟稳重感。

图4-79　自然型风格

图4-80　选择搭配适宜的鞋款

2. 古典型风格

对古典型风格的简单描述是端庄、正统、精致、高贵、成熟、直线，见图4-81。

这是一幅入秋时节的照片，图中模特内穿厚料驼色连衣裙，外穿薄毛呢粉紫色长外套，领口围着驼色毛围巾，脚穿细高跟浅口鞋。整体着装端庄、正统，面料高档、加工精致高雅，能衬托出穿着者的高雅尊贵的气质。该成熟女性属于古典型风格类型，适宜搭配精致合体的服装，面料高级、挺括细腻；图案纹样均匀有规律，整体妆容柔色细腻，注重细节。回避流行的、随意的、可爱的、过分夸张的服饰风格。

由于着装的颜色属于中明度和中纯度，色相对比度不大，色调偏暖，形成一种柔和的氛围。从中可以提取驼色、米色、粉紫色等色彩元素，不会偏离时装的色调氛围。在鞋的款式上以浅口鞋为主，可以与裙装相配套。选择同色系的平跟、中跟或高跟等类型。

图4-82中第一款为肉色圆头平跟女浅口鞋，第二款为米色尖圆头中跟女浅口鞋，第三款为尖头粉色细高跟浅口鞋。三款鞋都突出了整体的柔色细腻，不同跟高的变化可以适应多种场合。

图4-81　古典型风格

图4-82　选择搭配适宜的鞋款

3. 戏剧型风格

对戏剧型风格的简单描述是夸张、大气、醒目、存在感强、成熟、直线。

如图4-83所示，一袭夸张、潇洒的长风衣，使人不能忽视她的存在。醒目的铁锈红颜色，以及大气的黄色团花图案，形成的是一种强大气场。内穿深紫色合体套装，配有时尚的红色腰封，凸显出张扬的个性。脚穿黑色满帮鞋，精致典雅，起到对服饰的衬托作用。从身体廓形看，直线感强，黑色提包也增加了直线感。该成熟女性属于戏剧型风格，适宜搭配个性、宽大、摩登、有舞台表演感的服

饰，配以华丽、时尚的面料和夸张、大气的图案。回避中庸的、不成熟的、可爱的服饰风格。

时装整体色调浓重热烈，突出了形象的存在感。从服饰中可提取红色、紫色、黄色、黑色等色彩元素，运用到鞋款上，不要过分华丽，不要突出鞋的特性，而是要烘托浓重热烈的氛围。鞋的款式除黑色满帮鞋外，也可以选择棕红色系的靴鞋，鞋跟粗些显得大气。

图4-84中第一款为厚头绒面革舌式鞋，烘托了色彩的热烈氛围；第二款为棕色粗中跟矮筒靴，与时装的量感吻合；第三款为棕色高筒高跟马靴，与长风衣搭配不会显得突兀，反而突出了形象的存在感。

图4-83　戏剧型风格

图4-84　选择搭配适宜的鞋款

4. 优雅型风格

对优雅型风格的简单描述是优雅、温柔、精致、女人味、成熟、曲线。

图4-85中模特穿着黑色的紧身衣与黑色的鞋子，使体型连成一体，外罩奶白的皮坎肩。收紧的腰身、低开的圆领，凸显出女性的曲线美。外翻着棕黄色的毛领，产生了轻盈感，束身的腰带，显现出服装的精致与优雅。装束虽然简单，却能体现十足女人味的形象。人体廓形以及服饰都充满曲线感，该成熟女性属于优雅型风格，适宜搭配多曲线的装束，裁剪雅致、合体、有飘逸感的服装，面料柔和、轻盈，配以流线感较强的花朵、圆点类图案和精致、高雅的饰品。回避有力度的、直线感的、过于个性化的、可爱的服饰风格。

时装是通过束身来显现身条的曲线美感，突出女人味。虽然从服饰中可提取黑色、白色、棕黄色等色彩元素，但为了衬托皮坎肩还是选用黑色为好。款式为满帮鞋或者不同高度的筒靴。

图4-86中第一款为黑色圆头中跟矮筒靴，第二款为黑色圆头中跟中筒靴，第三款为黑色圆头中跟高筒靴。三款鞋都选用黑色，是为了与时装形成一体，这样才能突出奶白色皮坎肩，突出优美的身材曲线。圆头型和中等跟高，不会喧宾夺主。

图4-85　优雅型风格

图4-86　选择搭配适宜的鞋款

5. 前卫型风格

对前卫型风格的简单描述是个性、时尚、标新立异、古怪精灵、年轻、直线。

图4-87是一幅盛夏时节的照片，图中模特身穿白色连衣短裙，外面罩了一条蓝色大披肩，手挎蓝色方包，脚穿蓝色系带满帮鞋。蓝、白两色营造出的冷色调，为盛夏带来一丝凉意。蓝色披肩两端，有红黄白颜色组成的花纹图案，色相对比分明，在冷色调中上出现一些暖意，起到视觉上的平衡作用。整体的协调感和美感是不言而喻，从着装看比较有个性，服饰的亮点在披肩上，硕大的披肩几乎完全覆盖了衣衫。用披肩作服饰本是一种时尚，但用在盛夏是保暖乎？还是乘凉乎？显然这是在标新立异，有些搞怪。再从体貌轮廓和五官轮廓观察，脸侧面的两缕直发以及修长的腿，产生的是直线感，该女性应属于前卫型风格类型。该类型人群适宜搭配合体利落、别具一格、引领潮流或以直线裁剪为主的反传统的服装，面料适合当今的流行趋势，配以时尚感较强、对比分明的图案。回避、中庸的、不时尚的、优雅的、浪漫的服饰风格。

图4-87　前卫型风格

着装的颜色以冷色调为主，从中可以提取蓝色、白色和暖色等色彩元素。对于鞋款来说完全选用暖色会破坏冷色调形成的氛围，选用蓝色设计鞋款比较好，白色和暖色只能做少量搭配。由于披肩的存在增大了服装的量感，所以鞋底要设计成厚底，可以从量感上达到上下呼应。鞋的款式上可以是浅口鞋、满帮鞋或者是凉鞋、凉靴，可以设计成平跟、中跟以及高跟等类型。

图4-88中第一款为淡蓝色厚底平跟轻便浅口鞋，特色是鞋帮开中缝，并用暖色材料镶边，突出了色调搭配的平衡感；第二款为深蓝色坡跟条带凉鞋，与时装的量感吻合；第三款为蓝底配银色格纹特高跟凉靴，比较时尚，与蓝披肩上下呼应。

图4-88　选择搭配适宜的鞋款

上述配饰的鞋款举例只是一种示意，还可以选择更多款式与时装搭配。类似这样的例子举不胜举，关键是要掌握分析出时装风格的方法，只有时装的风格被确定了，时装鞋的风格才能跟着确定，才好进行时装鞋的设计。

二、时装鞋的设计

时装的设计是依据人体风格进行的，而时装鞋的设计可以直接依据时装来进行，总体上都会与人体风格保持一致。通过市场调研，可以收集时装的流行趋势，然后通过分析时装，确定着装人的人体风格。有了人体风格再进行时装鞋的设计就不会偏离大方向，而且在细节处理上能够得心应手。如果不了解人体风格，只是按照时装照猫画虎，就会畏手畏脚，无法突破自身的束缚，也不可能做到创新设计。下面通过一组学生作品来进行时装鞋的设计分析。

1. 高跟时装凉靴的设计

如图4-89所示，参考的时装是一款脱俗的白色开襟连衣衫，中间有腰带，用大钎扣束腰，可以突出成熟女性的曲线美。衣襟与下摆用蓝色装饰条镶边，领口有一抹红，用色对比鲜明。时装整体的廓形优雅，肩部造型像蝴蝶的双翼，很精致，体现出女性的柔美。这是一款优雅型风格的时装，所搭配的时装鞋也要向优雅型靠拢。

从时装中提炼出的色彩元素有白色、蓝色和红色。因为是与开襟下摆相搭配，鞋的款式选用了高跟全空结构的凉靴。穿高跟鞋能展现女性身材挺胸、抬头、收腹、提臀的优美曲线。三度空间以外的设计表现在凉靴的后帮比较高，接近脚腕。如果设计普通凉鞋后帮，由于鞋跟比较高，会觉得后帮

图4-89　高跟时装凉靴设计图
（设计者　广东白云学院2011级学生 张东健 指导教师 董炜）

变矮，上下比例不协调，而且会把人的注意力集中在鞋跟上，从而影响服饰整体的协调感。有意加高后帮，相对减弱了鞋跟高度的量感，对着装的整体起到很好的衬托作用。在用色上，前帮使用的是红色，后帮使用的是蓝色与灰白色，与时装颜色相呼应。在凉鞋的条带上配备了金属鞋钎，不仅有紧固的作用，而且可以和腰带的大钎扣相呼应。在选材上，鞋帮使用光面牛皮，鞋跟选用ABS喷色压跟，鞋底选用红色橡胶底及天皮。

2. 全空凉鞋的设计

如图4-90所示，参考的时装是一款宽松的白色连衣裙，中间用蓝色绸带系住。宽松的款式显现出无拘无束、活泼自由。圆形领口和宽大的下摆都用蓝色饰条镶边，与蓝色腰带成相间排列，展现出优美的韵律。对比色的运用使时装变得可爱动人。这是一款前卫少女型风格的时装，所搭配的时装鞋也要向前卫少女型靠拢。

从时装中提炼出的色彩元素有白色和蓝色。因为是与连衣裙相搭配，鞋的款式选用了全空结构的凉鞋。鞋帮分成前后帮两部分，部件比较宽，形成的是蓝色色块，这与连衣裙被腰带分割

图4-90　全空凉鞋设计图
（设计者　广东白云学院2011级学生 余杰封 指导教师 董炜）

成上下两大白色色块相对映。为了突出女生的可爱形象，前帮的鱼嘴和后帮的鞋袢采用了银白色饰条镶边。这款鞋三度空间以外的设计在用色的细节上，时装是白中出蓝、时装鞋是蓝中出白，蓝白相衬托，使整体服饰清纯可爱。在选材上，鞋帮使用光面牛皮，鞋跟选用中粗的ABS喷双色压跟，鞋底选用黑色橡胶底天皮。

3. 中空女浅口鞋的设计

如图4-91所示，参考的时装是两件套，上衣开胸宽袖，下裙大摆飘逸，直线感强。面料为薄纱类型，轻盈、潇洒、空灵。时装色调微微泛蓝，裙摆上有黑条纹大格，整体的感觉是夸张、大气，有不可忽视感。这是一款戏剧型风格的时装，所搭配的时装鞋也要向戏剧型靠拢。

从时装中提炼出的色彩元素有黑色、蓝色和透明色。考虑到造型需要只用到黑色。因为是与飘逸的长裙搭配，鞋的款式选用了中空女浅口鞋款式。中空结构的通透性强，与面料空灵感相得益彰。满前帮增加了量感，使飘逸的裙装有个稳定的根基，超长的尖头令人不可小视。后帮变得窄小，马尾形后帮超乎寻常，可以将脚背大部分暴露出来，这与薄料长裙下暴露隐约的长裤相一致，护脚全靠前绊带束缚脚背。三度空间以外的设计表现在鞋帮与鞋跟的造型都很夸张，纤细直挺的超高跟，与马尾形的后帮和前绊带，形成支撑的框架，变得很醒目。从整体效果看，选用稳重的单一黑色是合适的，既能勾画出鞋款夸张的造型轮廓，又能衬托出时装的大气风格。在选材上，鞋帮使用漆光革，鞋跟选用ABS喷色压跟，鞋底选用黑色仿皮底及天皮。

图4-91　中空女浅口鞋设计图

（设计者　广东白云学院2013级学生 蔡旺成　指导教师 董炜）

4. 鱼嘴高筒靴的设计

如图4-92所示，参考的时装是一件姜黄色的长外套，大翻领、双排扣、直线条、宽松舒适。时装整体的感觉是朴实、随意、亲切，由于是在天凉时穿着，所以比较宽松。这是一款自然型风格的时装，所搭配的时装鞋也要向自然型靠拢。

从时装中提炼出的色彩元素是姜黄色，鞋款也为姜黄色，上下颜色一体，形成柔和温馨的氛围。考虑到穿用季节，鞋的款式选用了高筒靴。为了增加量感，设计成"一脚蹬"的封闭式结构。在靴筒的上部，使用的是带条纹软面革材料。三度空间以外的设计表现在靴筒上出现自然弯曲的褶皱，这与宽松的外套能协调搭配，能增加柔和温馨的氛围。筒靴的前帮部分，使用的是漆光革，增加一些亮度。由于外套与筒靴都是同一颜色，增加亮度可以出现服饰的层次感，并能反衬出时装的朴实大方。值得一提的是鞋前头为鱼嘴造型。在浅口鞋、凉鞋上设计鱼嘴造型很普遍，但在筒靴上设计鱼嘴的确

图4-92　鱼嘴高筒靴设计图

（设计者　广东白云学院2011级学生 张东健　指导教师 董炜）

新鲜。在寒冷的北方，穿鱼嘴靴是无法保暖的，但是在广州地区，即使是冬天也不是很冷，穿鱼嘴筒靴的保暖不成为问题。鱼嘴靴通透性好，对于进家门就脱鞋的城市生活习惯来说，可以减少捂脚的异

味。从整体效果看，色调、功能、氛围浑然一体，有很大的亲和力。在选材上，鞋帮使用漆光革，靴筒选用软面革、鞋跟选用中粗ABS喷色压跟，鞋底选用黄色仿皮底及天皮。

5. 过膝高筒靴的设计

如图4-93所示，参考的时装是两件套冬装。上装为毛皮领外衣，窄袖束腰，下装为半长厚料裙。衣装基调为黑色，沉稳庄重，但在衣摆和裙摆上都绘有暖色调的民族花纹的图案，在黑色背景下产生了华丽的效果。夸张的毛茸茸长皮领配有银饰扣，彰显富贵与奢华。被红腰带收紧的腰身与裙装的下摆形成明显的曲线变化，突显出成熟的女人味。这是一款浪漫型风格的时装，所搭配的时装鞋也要向浪漫型靠拢。

从时装中提炼出的色彩元素有黑色、红色、白色、银灰色、黄色，考虑到与奢华相搭配，鞋款为过膝的高筒靴。由于这是一款冬装，要考虑防寒功能，但下身为裙装，所以用过膝的高筒靴进行保暖。筒靴设计成"一脚蹬"的封闭式结构，比较宽松，可以容纳紧身长底裤。在靴筒的前部，采用与衣装相近的色调绘制花纹图案，可以延续衣装的华丽风格。靴筒的基调也是黑色，靴筒前半侧图案采用黑色与银灰色斜方格打底，用暖黄色勾出云形大轮廓，然后在中心位置以红色为主绘制出重瓣团花。三度空间以外的设计就表现在靴筒图案上，利用突出的团花与华贵的毛皮相搭配，利用红色花瓣与红腰带相呼应。毛领上的银色饰扣成点状构成，所以在筒靴前头部位也是以点状形式进行银灰色花纹装饰。从整体效果看，时装的亮点在毛皮上，过膝筒靴的靓丽感虽然超过服饰，但依然不能超过皮毛的质感，起到的依然是衬托富贵奢华的作用，并没有喧宾夺主。在选材上，筒靴使用黑色光面牛革，图案采用电脑喷绘，鞋底采用真皮通底，鞋跟采用异形细高跟，配橡胶天皮。

图4-93　过膝高筒靴设计图

（设计者　广东白云学院2011级学生　蔡翠丹　指导教师　董炜）

上面的举例都是学生的习作。从中可以看出，对于同一款时装，不同的学生会有不同的想法、会采用不同的手段进行表现，其结果是品种各异。所以通过时装鞋的设计可以把学过的知识应用到产品设计上，而且可以克服同质化的弊病。与同一款时装所搭配的时装鞋不是唯一的，而是多品种、多花色、多功能的。所以在结构设计与造型设计的后期进行时装鞋的设计，可以达到学以致用的目的，可以提高学生的市场意识，为今后的发展打下良好的基础。

时装鞋的设计是思维上的变化，无法从技能上进行讲授，如果对案例进行模拟，就又回到同质化的老路。通过设计举例，是要求学生掌握思维的方法，也就是对具体的时装进行具体分析，找出适合穿着的人体风格，从而确定时装的风格。然后从中提取色彩、质地、风格等设计元素，最后通过自己对风格的把握和所具有的表现力，把时装鞋设计出来。

在时装鞋设计的内容中，大部分是介绍色彩搭配的应用、材质搭配的应用和风格搭配的应用，借以加大基础知识。基础知识丰厚了，眼界开阔了，思维活动灵光了，再进行时装鞋的设计才会得心应手。记得小时候我们都喜欢玩沙土、堆沙包，当把沙土放在沙包上时，大量的沙土会滚落下来，能够留在沙包顶上的会很少。要想沙包长高，必须堆积更多的沙土，也就是加大底基。我们学知识就如同堆沙包，要想获得真才实学，必须用大量的知识来累积。

思考与练习

　　1. 通过图片等资料分别对三款穿着和谐的时装进行人体型特征的风格分析，并为每款时装选配三款搭配适宜的鞋款。

　　2. 通过市场观察选择出三款流行的时装，通过人体型特征风格的分析来设计三款搭配适宜的时装鞋彩色效果图。

　　3. 从所设计的时装鞋彩色效果图中选择一款绘制出帮结构设计图。

综合实训四　时装鞋的设计

目的： 通过实训操作掌握时装鞋的设计方法。

要求： 以时装为出发点，设计一组时装鞋。

内容：

（一）市场调研

1. 在时装市场中进行调研，收集男款或女款的流行时装信息，并拍照作为资料。

2. 选定一款时装进行风格、色彩、材质、结构造型分析，并提取相关的设计元素。

（二）时装鞋的设计

1. 根据选定时装分析的结果设计一组三款时装鞋，并以效果图的形式表现出来。

2. 按照三款时装鞋的效果图选取合适的鞋楦、制备半面板，绘制出帮结构设计图。

（三）时装鞋的制作

1. 选取其中一款时装鞋制取基本样板、开料样板和鞋里样板。

2. 选购相关的面料、里料、内底外底等材料，制作出一双样品鞋。

标准：

1. 分析时装风格准确、提取的设计元素有使用价值。

2. 三款时装鞋的设计风格、用色、选材以及造型能与时装协调搭配。

3. 选楦准确，帮结构设计图与效果图的表现一致。

4. 样品制作符合成品鞋质量要求，外观效果与效果图一致。

考核：

1. 满分为100分。

2. 分析时装风格不准确，按程度大小分别扣5~10分。

3. 效果图风格偏离、设计元素使用不当，按程度大小分别扣10~20分。

4. 选楦不当、帮结构设计图不完善，按程度大小分别扣10~20分。

5. 制作样品的材料不符合时装鞋的要求，按程度大小分别扣5~10分。

6. 成品鞋的外观造型有缺陷，质量有问题，按程度大小分别扣10~20分。

7. 统计得分结果：60分为及格、80分左右为合格、90分及以上为优秀。

参考文献

1.高士刚编著.皮鞋帮样结构设计原理［M］.北京：中国轻工业出版社，1997.

2.高士刚编著.靴鞋结构设计［M］.北京：中国轻工业出版社，2012.

3.邢德海主编.中国鞋业大全［M］.北京：化学工业出版社，1998.

4.（英）安吉拉·帕蒂森（Angela Pattison），（英）奈杰尔·考桑（Nigel Cawthone）著.百年靴鞋［M］.安宝珺等译.北京：中国纺织出版社，2006.

5.西蔓色研中心著.中国人形象规律教程［M］.北京：中国轻工业出版社，2006.

6.张渭源、王传铭主编.服饰辞典［M］.北京：中国纺织出版社，2011.